U0181160

好奇心书系
图鉴系列

CHINESE FERNS
ILLUSTRATED

中国蕨类
植物生态图鉴

—— 王 波 孙庆文 王泽欢 著 ——

重庆大学出版社

图书在版编目(CIP)数据

中国蕨类植物生态图鉴 / 王波,孙庆文,王泽欢著. --重庆:重庆大学出版社,2024.1
(好奇心书系.图鉴系列)
ISBN 978-7-5689-4110-5

Ⅰ.①中… Ⅱ.①王… ②孙… ③王… Ⅲ.①蕨类植物—中国—图集 Ⅳ.①Q959.360.8-64

中国国家版本馆CIP数据核字(2023)第215398号

好奇心书系

中国蕨类植物生态图鉴
ZHONGGUO JUELEI ZHIWU SHENGTAI TUJIAN

王 波 孙庆文 王泽欢 著
策划编辑:梁 涛
策 划:鹿角文化工作室

责任编辑:姜 凤 杨育彪 版式设计:周 娟 贺 莹
责任校对:王 倩 责任印刷:赵 晟

*

重庆大学出版社出版发行
出版人:陈晓阳
社址:重庆市沙坪坝区大学城西路21号
邮编:401331
电话:(023) 88617190 88617185(中小学)
传真:(023) 88617186 88617166
网址:http://www.cqup.com.cn
邮箱:fxk@cqup.com.cn(营销中心)
全国新华书店经销
重庆亘鑫印务有限公司印刷

*

开本:887mm×1194mm 1/16 印张:43.5 字数:1462千
2024年1月第1版 2024年1月第1次印刷
ISBN 978-7-5689-4110-5 定价:498.00元

前 言

为了便于广大读者容易了解和认识传统意义上的"蕨类植物"，本书书名将近年来植物分类学上的"石松类和蕨类"统称为"蕨类"，但在相关内容的撰写和编排上仍参照"石松类和蕨类植物分类系统（PPG I）"。

石松类（Lycophytes）和蕨类（Ferns）植物虽没有被子植物鲜艳的花朵，但其翠绿的叶片、优雅的姿态，正受到越来越多人的关注和追捧。石松类和蕨类植物对于大多数读者而言可能较为陌生，因其常生长在阴暗潮湿处，有时附生在树干上、岩石上或墙壁上，没有土壤，却能正常生长，没有花果，却能正常繁衍，总给人一种神秘感。石松类和蕨类植物由于许多种类彼此相似，识别困难，一直以来为大多数人所不了解，专业类及科普类书籍也远不如被子植物丰富。为了让更多人能够认识、了解、保护和开发利用石松类和蕨类植物，我们历经10余年的收集整理，编写了《中国蕨类植物生态图鉴》一书，本书通过图文并茂的方式展现大量石松类和蕨类植物。本书开篇简略地介绍了石松类和蕨类植物的分类简史、主要价值和用途，以及主要识别特征，使读者能大致了解这一类植物的基本情况及如何观察石松类和蕨类植物，然后逐一详细介绍各科属物种，以期帮助不同层次的读者了解、识别石松类和蕨类植物。

本书属于专业工具书并兼顾科普的著作。本书分为两个部分：第一部分介绍石松类和蕨类植物分类简史、主要价值和用途，以及主要识别特征；第二部分主要根据目前最新的、国际公认的"PPG I系统"介绍各科属植物，共介绍了36科123属574种蕨类植物的名称、形态特征、生境分布以及部分物种的药用价值及保护等级，每一物种配1~4张反映生境和主要鉴别特征的照片。

全书从10万余张图片中，精选约1800张精美图片作为素材。大部分图片为作者王波和孙庆文拍摄于贵州、云南、四川、广西、重庆及广东等地，少部分拍摄于天津、吉林、台湾、新疆、西藏、湖南、安徽等地，拍摄地遍及中国石松类和蕨类植物的主要分布区域。

本书的出版要感谢蕨类植物学家王培善先生对一些困难类群的鉴定；感谢诗人、生态摄影师、博物学家李元胜为本书的策划及出版给予的大力支持；感谢鹿角文化工作室的张巍巍先生及重庆大学出版社的梁涛女士在全书的架构、内容编排及文字表述等方面提出的宝贵意见；感谢朱鑫鑫先生提供三角羽旱蕨、稀叶珠蕨、水蕨、竹叶蕨、雨蕨及毛鳞蕨6种植物照片。另外，陈敬忠、陆祥、杨烨、黄园、李蒙禹、陈春伶、华萃、陆海霞、陈宁美、陈宏宇、胡剑波、柏彩红、徐可成、桑思宏等参与了部分文字整理及野外调查工作，在此一并表示感谢！

由于石松类和蕨类植物形态比较相似，分类鉴定较为困难，加上我们水平有限，错误之处在所难免，恳请各位读者批评指正。

王波、孙庆文、王泽欢

2022年6月20日于贵州贵阳

目 录
Contents

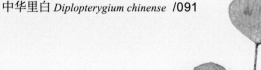

石松类和蕨类植物分类简史、主要价值、用途及识别特征

石松类（Lycophytes）和蕨类（Ferns）是近三十年来才逐渐提出并稳定下来的两类维管束植物新名称，以前统称蕨类植物（Ferns）。石松类和蕨类又称为羊齿植物，是一群进化水平最高的孢子植物。这类植物没有花、果实及种子，主要靠孢子囊产生的孢子繁殖，且在世代交替的过程中孢子体和配子体各自独立生活。生活史为孢子体发达的异形世代交替，孢子体有根、茎、叶的分化，有较原始的维管组织，配子体微小、绿色自养或与真菌共生，有性生殖器官为精子器和颈卵器。现存种类约12000种，广泛分布在世界各地，尤以热带、亚热带地区为多，大多数为土生、石生或附生，少数为湿生或水生，喜阴湿温暖的环境。我国约有2400种，主要分布在长江以南各省区。

一、石松类和蕨类植物分类简史

蕨类植物的分类源于瑞典学者Linnaeus（林奈）1753年的《植物种志》，该书主要依据孢子囊群的特征将蕨类植物划分为16属174种。随后，英国植物学家Hooker（虎克）在专著《真蕨种志》中仍然依据孢子囊群的特征，但只认可了《植物种志》中的少数属，并将绝大多数的蕨类植物归入水龙骨科（Polypodiaceae）。18世纪中叶以后，伴随地质学、比较解剖学和胚胎学的发展，分类学家才逐渐意识到生物物种是进化而来的。Lamarck（拉马克）作为进化论的先驱者，在《动物学哲学》一书里阐述了生物进化的观点，肯定了环境对物种进化的影响，提出了两个著名的原则，即"用进废退"和"获得性遗传"，认为所有的生物都不是上帝创造的，而是进化来的。Darwin（达尔文）继承了拉马克等前人的进化思想，在1859年发表的《物种起源》中论证了生物的进化及其机制，建立了历史唯物观点，推翻了唯心论、形而上学的物种特创论、物种不变论，至此生物进化的思想才渐趋定型。随着生物是进化而来的观点逐渐被认可后，虎克保守的植物分类才开始被分类学家抛弃。

随着科技的发展，光学显微镜、电子显微镜等仪器的出现及化学、分子生物学等学科的兴起，蕨类植物系统进化关系的研究也逐渐融入了细胞学、孢粉学、植物化学等学科知识和方法，所建立的分类系统也更加趋于客观和完善。1940年，我国蕨类植物分类研究开创者秦仁昌发表了 "*On Natural Classification of the Family 'Polypodiaceae'* "，将虎克的水龙骨科重新的界定，划分为33科249属，对世界蕨类植物分类研究作出了重要的贡献，其科属概念得到了世界蕨类植物学家的广泛认可。1954年，秦仁昌在《中国蕨类植物科属名词及分类系统》一文中初步提出了中国蕨类植物的分类系统，将中国蕨类植物分为41科161属。1978年，秦仁昌进一步对中国蕨类植物进行了修订和补充，完整地提出了中国蕨类植物分类系统，后称"秦仁昌系统"，将中国蕨类植物划分为5个亚门，即松叶蕨亚门（Psilophytina）、楔叶亚门（Sphenophytina）、石松亚门（Lycophytina）、水韭亚门（Isoephytina）和真蕨亚门（Filicophytin），该系统包括63科223属。1991年，吴兆洪和秦仁昌编著的《中国蕨类植物科属志》收录了中国蕨类植物63科226属。之后，在"秦仁昌系统"和《中国蕨类植物科属志》的基础上，国内蕨类专家对部分属做了修订，并编著了《中国植物志》蕨类部分，描述中国蕨类植物63科221属约2600种。

传统分类将蕨类植物分为4类，即松叶蕨类（Whisk Ferns）、石松类（Lycopods）、木贼类（Horsetails）和真蕨类（Ferns）。通常把松叶蕨类、石松类和木贼类称为拟蕨类（Fern Allies），其余的称为真蕨类，而真蕨类又包括厚囊蕨类、原始薄囊蕨类和薄囊蕨类。1977年Wagner和1985年Bremer先后提到了石松类（Lycophytes）和蕨类植物（Monilophytes）两个名词。1990年，Kramer提出了一个完整的基于形态分类的蕨类植物分类系统，将全世界的蕨类植物（含石松类）分为4纲38科221属。Pryer等人分别于2001和2004年利用分子生物学方法阐明了拟蕨类和真蕨类的关系，认为现存蕨类植物并非单系类群，其中，石松类为最早演化的类群，并和其他维管植物（包括石松类以外的其他所有蕨类植物、裸子植物和被子植物）互为姐妹群。Smith等人分别于2006和2008年基于传统的形态分类并吸收最新的分子系统学研究成果，发布了现代蕨类（不含石松类）的一个世界性分类系统，将蕨类植物分为薄囊蕨类（Leptosporangiates）、核心薄囊蕨类（Core Leptosporangiates）、水龙骨类（Polypods）、真水龙骨类（Eupolypods）及真水龙骨类Ⅰ（Eupolypods Ⅰ）和真水龙骨类Ⅱ（Eupolypods Ⅱ）6大类群，共37科233~271属，并新建立了金毛狗科（Cibotiaceae）。之后到2011年，Christenhusz等人基于Smith等人的分类系统和近年来的分子系统学成果发表了一个现代石松类和蕨类植物分类系统，将全世界的石松类和蕨类植物分为5亚纲14目48科（其中，石松类3个科，蕨类45个科）12亚科约285属，新建立了肠蕨科（Diplaziopsidaceae）和轴果蕨科（Rhachidosoraceae），并对一直以来存在较大争议的蹄盖蕨科（Athyriaceae）、冷蕨科（Cystopteridaceae）、肿足蕨科（Hypodematiaceae）、肾蕨科（Nephrolepidaceae）以及岩蕨科（Woodsiaceae）等进行了重新界定。2013年，"Flora of China"（简称"FOC"）主要根据Christenhusz等发表的线性排列系统和最新的分子系统学研究成果，描述了中国石松类和蕨类植物38科177属2129种。与《中国植物志》相比，FOC中石松类和蕨类植物部分合并了26科，新增3科，合并61属，新增18属，减少了43属。刘红梅等人相继于2008年、2016年和张宪春于2013年在吸收国内外分子系统的最新研究成果的基础上分别对中国蕨类植物分类系统进行了多次修订和排列。尽管蕨类植物系统正不断趋于完善，但还是有部分科属的界限仍然存在争议。鉴于此，94位蕨类植物研究者于2016年共同讨论研究发表了PPG Ⅰ分类系统，将蕨类植物处理为2纲14目51科337属。至此，石松类和蕨类植物的主要分类系统框架基本形成，但还有一些科属处理不尽完美，后续仍然还有一些科属在蕨类植物分类学者的研究中不断被修订并逐渐趋于完善。

二、石松类和蕨类植物主要价值和用途

1 药用价值

石松类和蕨类植物在我国的药用历史悠久。现存最早的药物专著《神农本草经》及明代李时珍的《本草纲目》、清代赵学敏的《本草纲目拾遗》等，都有不少关于蕨类植物的药用记载。如卷柏可以治疗刀伤；槲蕨的根状茎入药称"骨碎补"，具有散瘀止痛，接骨续筋的功效；海金沙的孢子入药即中药"海金沙"，具有清利湿热、通淋止痛的功效，临床用于热淋、石淋、血淋、膏淋、尿道涩痛等症；鳞毛蕨科粗茎鳞毛蕨的根茎及叶柄残基入药称"绵马贯众"，具有清热解毒、止血、杀虫等功效，用于风热头痛，温毒发斑、疮疡肿毒、崩漏下血、虫积腹痛等症；金毛狗根茎入药称"狗脊"，具有祛风湿、补肝肾、强腰膝的功效，用于风湿痹痛、腰膝酸软、下肢无力等症。石杉属植物中含有的石杉碱甲具有抗老年痴呆的作用。

2 食用价值

多种蕨类可食用。著名的种类如蕨属的蕨、食蕨、毛轴蕨，紫萁属的紫萁，荚果蕨属的荚果蕨，双盖蕨属的食用双盖蕨、毛叶食用双盖蕨等多种蕨类的幼叶可食用。蕨的根状茎富含淀粉，可食用和酿酒。桫椤茎干中的胶质物也可食用。

3 观赏价值

许多石松类和蕨类植物形姿优美，具有很高的观赏价值，为著名的观叶植物，如翠云草、铁线蕨、巢蕨、苏铁蕨、二歧鹿角蕨、桫椤、荚果蕨、肾蕨、福建观音座莲等。

4 指示作用

绝大多数石松类和蕨类植物对环境和土壤比较敏感,不同的生态环境、土壤条件、气候条件生长着不同的蕨类植物,因此,它们具有指示生态环境的作用,如铁线蕨属、凤尾蕨属等部分种类为强钙性土壤的指示植物;石松科、里白科、瘤足蕨科等大多数物种为酸性土壤的指示植物。

5 农业用途

有的水生蕨类为优质绿肥,如满江红,可做稻田的生物肥料,因为它们可以利用固氮作用从空气中得到可以被其他植物使用的元素,同时还是家禽家畜的优质饲料。蕨类植物大多含有丹宁,不易腐烂和发生病虫害,常用作苗床的覆盖材料。

三、石松类和蕨类植物主要识别特征

石松类和蕨类植物孢子体主要包括根、根状茎及叶(见图1)。石松类和蕨类植物常根据根、根状茎及叶的特征进行分类鉴定。以下主要根据这三个部分的特征介绍相关形态术语。

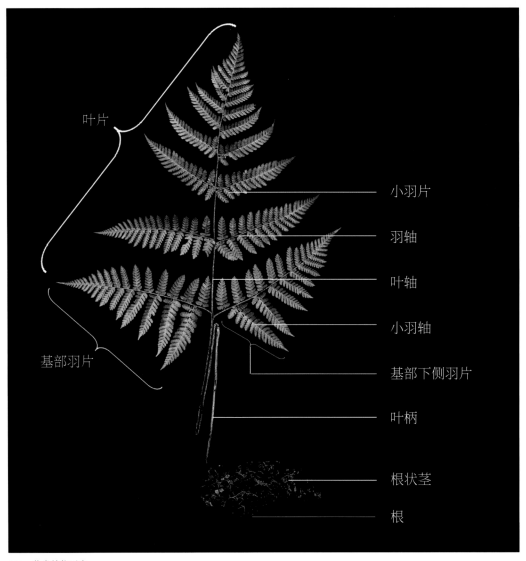

图1 蕨类植物形态

1 根

石松类和蕨类植物没有真正的根（root），只有不定根。一般有须根、肉质根及根托3种类型。须根是大多数石松类和蕨类植物的主要类型。肉质根为瓶尔小草科、莲座蕨科等少数类群的根。根托（rhizophore）是指部分卷柏属植物中一些匍匐生长的种类在茎的分支处生长出一种插入土中既起支持作用，又起吸收作用的特殊根状结构（见图2）。

图2　根的类型
A须根；B肉质根；C根托

2 茎

除桫椤等树形蕨类和海金沙等藤本蕨类外，多数石松类和蕨类植物的茎（stem）不发达，一般生长在地下或地表，通常称根状茎（rhizome），大多表现为直立、斜升、横走等（见图3）。

图3　茎的类型
A，B直立；C斜升；D短横走；E长横走；F缠绕

3 叶

叶的分类

小型叶和大型叶

    根据叶（leaf）的起源及形态特征，可分为小型叶（microphyll）和大型叶（macrophyll）两种。小型叶没有叶隙（leaf gap）和叶柄（stipe、petiole），仅具1条不分枝的叶脉，如石松科、卷柏科、木贼科、水韭科等植物的叶。大型叶具叶柄，有或无叶隙，有多分枝的叶脉，是进化类型的叶，如真蕨类植物的叶（见图4）。

图4　大型叶和小型叶
A，B大型叶；C—E小型叶

孢子叶和营养叶

    蕨类植物的叶根据功能又可分为孢子叶（sporophyll）和营养叶（foliage leaf）两种。孢子叶是指能产生孢子囊和孢子的叶，又称能育叶（fertile frond）；营养叶仅能进行光合作用，不能产生孢子囊和孢子，又称不育叶（sterile frond）。有些蕨类植物的孢子叶和营养叶不分，叶片既能进行光合作用制造有机物，又能产生孢子囊（sporangium）和孢子（spore），叶的形状也相同，称为同型叶（homomorphic leaf），如常见的江南星蕨、贯众、石韦等。如果在同一植物体上具有两种不同形状和功能的叶，即营养叶和孢子叶，则称为异型叶（heteromorphic leaf），如荚囊蕨、荚果蕨、槲蕨、紫萁等（见图5）。

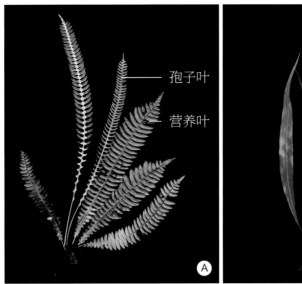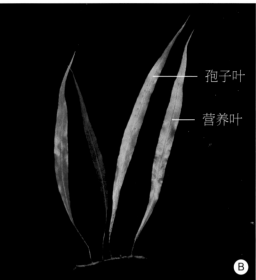

图5 异型叶和同型叶
A异型叶；B同型叶

叶的结构

叶轴和羽轴

　　羽轴（rachis）在叶轴（costa）生长的角度、是否具沟槽、沟槽是否相通、叶轴或羽轴是否具有突起的刺以及叶轴和羽轴连接处是否具有关节等都是蕨类植物分类与鉴定的重要依据。如蹄盖蕨属、凤尾蕨属等的多数种类叶轴或羽轴具有突起的刺（见图6）；鳞毛蕨科、蹄盖蕨科及凤尾蕨科等的多数种类叶轴和羽轴具有沟槽且彼此相通，金星蕨科、叉蕨科、乌毛蕨科的一些种类无沟槽，或有沟槽也不相通（见图7）。宽叶紫萁的叶轴与羽轴连接处、光亮瘤蕨的叶柄与根状茎连接处等具关节（见图8）。

图6 叶轴和羽轴的刺
A，B羽轴具刺；C，D羽轴不具刺

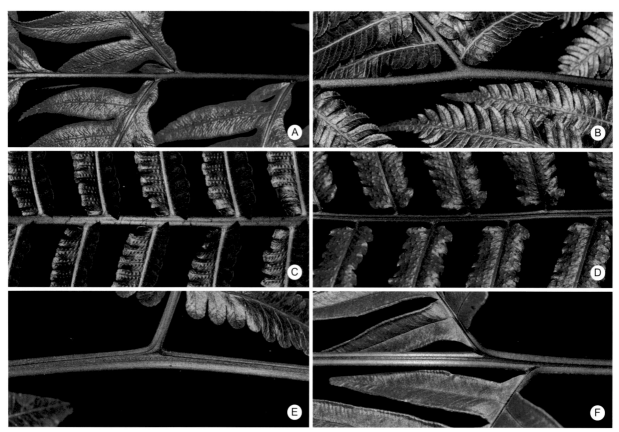

图7 叶轴与羽轴的沟槽
A，B无沟槽；C，D有沟槽，沟槽不相通；E，F有沟槽，沟槽相通

图8 关节
A叶轴连接处的关节；B叶柄连接处的关节

上先出型和下先出型

上先出和下先出是蕨类植物叶片的分枝形式，主要指小羽片的生出方式。从羽轴分枝的小羽片再分枝时，若首先生出的小羽片位于羽片的上侧，称为上先出型（anadromous）；若首先生出的小羽片位于羽片的下侧，则称为下先出型（catadromous）（见图9）。

图9　上先出型和下先出型
A上先出型；B下先出型

叶片

叶形

蕨类植物的叶片（leaf blade，
lamina）叶形主要分为线形、椭圆
形、圆形、披针形、卵形及五角形等。

叶片的分裂

蕨类植物从单叶到不同程度的
分裂和羽状，其叶形变化较大，可分
为单叶和复叶两大类型，其中，单叶
又可分为不分裂、三叉分裂、掌裂、羽
裂；复叶又可分为一回羽状、一回羽
状二回羽裂、二回羽状、二回羽状三
回羽裂、三回羽状、三回羽状四回羽
裂、四回羽状等（见图10—图12）。

图10　叶片的分裂——单叶
A单叶；B三叉分裂；C，D掌裂；E一回羽裂；F二回羽裂；G四回羽裂

图11 叶片的分裂——复叶
A, B—回羽状；C—回羽状羽片浅裂；D—回羽状羽片深裂；E, F二回羽状；G二回羽状羽片羽裂

图12 叶片的分裂——复叶
A三回羽状；B，C三回羽状羽片浅裂；D，E三回羽状羽片深裂；F四回羽状羽片羽裂

叶脉

　　蕨类植物的叶脉（vein）主要分为两大类，即真脉和假脉（false vein）。真脉又有分离型（freement）与结合型（combination）两种。分离型叶脉，又可分为羽状、二叉状和辐射状叶脉。羽状叶脉（pinnate vein），由主脉分离出的侧脉呈羽状排列，是蕨类植物常见的叶脉形式。二叉状叶脉（dichotomously forking vein），末回羽片或裂片上的叶脉没有明显主脉，各回叶脉均为二叉分枝，如铁线蕨属植物的叶脉。辐射状叶脉（radiate vein），无主脉，叶脉从叶片基部伸向各方，如水鳖蕨的叶脉。结合型叶脉，可分为联结型和网结型叶脉。联结型（anastomosi）一般是相邻裂片间一至多对小脉以顶端相连，连接处还有向外延伸的外行小脉，联结的小脉形成方形或斜方形的网眼，如毛蕨属和新月蕨属植物的叶脉等。网结型叶脉（reticulate vein），小脉相互连接呈各种形式的网眼，有时网眼内还有延伸的内藏小脉，如叉蕨属、槲蕨属植物的叶脉等。假脉是和叶脉不相连的束状厚壁组织，状似叶脉，但不具备叶脉的输导功能，主要见于假脉蕨属、莲座蕨属等部分种类（见图13）。

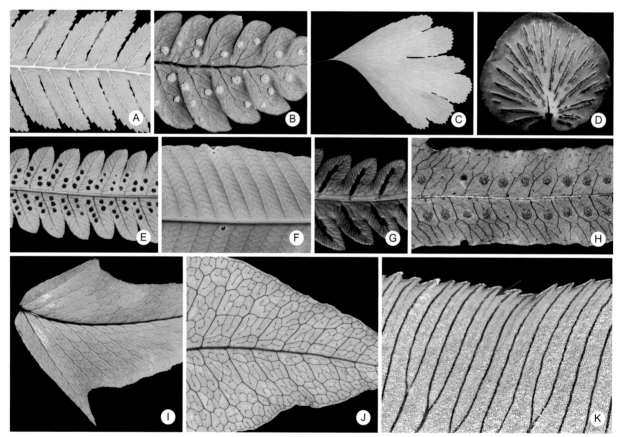

图13　叶脉的类型
A，B羽状分离；C二叉状分离；D辐射状分离，E联结型；F联结型具外延小脉；G网结型；H—J网结型网眼具内藏小脉；K假脉

叶缘

蕨类植物的叶缘（lamina margin）有时也是分类鉴定的重要依据，一般可分为全缘、钝锯齿、锐锯齿、芒状锯齿及芒状重锯齿等（见图14）。

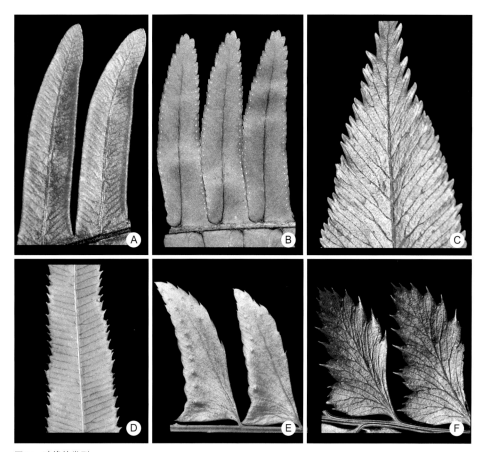

图14　叶缘的类型
A全缘；B，C钝锯齿；D锐锯齿；E芒状锯齿；F芒状重锯齿

4 孢子囊和孢子

孢子囊和孢子囊群

孢子囊（sporangium）由表皮细胞发育而来，是蕨类植物产生孢子（spore）的组织，由一圆球形囊状物和囊状物中的孢子及囊状物的基部之柄共同组成。许多孢子囊集合在一起称为孢子囊群（sorus）（见图15）。在小叶型石松类和蕨类植物中，孢子囊单生于孢子叶的近轴面叶腋或叶的基部，如石杉属，部分卷柏属。通常很多孢子叶紧密地或疏松地集生于枝的顶端形成球状或穗状，称孢子叶球（strobilus）或孢子叶穗（sporophyllspilte），如石松属、木贼属等。大型叶的蕨类植物多数不形成孢子叶穗，孢子囊也不单生于叶腋处，而是由许多孢子囊聚集成不同形状的孢子囊群或孢子囊堆（sorus），一般生于孢子叶的背面，生长于脉上或脉顶端。一些水生蕨类，如蘋科等植物的孢子囊群为一球形或近似球形的构造物所包裹，此构造物称为孢子囊果（sporocarp）（见图16）。

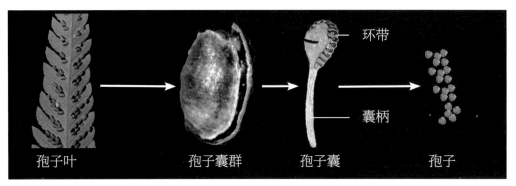

环带

囊柄

孢子叶　　　　　孢子囊群　　　　孢子囊　　　　孢子

图15　孢子叶、孢子囊群、孢子囊及孢子

图16　孢子叶穗和孢子囊群
A—E小叶型的孢子叶穗；F—G大叶型的孢子囊群；H孢子囊果

孢子囊群外部常有膜质盖状的保护结构，称囊群盖（indusium），如蹄盖蕨属、鳞毛蕨属等大部分种类。有些孢子囊群靠近叶边着生，其叶边往往多少特化变质而向下反卷覆盖孢子囊群，这种叶边反卷形成类似囊群盖的结构称假囊群盖（false indusium），如凤尾蕨属、铁线蕨属等。还有些种类的孢子囊群无囊群盖保护，如星蕨属、盾蕨属等。孢子囊群的形态和着生位置对识别蕨类植物具有重要意义（见图17、图18）。

图17　具盖孢子囊群形态
A蚌壳状；B—E圆肾状；F—J线状；K管状；L两瓣状；M杯状；N勾状；O外开状

图18　假囊群盖与无盖孢子囊群
A—C假囊群盖；D无定形；E圆形；F, G线形；H散沙状

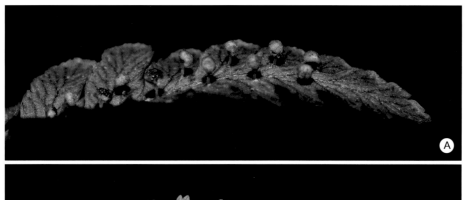

图19　囊群盖位置
A囊群盖下位；B囊群盖上位

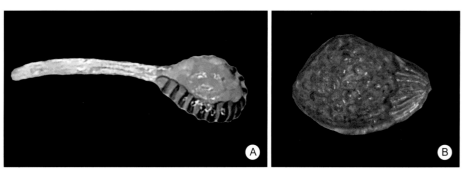

图20　孢子囊的细胞壁
A薄壁型；B厚壁型

　　孢子囊托（pedicel），为孢子囊群盖着生的基座，通常稍微突出于叶背，根据囊群盖在囊托上形成的位置不同而有上位和下位之分。囊群盖环绕囊托的基部生出，把孢子囊包在盖内的称囊群盖下位，或称上位囊群。囊群盖生于囊托的顶端或一侧，从上面覆盖孢子囊群的称囊群盖上位（见图19）。总之，孢子囊群是否具盖以及囊群盖的形态特征是鉴定石松类和蕨类植物的重要分类特征。

　　大多数种类的孢子囊由囊柄、囊蒴及里面的孢子组成。囊蒴又由环带、囊壁和裂口带组成，其中，环带的类型在蕨类植物系统演化研究中具有重要意义。孢子囊的细胞壁可由单层（薄囊蕨类）或多层（厚囊蕨类）细胞组成，分别称为薄囊型孢子囊和厚壁型孢子囊。在细胞壁上有不均匀的增厚形成环带（annulus），环带的着生位置有多种形式，如顶生环带、横生中部环带、斜升环带、纵生环带等，这些环带对孢子的散布有着重要作用，同时对石松类和蕨类植物的识别也具有一定的帮助（见图20）。

孢子

孢子（spore）是生于孢子囊内，脱离母体后，直接或间接发育成新个体的生殖细胞，其形状常为两面形、四面形或球状四面形，外壁光滑或有脊及刺状突起（见图15）。多数蕨类植物产生的孢子在形态、大小上是相同的，称为孢子同型（isospore）。少数蕨类（如卷柏属和水生真蕨类）的孢子大小不同，即有大孢子（macrospore）和小孢子（microspore）的区别，称为孢子异型（heterospore）。产生大孢子的囊状结构称大孢子囊（megasporangium），产生小孢子的囊状结构称小孢子囊（microsporangium）。大孢子萌发后形成雌配子体，小孢子萌发后形成雄配子体。

隔丝

隔丝（paraphysis）又称夹丝、侧丝，是指着生于孢子囊柄或囊体上的毛或腺体，也指混生于孢子囊群中的丝状或棒状等不育结构。隔丝形态变异大，在蕨类植物中具有重要的分类价值。如瓦韦属的盾状隔丝，书带蕨属的杯状隔丝，车前蕨属的丝状隔丝等（见图21）。

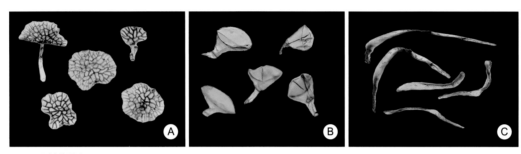

图21 隔丝的形态
A盾状隔丝；B杯状隔丝；C丝状隔丝

5 芽孢

蕨类植物除了靠孢子繁殖，还可以用芽孢（gemma）繁殖。不同种类的芽孢生长的位置和形态也不相同，如珠芽狗脊、云南铁角蕨等在叶表长满小船形的芽孢，假鞭叶铁线蕨、团羽铁线蕨、顶芽狗脊等在靠近叶片的顶端长出芽孢，稀子蕨在叶轴上长出拳头状的芽孢，星毛蕨、胎生铁角蕨等在叶轴或羽轴上长出芽孢（见图22）。

图22 芽孢
A长叶实蕨；B细裂铁角蕨；C胎生铁角蕨；D顶芽狗脊；E稀子蕨

6 表面附属物

表面附属物（epidermal appendice）起源于表皮细胞，蕨类植物的表面附属物主要包括鳞片、毛被、蜡质粉末和腺体等。

鳞片和毛被

鳞片（scale, palea）和毛被（hair）是表皮细胞的衍生物，只具有一层细胞的厚度，两者的区别在于毛被仅由1列细胞构成，而鳞片具有多列细胞。鳞片和毛被在蕨类植物中普遍存在，生长于根状茎、叶柄、叶轴、羽轴甚至叶片，具有保护幼嫩组织和保持湿度、温度的作用（见图23）。不同的植物鳞片和毛被不同，因而在蕨类植物的识别中具有重要的参考价值。鳞片的类型主要有粗筛孔（clathrate scale）和细筛孔（non-clathrate scale）两种（见图24），其着生方式主要有基部着生和盾状着生。毛被主要有腺毛、非腺毛及星状毛（见图25）。

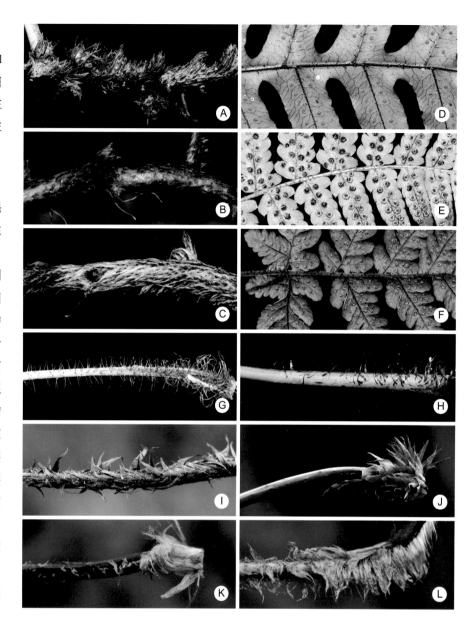

图23　鳞片

A—C根茎鳞片；D—F叶背鳞片；G, H线形鳞片；I, J披针形（不透明）鳞片；K, L披针形（透明）鳞片；M, N卵状披针形（两色）鳞片；O, P卵形（白色透明）鳞片

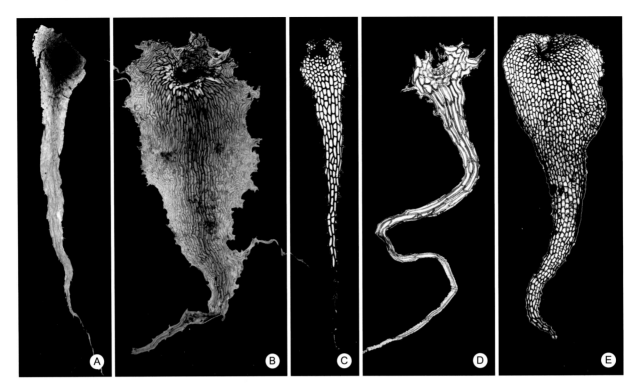

图24　鳞片筛孔类型
A细筛孔；B—E粗筛孔

图25　毛被
A腺毛；B，C非腺毛；D星状毛

蜡质粉末

蜡质粉末是在凤尾蕨科粉背蕨属、粉叶蕨属等植物叶片上的一类附属物，呈粉末状（见图26）。

图26　蜡质粉末
A—C粉背蕨属的蜡质粉末；D粉叶蕨属的蜡质粉末

腺体

腺体（gland）为单细胞，较小、通常分布于叶脉或脉间，腺体的有无对蕨类植物的分类也具有重要价值，如金星蕨科金星蕨属及毛蕨属的部分种类（见图27）。

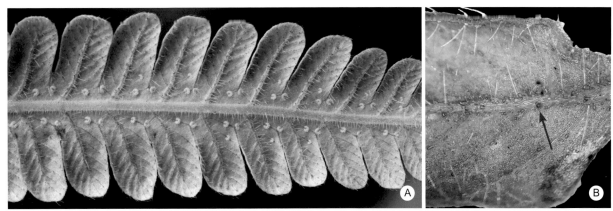

图27　腺体
A华南毛蕨叶背腺体；B腺体放大

7 其他重要结构

水囊体

有些蕨类植物的叶脉先端膨大，形成一种排水结构，称为水囊体（hydathode）（见图28），如凤了蕨属、耳蕨属的部分种类。

气囊体

有的蕨类植物类群，如瘤足蕨属、假毛蕨属等在叶柄或在叶轴和羽轴连接处长出瘤状突起，可以进行气体交换，称为气囊体（pneumathode）（见图28）。

图28　气囊体和水囊体
A，B气囊体；C水囊体

中国石松类和蕨类植物

石松科 LYCOPODIACEAE

土生、附生。植株直立、悬垂或攀援。主茎二叉分枝,原生中柱。叶小、螺旋状排列或不规则轮生,无叶脉或仅具单一小脉。能育叶与不育叶同型或异型,质厚,有时呈龙骨状,线形或钻形;不育叶全缘或有锯齿或龃齿状。孢子囊肾形或近圆球形,叶腋单生,生于茎的中上部,或在枝顶聚生成囊穗,棍棒状、圆柱状或为分枝的下垂线形囊穗。

16属约388种,世界广布,主产于泛热带地区;我国9属72种,各地广布,主产于西南和华南地区。

石杉亚科 Subfam. HUPERZIOIDEAE

石杉属 *Huperzia* Bernhardi

小型陆生植物。茎直立,二叉分枝,上部及枝上常具芽孢。叶小,草质至薄革质,椭圆形、披针形或线形,只有不分枝的中脉,边缘全缘或有齿。孢子叶与营养叶同形。孢子囊生于茎上部及分枝的叶腋,肾形。孢子极面观三边内凹。

约55种,世界广布;我国30种1变种。

中华石杉
Huperzia chinensis (Christ) Ching

【形态特征】多年生土生植物。茎直立或斜升,高10~16 cm,中部直径1.2~2.0 mm,枝连叶宽1.0~1.3 cm,二至四回二叉分枝,枝上部常有芽孢。叶螺旋状排列,疏生,平伸,披针形,向基部不变狭,基部最宽,通直,长4~6 mm,基部宽约1.2 mm,基部截形,下延,无柄,先端渐尖,边缘平直不皱曲,全缘,两面光滑,无光泽,中脉不明显,草质。孢子叶与不育叶同形;孢子囊生于孢子叶腋,两侧略露出,肾形,黄色。

【生境与分布】生于海拔2000~4200 m的草坡、岩石缝。分布于陕西、湖北、四川等地。国外无分布。

【附注】国家二级保护植物。

【药用价值】全草入药,祛风除湿,消肿止痛,清热解毒。主治肢节酸痛,跌打损伤,带状疱疹,荨麻疹。

中华石杉

中华石杉

雷山石杉
Huperzia leishanensis X. Y. Wang

【形态特征】植株高5~16 cm。茎直立或斜升，二至五回二叉分枝。叶镰状狭披针形，纸质至革质，长5~10 mm，宽1~1.5 mm，向基部变狭，先端渐尖，上部边缘有小齿；茎基部叶匙形，宽达2.5 mm。

【生境与分布】生于海拔2100 m的山顶灌丛下、藓丛中。分布于云南、四川、贵州等地。国外无分布。

【附注】国家二级保护植物。

【药用价值】全草入药，祛风通络，消肿止痛，益智醒神。主治风湿热痹，关节红肿疼痛，跌打损伤，热淋，健忘。

雷山石杉

蛇足石杉 千层塔 虱子草
Huperzia serrata (Thunberg) Trevisan

【形态特征】植株高10~30 cm。茎直立或斜升，二至四回二叉分枝，上部常具芽孢。叶螺旋状排列，疏松，椭圆状披针形，长1~3 cm，宽3~8 mm，纸质至薄革质，中脉明显凸起，有柄，边缘不皱曲，具不规则的齿，先端锐尖或渐尖。

【生境与分布】生于海拔 300~1900 m 的林下、灌丛下、路边、溪边。我国除华北、西北地区外均产；亚洲温带，向南达澳大利亚北部、太平洋岛屿，向东到中美洲，西至非洲留尼汪岛均有分布。

【附注】国家二级保护植物。

【药用价值】全草入药，散瘀消肿，止血生肌，镇痛，消肿，杀虱。主治瘀血肿痛，跌打损伤，坐骨神经痛，神经性头痛，烧烫伤。民间用以灭虱，灭臭虫，治疗蛇咬伤等。

蛇足石杉

马尾杉属 *Phlegmariurus* (Herter) Holub

中型附生植物。成熟的茎下垂,多回二叉分枝,茎上部及分枝上无芽孢。叶有或无光泽,披针形、椭圆形、卵形或鳞片状,革质,边缘全缘。孢子囊穗不同于不育部分,较细弱,或为线形。孢子叶比营养叶小。孢子囊生茎上部或分枝的叶腋,肾形。极面观孢子边缘向外拱起,具锐角或钝角。约250种,泛热带分布;我国22种。

福氏马尾杉
Phlegmariurus fordii (Baker) Ching

【形态特征】成熟植株下垂,长19~37 cm,多回二叉分枝。叶抱茎,基部扭曲呈2列,椭圆形或披针形,长8~12 mm,宽2~3 mm,无柄,无光泽。孢子叶排列紧密,与营养叶同形而较小,长4~8 mm,宽约1 mm。孢子囊穗明显比不育部分细弱。

【生境与分布】附生于海拔1200 m以下的树干或岩石上。分布于云南、四川、贵州、湖南、广西、广东、香港、台湾、福建、浙江、江西等地;印度、日本亦有。

【附注】国家二级保护植物。

【药用价值】全草入药,祛风通络,消肿止痛,清热解毒。主治关节肿痛,四肢麻木,跌打损伤,咳喘,热淋,毒蛇咬伤。

福氏马尾杉

有柄马尾杉

有柄马尾杉
Phlegmariurus petiolatus (C. B. Clarke) H. S. Kung & Li Bing Zhang

【形态特征】植株高14~35 cm。茎直立或外倾，一至四回二叉分枝。叶基部扭曲呈2列，披针形或椭圆披针形，长10~17 mm，宽1~3 mm，有柄，有光泽。孢子叶排列稀疏，与营养叶同形而较小，长约10 mm，宽1~1.5 mm，不形成明显的孢子囊穗。

【生境与分布】附生于海拔1000 m以下的河谷或峭壁的树干或岩石上。分布于云南、四川、贵州、重庆、广西、湖南、海南等地；印度、泰国、越南亦有。

【附注】国家二级保护植物。

【药用价值】全草入药，活血通络，利湿消肿。主治跌打损伤，腰痛，水肿。

小石松亚科 Subfam. LYCOPODIELLOIDEAE

灯笼石松属 *Palhinhaea* Franco & Vasconcellos

中、小型植物。匍匐枝蔓生地面，向上疏生直立枝。直立枝多回不等二叉分枝，各枝圆柱形。叶钻形或线状披针形，多少内弯。孢子囊穗单生，无柄，成熟时下垂；孢子叶比营养叶小；孢子囊几为球形；孢子表面块状，三裂缝。

约15种，主要分布于热带和亚热带地区；我国2种。

垂穗石松 灯笼草
Palhinhaea cernua (Linnaeus) Vasconcellos & Franco

【形态特征】中型陆生植物。气生枝直立，高达80 cm，圆柱形。基部侧生枝常着地生根，产生新株。叶钻形，略内弯，基部下延，边缘全缘，先端渐尖。孢子囊穗单生，卵状长圆形，通常长不及1 cm，成熟时下垂。孢子叶卵状菱形，膜质，边缘具不规则地睫状。

【生境与分布】生于海拔1300 m以下的山谷溪边、山坡湿地。分布于华南、西南及中南和华东南部；广布于热带和亚热带地区。

【药用价值】全草入药，祛风除湿，舒筋活络，消肿解毒，收敛止血。主治风湿骨疼，四肢麻木，跌打损伤，小儿麻痹后遗症，小儿疳积，吐血，血崩，瘰疬，痈肿疮毒。

垂穗石松

垂穗石松

笔直石松

石松亚科 Subfam. LYCOPODIOIDEAE

笔直石松属 *Dendrolycopodium* A. Haines

多年生陆生植物。匍匐茎生地表下。直立枝树状，有许多分枝。叶针形、线形、线状披针形，全缘。孢子囊穗单生，圆柱形，无柄，直立。孢子叶卵形或阔卵形，边缘膜质，不整齐；孢子三裂缝。

4种，主要分布于亚洲与北美洲温带和寒带地区；我国2种。

笔直石松
Dendrolycopodium verticale (Li Bing Zhang) Li Bing Zhang & X. M. Zhou

【形态特征】匍匐茎细长横走；侧枝几直立或斜升，高21~37 cm，下部不分枝，向上二叉分枝；整个分枝呈圆柱形。叶线状披针形，长3~5 mm，宽0.4~0.7 mm，纸质至革质，下延，边缘全缘，先端渐尖。孢子囊穗单生于小枝顶端，直立，圆柱形，无柄，长达6 cm；孢子叶阔卵形，膜质。

【生境与分布】生于海拔1300~2300 m的河谷及山坡林下、灌丛下。分布于湖北、湖南、江西、安徽、陕西、山西、台湾、浙江及西南等地；日本亦有。

【药用价值】全草入药，祛风活络，镇痛消肿，调经。主治风寒湿痹，四肢麻木，跌打损伤，月经不调，外伤出血。孢子主治小儿湿疹。

笔直石松

扁枝石松属 *Diphasiastrum* Holub

多年生陆生植物。匍匐茎生多数蔓延于地上。直立枝多回不等二叉分枝;侧枝和不育小枝扁平。叶的形状及排列因在不同部位而各异,总体为鳞片状,全缘。孢子囊穗单生,无柄,或多数而有柄;孢子叶比营养叶大,宽卵形,近全缘;孢子三裂缝。

20种,主产北温带地区;我国5种。

扁枝石松 地刷子
Diphasiastrum complanatum (Linnaeus) Holub

【形态特征】小型至中型陆生植物。主茎不明显,匍匐茎长达1 m。侧枝近直立,高达20 cm,多回二叉分枝;小枝显著扁平。叶排成4列,基部平贴枝上,无柄,背叶和腹叶钻形;侧叶三角形,先端锐尖并内弯。孢子囊穗2~6枚,顶生于穗柄上,圆柱形,长1.5~3 cm;孢子叶阔卵形,边缘膜质,具不规则的锯齿。

【生境与分布】生于海拔800~2200 m的山坡林下、灌丛下及草地。我国多数地区均产;广布于温带和亚热带地区。

【药用价值】全草入药,舒筋活血,祛风散寒,通经,消炎。主治风湿骨痛,月经不调,跌打损伤,烧烫伤。

扁枝石松

石松属 *Lycopodium* Linnaeus

中、小型植物。主茎横走。侧枝斜升或直立，二至多回二叉分枝，圆柱状。侧枝和各分枝上的叶螺旋状排列，钻形、披针形或线形，纸质至革质，无柄。孢子囊穗单生或聚生，圆柱形，有或无柄。孢子叶不同于营养叶，阔卵形或阔披针形，边缘膜质，并具不规则的齿。孢子三裂缝。

15种，广布于温带和热带地区；我国5种。

多穗石松
Lycopodium annotinum Linnaeus

【形态特征】匍匐茎细长横走；侧枝斜立，一至三回二叉分枝，稀疏，圆柱状；叶螺旋状排列，密集，披针形，边缘无锯齿；孢子囊穗单生于小枝末端，无柄，长2.5~4.0 cm，直径约5 mm。孢子叶阔卵状，长宽约3 mm×2 mm，先端急尖，边缘膜质，啮蚀状，纸质；孢子囊生于孢子叶腋，内藏，圆肾形，黄色。

【生境与分布】生于海拔700~3700 m的针叶林、混交林或竹林林下、林缘。分布于西南、华南、华中、华西和东北地区；俄罗斯、朝鲜半岛、日本、欧洲和北美洲亦有。

多穗石松

石松 伸筋草 狮子草
Lycopodium japonicum Thunberg

石松

【形态特征】匍匐茎长达数米；侧枝直立，高约30 cm，多回二叉分枝。叶螺旋状排列，线状披针形，长4~6 mm，宽0.4~0.8 mm，纸质，先端毛发状，易折断，边缘全缘。孢子囊穗聚生，圆柱形，直立，长2~8 cm，直径5~6 mm，具1~5 cm长的长小柄；孢子叶阔菱状卵形，长宽约3 mm×1.5 mm，先端渐狭，边缘膜质，啮蚀状，毛发状。

【生境与分布】生于海拔2500 m以下的林下、灌丛下及草坡。分布于我国亚热带地区；日本，南亚和东南亚亦有。

【药用价值】全草入药，祛风活络，镇痛消肿，调经。主治风寒湿痹，四肢麻木，跌打损伤，月经不调，外伤出血。孢子入药主治小儿湿疹。

玉柏

玉柏

Lycopodium obscurum Linnaeus

【形态特征】匍匐茎细长横走,棕黄色,光滑或被少量的叶;侧枝斜升或直立,下部不分枝,顶部二叉分枝;叶螺旋状排列,稍疏,斜立或近平伸,线状披针形;孢子囊穗单生于小枝单生,直立,圆柱形,无柄,长2~3 cm,直径4~5 mm;孢子叶阔卵状,长宽约3 mm×2 mm,先端急尖,边缘膜质,具啮蚀状齿,纸质;孢子囊生于孢子叶腋,内藏,圆肾形,黄色。

【生境与分布】生于海拔100~3000 m的山地林缘或灌丛下。分布于黑龙江、吉林、辽宁等地;俄罗斯、朝鲜半岛、日本和北美洲亦有。

【药用价值】全草入药,祛风除湿,舒筋通络,活血化瘀。主治风湿痹痛,腰腿痛,肢体麻木,跌打扭伤,小儿麻痹症后遗症。

藤石松属 *Lycopodiastrum* Holub ex R. D. Dixit

大型陆生藤本植物。主枝数米长，木质，圆柱形，在正常情况下总是攀于乔木或灌木上；叶稀疏，螺旋状排列，狭披针形，（3~5）mm×（0.6~1）mm，革质，贴生，上部膜质，先端毛发状，易落。侧枝软，多回二叉分枝，并分化成不育枝和能育枝；末回小枝扁平。叶在不同部位有各种形状：披针形、钻形、鳞片形、短线形。孢子囊穗多数，弯曲，形成圆锥序；孢子叶阔卵形，覆瓦状，厚膜质，边缘具不规则的齿，先端短尖而有膜质长芒。孢子囊生于孢子叶腋，肾形。

单种属，广布于热带与亚热带地区。

藤石松
Lycopodiastrum casuarinoides (Spring) Holub ex R. D. Dixit

【形态特征】物种特征同属特征。

【生境与分布】生于海拔1300 m以下的林缘、灌丛。分布于云南、四川、贵州、重庆、广西、广东、湖南、湖北、江西、浙江、福建、台湾、西藏等地；亚洲热带、亚热带地区亦有，向东达巴布亚新几内亚。

【药用价值】全草入药，祛风活血，消肿镇痛。主治风湿关节痛，腰腿痛，跌打损伤，疮疡肿毒，烧烫伤。

藤石松

藤石松

水韭科 ISOËTACEAE

　　小型常绿或夏绿植物，水生、两栖生或土生。植株直立。茎较短小，块状，极少似根状茎斜升，肉质，基部具须根，向上丛生螺旋形排列的叶。叶长2~100 cm；宽有时可达1 cm，呈线状或为圆柱形，具4条纵行的气孔道和中央背生的维管束，叶基膨大，膜质，两侧扩大成鞘状，生孢子囊部位较肥厚。孢子囊大，卵形或球形，表面有小凹，表皮细胞壁厚，1室，同形，不开裂，位于叶基膨大的穴内，外轮叶的为大孢子囊，内轮叶的为小孢子囊。大孢子圆球形；小孢子极小，椭圆形。

　　1属250余种，世界广布，主产于北半球亚热带和温带，极少数分布于热带；我国1属9种，分布于西南、华南和华东地区。

水韭属 *Isoëtes* Linnaeus

　　小型至中型植物，水生、湿地生、稀土生。根状茎球茎状，2~3裂。根二叉分枝。单叶，线形，簇生，螺旋状排列，向基部扩大，横切面有4气腔，中央1维管束。有膜质叶舌，着生于孢子囊上面；孢子囊单生，埋于孢子叶基部向轴面的穴内。孢子二型：大孢子球状，三裂缝，直径超过300 μm；小孢子椭圆形，15~30 μm。

　　超过250种，世界性分布；我国9种。

云贵水韭
Isoëtes yunguiensis Q. F. Wang & W. C. Taylor

　　【形态特征】水生或湿生植物，高20~45 cm。根状茎略成3瓣。叶禾草状，线形，多数，簇生，基部白色或浅黄色，向上绿色，基部向两侧扩大，鞘状，膜质，内凹。叶舌三角形。孢子囊长2~7 mm，长圆形。大孢子叶排列于植株外围，小孢子叶在其内。

　　【生境与分布】生于海拔1100~1500 m的湿地、水库或池塘浅水中、溪沟缓流内。分布于云南、贵州等地。

　　【附注】国家二级保护植物。

云贵水韭

卷柏科 SELAGINELLACEAE

土生或石生。植株直立、斜升或匍匐蔓生，少有攀援；多分枝，大多为二叉合轴分枝，主枝圆柱形或四棱柱状，无背腹性；具原生中柱、管状中柱或分体中柱，主枝下部生圆柱状根托，末端生出细长的多次二叉分枝的根系。单叶，较小，一形或二形，平展或斜展。二形叶螺旋状互生，呈4列；侧面2行叶称背叶，较大；中间2行叶称腹叶，贴生茎上。能育叶穗状。孢子囊穗着生小枝顶端，通常呈四棱形或扁圆形。能育叶分大、小孢子叶，分别产生大、小孢子囊。大孢子囊圆球形，每一大孢子囊内有大孢子1~4枚；小孢子囊肾形或倒卵形，可产生大量粉末状小孢子。

1属700余种，主要分布于热带和亚热带地区，极少至北极高山；我国1属97种，南北均产。

卷柏属 *Selaginella* P. Beauvois

小型至大型植物，陆生或石生。茎直立、匍匐、斜升或攀援，二叉分枝或羽状分枝。有根托，只生于茎下部或各处均有。叶小，单一，仅1条叶脉；每1叶的叶腋有1叶舌；叶一形或二形，螺旋状排列，或4行排列，2列在茎或分枝的上面或背面，称为中叶或背叶；另外2列在茎或分枝的侧面或下面，称为侧叶或腹叶。孢子囊穗生于分枝先端；孢子叶一形或二形。

约700种，世界性分布；我国97种。

白毛卷柏
Selaginella albociliata P. S. Wang

【形态特征】植株长5~10 cm。茎平铺，连叶宽约3 mm，分枝少，各处生根。叶均具白边，并有长达0.3 mm以上的睫状毛；侧叶和中叶基部均为圆形；孢子叶二形，倒置，上侧孢子叶较大，长圆披针形，(2~2.5) mm×7 mm，先端渐尖，边缘具睫毛；下侧孢子叶较小，长圆卵形，(1.8~2) mm×0.7 mm，先端尾状，边缘具睫毛。各叶均有白色膜质狭边；薄草质。大孢子淡灰色，小孢子橘红色。

【生境与分布】生于海拔500~800 m的石灰岩上、溪边林下。分布于广西、贵州等地。

白毛卷柏

大叶卷柏

大叶卷柏

Selaginella bodinieri Hieronymus

　　【形态特征】植株高 (15~)30~40(~50) cm。主茎直立或斜升,下部不分枝或偶有分枝,连叶宽7 mm或过之。根托只生于中部以下。侧叶卵状长圆形至长圆形,睫状毛生上缘中部以下和下缘基部;中叶斜卵形,基部斜心形,先端长渐尖至芒状。孢子叶一形或二形。

　　【生境与分布】生于海拔400~1500 m的石灰岩地区的林下、河谷、路边、溪边。分布于云南、四川、贵州、重庆、广西、湖南、湖北等地;越南亦有。

　　【药用价值】全草入药,清热利湿,舒筋活络,抗癌。主治风热咳嗽,水肿,跌打损伤,癌肿。

深绿卷柏

Selaginella doederleinii Hieronymus

【形态特征】植株高15~40 cm，近直立或斜升。主茎由下部分枝。叶有光泽；侧叶开展，长圆形，正面光滑，边缘有微齿，或外缘全缘；中叶卵形，远比侧叶小，约为其半，龙骨状，具短芒。孢子囊穗四棱形，长6~20 mm，孢子叶一形。

【生境与分布】生于海拔1200 m以下常绿阔叶林下和溪边。分布于云南、四川、贵州、重庆、湖南、江西、安徽、浙江、福建、台湾、广东、广西、香港、海南等地；印度、泰国、越南、马来西亚和日本亦有。

【药用价值】全草入药，消炎解毒，祛风消肿，止血生肌。主治风湿疼痛，风热咳喘，肝炎，乳蛾，痛肿溃疡，烧烫伤。

深绿卷柏

疏松卷柏

疏松卷柏

疏松卷柏
Selaginella effusa Alston

【形态特征】植株高13~42 cm。主茎直立或斜升,常在下部即行分枝。侧叶三角状卵形,基部不对称,上侧圆,下侧心形,先端钝或短尖,上缘具微齿,下缘近全缘;中叶卵形,先端具芒。孢子囊穗扁平;孢子叶二形;大孢子白色;小孢子橙黄色或橘红色。

【生境与分布】生于海拔500~1200 m的酸性山地的林下、溪边。分布于云南、广西、贵州、广东等地;越南亦有。

蔓出卷柏 *澜沧卷柏*
Selaginella davidii Franchet

蔓出卷柏

【形态特征】植株长30~50 cm或更长。主茎匍匐,多回分枝。侧叶斜卵形至卵状长圆形,(2.2~3.2)mm×(1.2~2.2)mm,基部不对称,上侧圆,下侧浅心形,基部有短睫毛,向上具微齿,先端急尖,具白边;中叶卵形或椭圆形,(1.6~2.5)mm×(0.6~1)mm,基部斜心形,先端具芒,边缘有白边。孢子囊穗四棱形,长5~18 mm;孢子叶一形。

【生境与分布】生于海拔600~1900 m的石灰岩地区的林下、路边、山坡。分布于云南、四川、贵州、重庆、广西、湖南、湖北等地。

蔓出卷柏

异穗卷柏
Selaginella heterostachys Baker

【形态特征】成熟植株斜升,高7~15 cm;分枝稀疏。侧叶平展,卵形,(2~3)mm×(1~2)mm,基部对称,圆楔形,先端钝或渐尖,叶缘具微齿;中叶卵形,(1~2)mm×(0.7~1.2)mm,基部圆,先端长渐尖,边缘具微齿。孢子囊穗扁平;孢子叶二形:中叶大,开展,卵形,先端渐尖;侧叶小,斜展,卵形,先端突然狭缩,尾状。

【生境与分布】生于海拔300~1300 m的林下、灌丛下、路边、溪边及田埂旁。分布于云南、四川、贵州、重庆、湖南、广西、广东、台湾、福建、浙江、江西、安徽、河南、甘肃等地;日本、越南亦有。

【药用价值】全草入药,解毒,止血。主治蛇咬伤,外伤出血。

异穗卷柏

兖州卷柏

兖州卷柏
Selaginella involvens (Swartz) Spring

【形态特征】植株高15~40 cm。主茎直立,下部不分枝。主茎分枝以下的叶贴生,指向上方,常近,常相互包裹。分枝上的叶4列,侧叶斜三角状卵形,(2~2.5)mm×(0.8~1.4)mm,基部近圆形,先端渐尖,上缘略具微齿,下缘全缘;中叶斜卵形,基部斜心形,边缘具微齿。孢子囊穗四棱形,孢子叶一形。

【生境与分布】生于海拔700~2000 m的林下、林缘、山谷内、路边。分布于我国热带、亚热带地区;南亚、东南亚、朝鲜半岛及日本亦有。

【药用价值】全草入药,清热凉血,利水消肿,清肝利胆,化痰定喘,止血。主治急性黄疸,肝硬化腹水,咳嗽痰喘,风热咳喘,崩漏,疮痛,烧烫伤,狂犬咬伤,外伤出血。

细叶卷柏

细叶卷柏
Selaginella labordei Hieronymus ex Christ

【形态特征】植株高12~26 cm。主茎直立,下部不分枝,向上多回分枝。侧叶卵形至长圆形,(2~3) mm×(1~1.8) mm,基部不对称,上侧圆,下侧阔楔形,先端短尖,边缘具微齿;中叶卵形至卵状披针形,基部明显心形,先端芒状,边缘具微齿。孢子囊穗扁平;孢子叶二形。

【生境与分布】生于海拔1500~2200 m的林下、灌丛下、路边、岩洞口。分布于我国热带、亚热带地区;缅甸亦有。

【药用价值】全草入药,清热利湿,平喘,止血。主治小儿高热惊风,肝炎,胆囊炎,泄泻,痢疾,疳积,哮喘,肺痨咳血,月经过多,外伤出血。

膜叶卷柏

Selaginella leptophylla Baker

【形态特征】植株高6~12 cm。主茎直立，二至三回分枝。侧叶开展，远离（在主茎上常相隔两倍于自身长度），卵形至长圆形，（2~2.8）mm×（1~1.5）mm，基部浅心形，先端钝，边缘具微齿；中叶狭卵形至披针形，（1~1.5）mm×0.4 mm，先端芒状，边缘具微齿。孢子囊穗扁平；孢子叶二形。

【生境与分布】生于海拔1100~1700 m的灌丛下、溪边及石灰岩洞内外。分布于云南、贵州、广西、台湾等地；日本亦有。

膜叶卷柏

江南卷柏

江南卷柏
Selaginella moellendorffii Hieronymus

江南卷柏

【形态特征】植株高20~54 cm。主茎直立,下部不分枝。主茎分枝以下的各叶贴生,指向上方,稀疏,不互相包裹。分枝上的叶4行排列,侧叶斜展,三角状卵形,(2~3) mm×(1.2~1.8) mm,基部近圆形,先端渐尖,边缘具白边和微齿;中叶斜卵形,基部斜心形,边缘具白边和微齿,先端芒状。孢子囊穗四棱形;孢子叶一形。

【生境与分布】生于海拔300~1700 m的林下、林缘、山谷、路边。分布于我国热带、亚热带地区;越南、柬埔寨、菲律宾和日本亦有。

【药用价值】全草入药,清热解毒,利尿通淋,活血消肿,止血退热。主治急性黄疸,肝硬化腹水,淋症,跌打损伤,咯血,便血,刀伤出血,疮毒,烧烫伤,毒蛇咬伤。

单子卷柏
Selaginella monospora Spring

【形态特征】植株长36 cm，大部匍匐，上部斜升。茎连叶宽0.8~1 cm，多回分枝。侧叶开展或稍斜上，狭长圆卵形，(4~5.5) mm × 2 mm，上侧基部略扩张，较宽，边缘略具微齿；下侧边缘全缘；先端钝或急尖。中叶卵形，(1~2) mm × (0.5~1.2) mm，稍呈龙骨状，基部钝，边缘具微齿，先端具短芒。孢子囊穗单生或双生，扁平。孢子叶二形。

【生境与分布】生于海拔600~1300 m的常绿阔叶林下。分布于云南、贵州、广西、广东、海南、西藏等地；印度、尼泊尔、不丹、缅甸、泰国、越南和老挝亦有。

单子卷柏

伏地卷柏
Selaginella nipponica Franchet & Savatier

伏地卷柏

【形态特征】植株匍匐，长约10 cm。主茎不明显，一至二回分枝。根托生各处。侧叶斜卵形至宽卵形，（1.5~3）mm×（0.8~2.2）mm，基部不对称，上侧圆，贴生茎或枝上；下侧圆楔形至浅心形，先端短尖，略向下弯，边缘具微齿；中叶狭卵形，基部圆，多少盾状着生，先端长渐尖，边缘具微齿。生殖枝直立，无明显的孢子囊穗；孢子叶二形。

【生境与分布】生于海拔300~1900 m的疏林下、溪边、路边、灌丛、草地及田埂。分布于黄河以南大部分地区；越南、日本和朝鲜半岛亦有。

【药用价值】全草入药，清热解毒，润肺止咳，舒筋活血，止血生肌。主治痰喘咳嗽，淋症，吐血，痔疮出血，外伤出血，扭伤，烧烫伤。

黑顶卷柏

Selaginella picta A. Braun ex Baker

黑顶卷柏

【形态特征】植株高达80 cm。主茎直立, 粗约4 mm, 二至三回分枝, 干后先端变黑。侧叶开展, 镰状长圆形, 全缘; 中叶全缘, 斜卵形。孢子叶一形。

【生境与分布】生于海拔200 m的河谷疏林下。分布于云南、贵州、西藏、广西、江西、海南等地; 印度、缅甸、泰国、越南、柬埔寨、老挝亦有。

【药用价值】全草入药, 凉血解毒, 止痛。主治麻疹, 痢疾, 咳血, 吐血, 外伤出血, 胸痛, 胃痛, 跌打损伤。

垫状卷柏 九死还魂草

Selaginella pulvinata (Hooker & Greville) Maximowicz

【形态特征】耐旱的莲座状植物，高达10 cm。干旱时整个植株内卷成球状。根只生于茎基部，充分散展。主茎极短，侧枝密集簇生其顶。侧叶阔卵形，（2~2.5）mm×（1.2~1.7）mm，先端刺状，上缘膜质，啮蚀状，下缘内卷；中叶卵形至披针形，（1.5~2）mm×（0.7~1）mm，外缘外卷，先端芒状。孢子囊穗四棱形，单生，长4~10 mm；孢子叶一形。

【生境与分布】生于海拔500~2400 m的石灰岩地区石隙、石壁上。分布于华北、中南、华东、西南地区，北达内蒙古、辽宁，南至广西；印度亦有。

【药用价值】全草入药，通经散血，止血生肌，活血祛瘀，消炎退热。主治闭经，子宫出血，胃肠出血，尿血，外伤出血，跌打损伤，骨折，小儿高热惊风。

垫状卷柏

疏叶卷柏
Selaginella remotifolia Spring

【形态特征】植株长25~40 cm或
更长。主茎匍匐,多回分枝。侧叶卵形,
(2~3.2) mm×(1~1.8) mm, 基部浅心
形, 先端短尖, 边缘全缘或略具微齿;
中叶卵形至卵状披针形, 基部不对称,
外侧向下伸长成小耳。孢子囊穗单生,
长5~10 mm。孢子叶一形; 大孢子囊
仅1枚, 生每个孢子囊穗基部; 大孢子
4个, 但常仅1个发育, 很大, 直径达0.5
mm, 灰色; 小孢子囊多数, 每个囊像
一长方形盒子, 在释放橘红色小孢子后
则呈拖鞋形。

【生境与分布】生于海拔2000 m以
下的林下、溪边。分布于云南、四川、
贵州、重庆、广东、广西、香港、湖南、
湖北、江西、江苏、浙江、福建、台湾
等地; 韩国、日本、越南及东南亚各地
亦有。

【药用价值】全草入药, 清热解
毒, 消炎止血, 除湿利尿。主治疮毒,
狂犬咬伤, 烧烫伤。

疏叶卷柏

旱生卷柏　薄扇卷柏
Selaginella stauntoniana Spring

【形态特征】主茎上部分枝或自下部开始分枝，不是很规则的羽状分枝，主茎呈紫红色；不分枝主茎上的叶排列紧密，一形；中叶不对称，具芒；侧叶下侧边缘仅具数根睫毛；孢子叶一形，卵状三角形，边缘膜质撕裂或撕裂状具睫毛，透明，先端具长尖头到具芒，龙骨状。大孢子橘黄色；小孢子橘黄色或橘红色。

【生境与分布】生于海拔50~2500 m的石灰岩石缝中。分布于吉林、山西、宁夏、陕西、北京、河北、河南、辽宁、山东、台湾等地；朝鲜半岛亦有。

【药用价值】全草入药，散瘀止痛，凉血止血。主治跌打损伤，瘀血疼痛，便血，尿血，子宫出血。

旱生卷柏

粗叶卷柏

粗叶卷柏
Selaginella trachyphylla A. Braun ex Hieronymus

【形态特征】植株高约20 cm。主茎斜升。枝上的侧叶密接或呈覆瓦状，开展，长圆形至长圆披针形，（3~4.5）mm×1.5 mm，向轴面上有刺，先端钝，基部不对称；中叶卵形，边缘具微齿，先端芒状，叶脉凸起。孢子囊穗成对，四棱形，长达10 mm；孢子叶一形；大、小孢子均淡黄色。

【生境与分布】生于海拔600 m以下的河谷林下。分布于广西、贵州、广东、香港、海南等地；越南、泰国亦有。

翠云草
Selaginella uncinata (Desvaux ex Poiret) Spring

【形态特征】植株长达70 cm，或过之。主茎匍匐，多回分枝。各叶全缘并具白边。侧叶开展，长圆形，(3~4.5) mm×(1.5~2.5) mm，基部圆或浅心形，先端钝或急尖；中叶斜的狭卵形至卵状披针形，先端长渐尖。孢子囊穗单生，长5~22 mm；孢子叶一形。

【生境与分布】生于海拔150~1100 m的山坡、林缘、溪边。分布于云南、四川、贵州、广西、广东、香港、湖南、湖北、陕西、江西、安徽、浙江、福建、台湾、海南等地；越南亦有。

【药用价值】全草入药，清热解毒，利湿通络，化痰止咳，止血。主治黄疸，痢疾，高热惊厥，胆囊炎，水肿，泄泻，吐血，便血，风湿关节痛，乳痈，烧烫伤。

翠云草

藤卷柏

Selaginella willdenowii (Desvaux ex Poiret) Baker

【形态特征】土生，攀援，长100~200 cm，或更长。主茎自近基部开始分枝，不呈"之"字形，无关节，禾秆色或红色。叶二形，草质，表面光滑，具虹彩，边缘全缘，略具白边。中叶不对称，(0.9~1.4) mm×(0.4~0.6) mm，基部斜，近心形，边缘全缘。侧叶不对称，(2.8~4.0) mm×(1.0~1.5) mm，先端钝，边缘全缘。孢子叶一形，近圆形，边缘全缘，具白边，先端具短尖头。

【生境与分布】生于海拔约400 m的河谷水沟边。分布于云南、广西、贵州等地；南亚、东南亚、中南半岛亦有。

【药用价值】全草入药，祛风散寒，除湿消肿。主治风湿疼痛，痈肿溃疡等。

藤卷柏

剑叶卷柏

剑叶卷柏

Selaginella xipholepis Baker

【形态特征】植株长达16 cm。主茎不明显,多回分枝。各叶具白边,仅下部边缘具睫状毛,向上为微齿;侧叶卵形至狭卵形,(1.5~2.7)mm×(0.8~1.2)mm,不对称,上侧较宽,外缘基部无睫状毛,近全缘;中叶斜卵形,先端长渐尖。孢子囊穗扁平;孢子叶明显二形。

【生境与分布】生于海拔600 m以下的林下、灌丛下及林缘石上、石隙、岩洞内。分布于云南、贵州、广西、福建、香港等地。

【药用价值】全草入药,清热利湿,通经活络。主治肝炎,胆囊炎,痢疾,肠炎,肺痈,风湿关节痛,烧烫伤。

蕨类植物 FERNS

木贼科 EQUISETACEAE

常绿或夏绿植物，土生或沼泽生。根状茎横走，有节，节上有具齿的鞘，中空，常分枝或单出，分枝轮生于节上，节间有纵棱，棱上有硅质的疣状凸起。叶二型：不育叶退化成细小的鳞片状，轮生于节上，形成筒状或漏斗状并具齿的鞘，先端形成多为膜质的鞘齿；能育叶特化为六角盾状体，密集轮生，排成具尖头或钝头的孢子叶球，生于无色或褐色的能育茎顶端。孢子囊长圆形，5~10个轮生于能育叶近轴面，成熟时纵裂。

1属约15种，除大洋洲和南极洲外，热带、亚热带和温带地区广布；我国1属10种，南北均产。

木贼属 *Equisetum* Linnaeus

小型至大型多年生植物，陆生或水生。根状茎横走；气生茎直立，圆柱形，具节，中空，不分枝或轮状分枝；节间有纵脊与沟。叶退化，鳞片状，轮生；下部融合成鞘，围在节间基部；上部分裂。孢子囊穗球果状，顶生茎或枝上；孢子叶盾状，六角形，每片孢子叶有孢子囊5~10枚；孢子囊呈囊状，伸长，着生于孢子叶内面；孢子绿色，球形，每个孢子有4条弹丝螺旋状绕着，一旦变干，弹丝挺直，并散布孢子。

15种，世界性分布；我国10种。

披散问荆　披散木贼
Equisetum diffusum D. Don

【形态特征】植株通常高20~40 cm。根状茎横走。气生茎直立，一型；轮生枝多数，纤弱。主茎和分枝上的脊具双棱，棱上具瘤。鞘筒长，鞘齿在主茎上披针形，在分枝上三角形，宿存。孢子囊穗圆柱形，长1~3 cm，先端钝，生茎顶，稀生枝顶，成熟时穗梗伸长。

【生境与分布】生于海拔300~2200 m的路边、耕地及瀑布旁。分布于甘肃、广西、贵州、湖南、江苏及西南各地；印度、尼泊尔、不丹、巴基斯坦、缅甸、越南、日本亦有。

【药用价值】全草入药，清热解毒，利湿，疏肝散结。

披散问荆

披散问荆

节节草

Equisetum ramosissimum Desfontaines

【形态特征】植株高20~54 cm。气生茎一型；脊上有一列瘤，脊间具2~4行气孔带；主茎只在下部分枝，每轮分枝1~4 条；鞘筒狭，长宽比约为2∶1；鞘齿三角形，边缘膜质，具易落的尾状先端。孢子囊穗长7~15 mm，先端有短尖头，无柄。

【生境与分布】生于海拔2200 m以下的林下、林缘、路边、坡地、河边、溪边。分布于全国各地；北温带地区亦有。

【药用价值】全草入药，清热明目，祛风除湿，止咳平喘，利尿，退翳。主治目赤肿痛，感冒咳喘，水肿，淋证，肝炎，骨折。

节节草

瓶尔小草科 OPHIOGLOSSACEAE

常绿或夏绿，中、小型肉质植物，土生或罕见附生。根状茎短，直立或少有横走，肉质，无鳞片，具肉质粗根。叶明显二型，同生一总柄。不育叶为单叶或复叶，卵形、椭圆形、三角形或五角形，一至多回羽状分裂，叶脉分离或网状；能育叶具柄，自总柄下部或中部生出。孢子囊穗线形或聚成圆锥状，绿色或黄色，生于能育茎顶端。孢子囊大，圆球形，壁厚，无环带，成熟时横裂。

12属约112种，广布于热带、亚热带和温带地区；我国8属22种，南北均产。

阴地蕨亚科 Subfam. BOTRYCHIOIDEAE

蕨萁属 *Botrypus* Michaux

中型陆生植物。根状茎短而直立，根肉质。叶芽有毛，叶鞘张开，不完全包住叶芽。叶二型：不育叶二至四回羽状，三角形至五角形；叶脉分离；能育叶自不育叶片基部或叶轴生出，羽状分裂，形成松散的圆锥序。孢子囊无柄，横裂。

约2种，温带地区广布；我国1种。

蕨萁
Botrypus virginianus (Linnaeus) Michaux

【形态特征】植株高30~50 cm。总柄20~30 cm。不育叶片宽三角形，（10~22）cm ×（15~36）cm，三回羽裂，草质，叶轴、羽轴幼时有毛，继而光滑；末回羽片或裂片椭圆形、长圆形或卵形，先端具细长锐齿。孢子叶自不育叶片基部生出。孢子橙黄色。

【生境与分布】生于海拔1400~1900 m的阴湿林下、林缘、溪边。分布于云南、贵州、四川、重庆、西藏、湖南、湖北、河南、甘肃、陕西、山西、安徽、浙江等地；北温带地区广布。

【药用价值】全草入药，清热解毒。主治毒蛇咬伤等。

蕨萁

绒毛阴地蕨

绒毛阴地蕨属 *Japanobotrychum* G. Masamune

中型陆生植物。根状茎短而直立；根肉质。植株高20~50 cm。总叶柄10~20 cm。粗肥多汁，草质，密生灰白色长绒毛，早落；不育叶片三角形，四回羽裂，草质；叶轴、羽轴上有白色长毛；末回羽片或裂片卵形，三角状卵形或长圆形，先端具锐齿；能育叶自不育叶片的叶轴生出，具白色长毛。孢子淡黄色。

单种属，产于热带亚洲地区；我国亦产。

绒毛阴地蕨

Japanobotrychum lanuginosum (Wallich ex Hooker & Greville) M. Nishida ex Tagawa

【形态特征】物种特征同属特征。

【生境与分布】生于海拔1500~2200 m的林下及林缘。分布于云南、四川、贵州、广西、湖南、西藏、台湾等地；南亚和东南亚地区亦有。

【药用价值】全草或根茎入药，清热解毒，滋补，止咳平喘。主治毒蛇咬伤，乳痈，疔疮肿毒，瘰疬，咽喉炎，肺热咳喘。

阴地蕨属 *Sceptridium* Lyon

中型陆生植物。根状茎短而直立,根肉质。叶芽有毛或无毛,叶鞘封闭,完全包住叶芽。叶二型:不育叶二至四回羽状,三角形至五角形;叶脉分离;能育叶自总柄的下部生出,羽状分裂,形成松散的圆锥序。孢子囊球圆形,横裂。

约25种,广布于北温带地区;我国6种。

薄叶阴地蕨
Sceptridium daucifolium (Wallich ex Hooker & Greville) Y. X. Lin

【形态特征】植株高达50 cm。总柄长10~15 cm。不育叶五角形,(15~22) cm×(16~24) cm,三回羽状分裂,薄草质;羽片5~7对,基部羽片最大,三角形;末回裂片卵形至长圆形,具锐锯齿;叶脉明显;叶轴、羽轴疏具白色长毛。能育叶出自总柄中部以上,具长柔毛。孢子囊淡黄色;孢子钝三角形。

【生境与分布】生于海拔500~1600 m的林下、阴湿处。分布于云南、四川、贵州、重庆、广东、广西、海南、湖南、江西、浙江等地;南亚及东南亚亦有。

【药用价值】全草入药,清肺止咳,解毒消肿。主治肺热咳嗽,疟腮,乳痈,跌打肿痛,蛇犬咬伤。

薄叶阴地蕨

华东阴地蕨

Sceptridium japonicum (Prantl) Lyon

【形态特征】植株高达50 cm。总柄长1.5~5 cm。不育叶柄长0.9~1.5 cm；叶片五角形，（8~15）cm×（10~18）cm，四回羽状分裂，草质；基部羽片最大；末回羽片或裂片卵形至椭圆形，边缘具锐锯齿；叶脉羽状，分离。能育叶高于不育叶，柄长达34 cm。孢子囊黄色；孢子钝三角形。

【生境与分布】生于海拔800~1600 m的林下、林缘、溪边。分布于湖南、广东、台湾、福建、江西、浙江、江苏、安徽、贵州等地；日本、朝鲜半岛亦有。

【药用价值】全草入药，清热解毒，镇惊，平肝润肺，消肿散瘀。主治小儿高热抽搐，肺炎、咳喘痰血，痈疮疖肿。

华东阴地蕨

阴地蕨

阴地蕨
Sceptridium ternatum (Thunberg) Lyon

【形态特征】植株高7~35 cm。总柄1~3 cm。不育叶柄2~5 cm；叶片宽三角形，（3~10）cm ×（4~13）cm，三回羽裂至三回羽状，厚草质，干后皱缩；末回羽片或裂片卵形至狭椭圆形，边缘具不规则的细锐齿。孢子叶远高于不育叶；柄长达24 cm，自总柄生出。

【生境与分布】生于海拔800~2500 m的林下、灌丛下、溪边、山坡及草丛中。分布于四川、贵州、重庆、湖北、湖南、广西、广东、台湾、福建、浙江、江西、安徽、江苏、河南、辽宁、陕西、山东等地；印度、尼泊尔、越南、日本、朝鲜亦有。

【药用价值】全草入药，清热解毒，平肝散结，润肺止咳。主治小儿惊风，疳积，肺热咳嗽，瘰疬，痈肿疮毒，毒蛇咬伤。

七指蕨亚科 Subfam. HELMINTHOSTACHYOIDEAE

七指蕨属 *Helminthostachys* Kaulfuss

　　小型常绿植物，土生。根状茎短，横走，无鳞片，有不分枝肉质粗根。叶二型。不育叶有一总柄，掌状或鸟足状，基部有两片圆形肉质托叶，裂片矩圆状披针形，基部不对称，边缘全缘或浅锯齿，叶脉分离，主脉明显，侧脉羽状，一至二回分叉，达叶边。能育叶长20~30 cm，出自不育叶基部，有柄。孢子囊穗聚生成圆柱状，顶部有鸡冠状的不育附属物，无叶绿素。

　　单种属，分布于亚洲和热带大洋洲，向北可达琉球群岛；我国亦产，分布于海南、云南和台湾等地。

七指蕨

Helminthostachys zeylanica (Linnaeus) Hooker

　　【形态特征】物种特征同属特征。

　　【生境与分布】生于海拔300~500 m的湿润雨林中。分布于海南、云南、台湾等地；热带亚洲地区亦有。

　　【药用价值】根茎、全草入药，清肺化痰，散瘀解毒。主治痨热咳嗽，咽痛，跌打肿痛，痈疮，毒蛇咬伤。

七指蕨

瓶尔小草亚科 Subfam. OPHIOGLOSSOIDEAE

瓶尔小草属（瓶儿小草属）*Ophioglossum* Linnaeus

　　小型陆生或附生植物。根状茎短而直立，生一至数枚叶。不育叶片多、少肉质，通常为单叶，全缘，近圆形至披针形，叶脉网状，无明显的中脉。能育叶自不育叶片基部生出，由柄和单一的穗构成；穗具2列埋于其中两侧融合的孢子囊。孢子囊横裂；孢子淡黄色。

　　25~30种，几为世界性分布；我国9种。

瓶尔小草
Ophioglossum vulgatum Linnaeus

　　【形态特征】植株高12~20 cm。叶通常单一；总柄3~7 cm。不育叶片卵形、狭卵形或椭圆形，（2~5.2）cm×（1~2）cm，基部楔形或圆形，多少下延，先端钝或短尖。能育叶自不育叶片基部生出，长达13 cm；穗长2~3 cm。

　　【生境与分布】生于海拔500~2000 m的草坡，林缘、灌丛及溪边。分布于我国长江中下游、福建、广东、河南、陕西、浙江及西南各地；广布于北温带地区。

　　【药用价值】全草入药，清热凉血，解毒镇痛。主治肺热咳嗽，肺痈，肺痨吐血，小儿高热惊风，目赤肿痛，胃痛，疔疮痈肿，蛇虫咬伤，跌打肿痛。

瓶尔小草

松叶蕨科 PSILOTACEAE

中、小型常绿植物，附生或石生。根状气生茎直立、匍匐横走或下垂，无根，下部不分枝，中上部呈二叉分枝，绿色，圆柱状，具棱或扁平，具原生中柱或管状中柱。叶为单叶，细小，无柄，疏生，二型。不育叶鳞片状、近三角状、披针形到狭卵形，无叶脉或有1条叶脉；能育叶二叉，小鳞片状，无叶脉。孢子囊圆球形，2~3枚生于叶腋，通常愈合似1枚2~3室的孢子囊。

2属约17种，分布于热带和亚热带地区；我国1属1种，产于西南、华南和华东地区。

松叶蕨属 *Psilotum* Swartz

小型至中型植物，附生或石生，无根。根状茎长而横走。气生茎直立或多少下垂，多回二叉分枝；分枝绿色，具棱或扁平。叶退化，无叶脉，二型：不育叶无柄，鳞片状，三角形；能育叶深二裂。孢子囊3室，生孢子叶基部。孢子单裂缝，具穴状纹饰。

2种，分布于热带和暖温带地区；我国1种。

松叶蕨
Psilotum nudum (Linnaeus) P. Beauvois

【形态特征】植株高15~40 cm。根状茎横走，圆柱形。气生茎直立至多少下垂，多回二叉分枝，小枝三棱形。不育叶三角形，2 mm×（1.5~2）mm，革质；能育叶深二裂，裂片狭钻形。孢子囊黄色至黄棕色。

【生境与分布】附生于海拔500~1200 m的树上或生石隙。分布于云南、四川、贵州、重庆、广东、广西、海南、湖南、江西、福建、台湾、浙江、江苏、安徽、陕西等地；热带、亚热带地区，北达朝鲜、日本亦有。

【药用价值】全草入药，活血通经，祛风湿。主治风湿痹痛，妇女经闭，吐血及跌打损伤。

松叶蕨

合囊蕨科 MARATTIACEAE

草本,土生。根状茎直立或横走,肉质。叶柄粗大,通常有膨大的关节。叶一至四回羽状复叶,小羽片披针形或卵状长圆形,深绿色,肉质,有短柄或无柄;叶脉分离,单一或二叉状,少有网状。孢子囊群线形、椭圆形或圆形,腹面有纵缝开裂,无囊群盖,沿叶脉两侧排列或散生叶下小脉连接点。

6属约111种,分布于泛热带;我国3属35种,产于西南、华南和华东地区。

莲座蕨属 *Angiopteris* Hoffmann

大型陆生植物。根状茎直立,斜升或横走。叶片一至四回羽状;叶脉分离,单一或二叉状,叶脉间有或无假脉。孢子囊群生叶脉上,通常边缘或近边缘生;孢子囊在基部融合,无柄,每一孢子囊群由2列相对的孢子囊组成。孢子三裂缝。

30~40种,旧热带分布;我国33种。

莲座蕨
Angiopteris evecta (G. Forster) Hoffmann

【形态特征】植株高达1.8 m。叶广阔,二回羽状;羽片长60 cm,中部宽18 cm,长圆形,羽轴棕禾秆色,光滑,向顶端无翅;小羽片15~25对,互生,有短柄,水平开展,基部小羽片最短,长5~7 cm,短渐尖头。叶脉几开展,二叉状,少有单一,两面明显,纤细,向顶部弯弓,倒行假脉明显,长几达中肋。叶为草质,干后绿色,下面几无鳞片。孢子囊群长圆形,有孢子囊12~14个,彼此不密接,离平伏叶边约1 mm。

【生境与分布】生于海拔100~1200 m的阔叶林、雨林沟谷、路旁、山坡。分布于台湾等地;新几内亚、菲律宾、澳大利亚、南太平洋岛屿亦有。

莲座蕨

福建莲座蕨　福建观音座莲
Angiopteris fokiensis Hieronymus

【形态特征】植株高过2 m。根状茎直立，粗壮，肉质。叶簇生；叶柄长60~100 cm，粗约2 cm，具疣状突起，基部膨大，具1对托叶状附属物；叶片二回羽状；中部羽片（60~80）cm×（15~25）cm；小羽片披针形，中部小羽片（10~15）cm×（1.2~2.2）cm；基部圆形至楔形，边缘具锯齿，先端渐尖。叶脉明显，无假脉。孢子囊群长圆形，近叶缘生，由8~10个孢子囊组成。

【生境与分布】生于海拔150~800 m的常绿阔叶林中。分布于云南、四川、贵州、广西、广东、海南、湖南、湖北、江西、福建、浙江等地；日本亦有。

【药用价值】根状茎入药，清热解毒，疏风散瘀，凉血止血，安神。主治跌打损伤，风湿痹痛，风热咳嗽，崩漏，蛇咬伤，外伤出血。

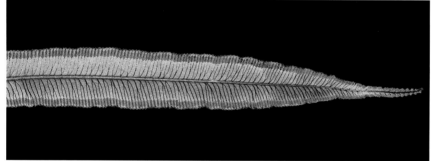

福建莲座蕨

紫萁科 OSMUNDACEAE

　　草本，土生。根状茎直立或斜升，粗壮，无鳞片。叶簇生，幼时被棕色长柔毛，老时脱落。叶柄长，基部膨大，两侧有狭翅，似托叶状。叶大，一至二回羽状分裂，二型或一型，或同一叶片上的羽片为二型；叶脉分离，侧脉二叉。孢子囊大，圆球形，大多有柄，无囊群盖，着生于强烈收缩变态的能育叶的羽片边缘，不形成孢子囊群，顶端有几个增厚的细胞，为不发育的环带，成熟后纵裂为二瓣状。

　　6属约18种，分布于泛热带地区；我国4属8种，产于西南、华南和华东地区。

绒紫萁属 *Claytosmunda* (Y. Yatabe, N. Murak. & K. Iwats.) Metzgar & Rouhan

　　夏绿陆生植物。根状茎直立或斜升。叶一型，二回深羽裂；羽片二型：不育羽片线状披针形，互生或下部近对生；裂片长圆形，互生，全缘；能育羽片常生于叶片近中部，缩短成约为不育羽片的1/3，裂片强度收缩，线形，背面密生棕黑色的孢子囊；环带不发育，在孢子囊顶部有几个厚壁细胞；孢子绿色，近球状，三裂缝。

　　单种属；分布于亚洲和北美温带地区。

绒紫萁
Claytosmunda claytoniana (Linnaeus) Matzgar & Rouhan

　　【形态特征】植株高75~100 cm。根状茎粗大。叶簇生；叶柄22~30 cm；叶片二回羽裂，狭椭圆形至披针形，（40~70）cm×（14~19）cm，先端短尖；羽片20~30对，线状披针形，中部较大，（8~15）cm×（2~3）cm；裂片全缘，先端圆；能育羽片3~6对，生叶片中下部。

　　【生境与分布】生于海拔1600~2700 m的林缘、山坡。分布于湖北、湖南、台湾及东北、西南各地；印度、尼泊尔、不丹、日本、朝鲜、俄罗斯远东、北美洲亦有。

　　【药用价值】茎入药，清热解毒，舒筋活络。主治筋骨疼痛。

绒紫萁

紫萁

紫萁属 *Osmunda* Linnaeus

中型植物。根状茎直立或斜升，粗壮。叶二型；叶柄基部膨大，具托叶状狭翅；不育叶二回羽状；羽片或小羽片无关节。能育叶退化；孢子囊沿羽轴及中肋着生，无明显的环带，仅在孢子囊顶部有几个厚壁细胞；孢子绿色，近球状，三裂缝。

约5种，主产于北半球热带和温带地区；我国2种。

紫萁
Osmunda japonica Thunberg

【形态特征】植株高40~100 cm。叶二型，叶柄禾秆色，16~56 cm；不育叶卵形至三角状卵形，(15~45)cm×(14~28)cm，二回羽状；羽片奇数羽状；小羽片开展，卵状长圆形至长圆状披针形，纸质，基部近圆形，边缘具细齿，先端钝；能育叶二回羽状；小羽片狭缩呈线状，孢子囊满布其上。

【生境与分布】普遍生于海拔2500 m以下的酸性山地。遍布于我国热带、亚热带地区；印度、尼泊尔、不丹、巴基斯坦、缅甸、泰国、越南、日本、朝鲜半岛、俄罗斯远东亦有。

【药用价值】根茎入药，清热解毒，利湿散瘀，止血，杀虫。主治痄腮，痘疹，风湿痛，跌打损伤，衄血，便血，血崩，肠道寄生虫。

紫萁

桂皮紫萁

桂皮紫萁属 *Osmundastrum* C. Presl

　　陆生植物。根状茎直立，粗壮，无鳞片。叶二型；叶柄基部膨大，具有托叶似的狭翅；叶片二回羽状深裂；羽片无关节。能育叶退化，幼时密被红棕色绒毛。孢子囊生于变质的能育裂片上。孢子绿色。

　　单种属，产于北温带地区，在亚洲向南达印度北部及越南。

桂皮紫萁　分株紫萁
Osmundastrum cinnamomeum (Linnaeus) C. Presl

　　【形态特征】物种特征同属特征。

　　【生境与分布】生于海拔1000~2600 m的潮湿林缘及沼泽地。分布于云南、四川、贵州、重庆、广西、广东、湖南、江西、福建、台湾、浙江、安徽、黑龙江、吉林等地；印度、越南、日本、朝鲜、俄罗斯远东、北美洲亦有。

　　【药用价值】叶入药，清热，解毒，止血，镇痛，利尿，杀虫。主治痢疾，麻疹，衄血，便血，外伤出血，崩漏，绦虫病，蛲虫病。

革叶紫萁属 *Plenasium* C. Presl

中型常绿植物。根状茎直立，粗壮，无鳞片。叶革质，一型，一回羽状；羽片有关节，二型。不育羽片线状披针形，全缘、波状或具锯齿；能育叶位于叶片的中部或下部，缩小，线形。孢子囊密生能育羽片中肋两侧。

约4种，分布于温带至热带地区；我国4种。

宽叶紫萁
Plenasium javanicum (Blume) C. Presl

【形态特征】植株高过1.5 m。叶簇生，一型；叶柄46~67 cm，基部粗达1.5 cm；叶片长圆形，（65~110）cm×50 cm，革质，光滑，奇数一回羽状；羽片25~30对，披针形，边缘全缘、波状，或在上部羽片有浅齿；叶脉一至二回二叉；中部数对羽片能育，线形。

【生境与分布】生于海拔800 m以下的河谷林下。分布于云南、贵州、广西、广东、湖南、海南等地；南亚及东南亚亦有。

【药用价值】根茎入药，清热解毒，止血杀虫，祛风。主治痈疖，腮腺炎，风湿骨痛，漆疮，肠道寄生虫。

宽叶紫萁

华南紫萁

Plenasium vachellii (Hooker) C. Presl

【形态特征】植株高过1.5 m。叶簇生，一型；叶柄30~70 cm；叶片长圆形，（30~100）cm×（15~36）cm，革质，光滑，奇数一回羽状；羽片15~30对，线状披针形，边缘全缘、波状；叶脉一至二回二叉；下部数对羽片能育，线形。

【生境与分布】生于海拔900 m以下的溪边酸性山地。分布于云南、四川、贵州、重庆、广西、广东、海南、湖南、江西、福建、浙江等地；印度、缅甸、泰国、越南亦有。

【药用价值】根茎（含叶柄残基）入药，消炎解毒，舒筋活络，止血，杀虫。主治感冒，尿血，淋证，外伤出血，痈疖，烧烫伤，肠道寄生虫。

华南紫萁

膜蕨科 HYMENOPHYLLACEAE

　　草本，小型或中型常绿植物，大多为附生，少数土生。根状茎大多长而横走，有二列生的叶，少数短而直立。叶通常较小，形态多样；叶膜质，多为一层细胞组成，少数较厚，由3~4层细胞组成，无气孔；叶脉分离，二叉分枝或羽状分枝，末回裂片仅有1条小脉，有时沿叶缘有连续不断或有断续的假脉。孢子囊苞坛状、管状或唇瓣状。

　　9属约434种，分布于热带和温带地区；我国7属55种，产于西南、华南和华东地区。

假脉蕨属 *Crepidomanes* C. Presl

　　中、小型植物，附生、石生或陆生。根状茎横走，具短毛，通常无根。叶片羽状或少有指状，扇状，末回裂片全缘；叶轴具翅；有假脉，稀有无假脉者。孢子囊群腋生，或顶生于短裂片上；囊苞倒圆锥形、钟形或漏斗形；囊托伸出。

　　约30种，分布于旧热带、亚热带地区；我国12种。

南洋假脉蕨

Crepidomanes bipunctatum (Poiret) Copeland

　　【形态特征】植株高3~6 cm。叶柄1~3 cm，具狭翅，翅有或无睫状毛。叶轴和羽轴各处有翅。叶片二至三回羽裂，长圆形或狭卵形至宽卵形，（1.5~4）cm×（1~3）cm；末回裂片长圆形至线形，边缘全缘，先端钝或锐尖，近叶缘的假脉连续或中断，假脉与叶缘相隔1或2列细胞。孢子囊群顶生上侧短裂片；囊苞钟形或漏斗形，有翅，口部具2片三角形唇瓣，囊托伸出。

　　【生境与分布】生于海拔600~900 m的密林下、石上、树干上或瀑布旁。分布于四川、贵州、湖南、广东、广西、海南、台湾等地；日本、马来西亚、印度、太平洋岛屿、非洲亦有。

南洋假脉蕨

团扇蕨

Crepidomanes minutum (Blume) K. Iwatsuki

【形态特征】植株高达1.7 cm。叶柄不及1 cm，基部密被毛，向上光滑。叶片团扇形，长宽均不及1 cm，不规则的浅裂或深裂，基部心形或楔形；末回裂片线形，全缘，先端钝。无假脉。孢子囊群顶生短裂片上；囊苞漏斗状，口部膨大，略外卷。

【生境与分布】生于海拔500~1500 m的密林下、树干上或石上。分布于云南、四川、贵州、广西、广东、海南、湖南、江西、福建、台湾、浙江、安徽及东北等地；南亚、东南亚、中南半岛、日本、朝鲜、俄罗斯远东、非洲、澳大利亚、太平洋岛屿亦有。

团扇蕨

膜蕨属 *Hymenophyllum* J. Smith

小型附生或石生植物。根状茎通常长而横走，纤细，丝状。叶柄有或无翅；叶片一至三回羽裂，膜质，半透明，边缘全缘或具齿。囊苞两瓣状或管状，口部两瓣状，先端全缘或具齿；囊托不外露或伸出。

约250种，热带至温带地区均产；我国22种。

华东膜蕨
Hymenophyllum barbatum (Bosch) Baker

【形态特征】植株高1.5~15 cm。叶远生。叶柄0.2~5 cm，无翅或在顶部具狭翅。叶片一至三回羽裂，卵形，或长圆形至披针形，(1.2~11) cm×(0.8~5) cm，基部截形、近心形，或楔形至圆楔形，先端钝或伸长；末回裂片线形或长圆形，边缘具锯齿，先端钝或圆。孢子囊群位于叶片上部，顶生短裂片上；囊苞卵形，长圆形或近圆形，略具齿，或在顶部有撕裂状的锐齿；囊托不伸出。

【生境与分布】生于海拔500~2300 m的林下或溪边树干上、石上。分布于云南、四川、贵州、重庆、广西、广东、海南、湖南、江西、福建、台湾、浙江、安徽等地；印度、缅甸、泰国、越南、日本、朝鲜亦有。

【药用价值】全草入药，止血。主治外伤出血。

华东膜蕨

长柄蕗蕨

Hymenophyllum polyanthos (Swartz) Beddome

长柄蕗蕨

【形态特征】植株高6~20 cm。叶柄长2~7 cm，无翅或具狭翅；叶片二至四回羽裂，干后褐绿色或褐色，圆卵形至披针形，（4~13）cm×（2~4.5）cm，基部楔形、心形或圆形，先端渐尖；末回裂片线形或长圆形，（2~4）mm×（0.8~1.2）mm，边缘全缘，先端钝或浅凹。孢子囊群通常生叶上部，顶生于裂片；囊苞两瓣，全缘，顶部钝。

【生境与分布】生于海拔800~1900 m的林下溪边、湿石上或树干上。分布于安徽、浙江、江西、福建、台湾、湖南、甘肃以及华南和西南等地；世界热带、亚热带亦有。

【药用价值】全草入药，清热解毒，生肌止血。主治水火烫伤，痈疖肿毒，外伤出血。

瓶蕨属 *Vandenboschia* Copeland

多为附生植物，稀土生。根状茎长而横走，具棕色多细胞毛。叶远生；叶柄通常有翅；叶片二至四回羽裂；末回裂片全缘，无假脉。孢子囊群顶生小脉上；囊苞管状至杯状，口部全缘；囊托伸出，丝状。

约35种，分布于热带、亚热带地区；我国8种。

瓶蕨
Vandenboschia auriculata (Blume) Copeland

【形态特征】中型植物。叶柄不及1 cm，无翅或具狭翅。叶片二回羽裂，披针形至狭披针形，（12~36）cm×（3~5）cm；中部最宽，向下渐狭或略变狭，先端渐尖，两面光滑或几光滑。孢子囊群生上侧短裂片上；囊苞管状，口部不膨大；囊托伸出，长达4~7 mm。

【生境与分布】生于海拔500~1500 m的密林下及溪边石上、石壁上和树干上。分布于我国长江以南大部分省区；东南亚至印度、尼泊尔、不丹、日本亦有。

【药用价值】全草入药，生肌止血。主治外伤出血。

瓶蕨

南海瓶蕨　漏斗瓶蕨

Vandenboschia striata (D. Don) Ebihara

【形态特征】植株高15~40 cm。叶柄（2~）5~18 cm，上面具沟，有几达基部的阔翅。叶片三至四回羽裂，狭卵形至披针形，（15~35）cm×（5~12）cm，光滑；末回裂片单一或分叉，线形，全缘，先端圆。叶轴及羽轴的下部离轴面有分节的深棕色长毛。孢子囊群位于叶上部，顶生于上侧短裂片；囊苞管状，口部稍膨大；囊托伸出3~8 mm。

【生境与分布】生于海拔500~1600 m的林下湿石上、树干上、溪边、瀑布旁。分布于云南、四川、贵州、广西、广东、海南、台湾、浙江、江西、湖南等地；印度、尼泊尔、不丹、缅甸、老挝、日本亦有。

【药用价值】全草入药，清热解毒，健脾消食，止血生肌。主治肺热咳嗽，消化不良，外伤出血，疮疖肿毒。

南海瓶蕨

里白科 GLEICHENIACEAE

　　草本,土生。根状茎长而横走,被鳞片或多细胞节状毛。叶一型,远生,常蔓生;有柄;叶一回羽状,主轴常为多回二歧或假二歧分枝,每一分枝处的腋间有一被毛或鳞片的叶状苞片所包裹的休眠芽;顶生羽片一至二回羽状;末回裂片线形,纸质或革质,下面通常灰白色或灰绿色;叶片下常被星状毛或鳞片,鳞片易脱落;叶脉分离,小脉分叉。孢子囊群小,圆形,无盖,生于叶下的小脉背上,成1~2排列于主脉和叶边间。

　　7属约157种,分布于热带和亚热带地区;我国3属17种,产于南部热带和亚热带地区。

芒萁属 *Dicranopteris* Bernhardi

　　根状茎长而横走,被多细胞毛。叶直立或者多少攀附;叶轴常数回二叉分枝,分枝处有休眠芽,各回分叉处通常有1对篦齿状托叶,但末回分叉处无;休眠芽被毛,包于叶状苞片中。末回分叉处的羽片披针形或长圆形,无柄;裂片平展,全缘或少有具圆齿;叶脉二至三回二叉,有小脉3~6条。孢子囊群圆,无囊群盖。

　　约10种,分布于热带和亚热带地区;我国6种。

大芒萁
Dicranopteris ampla Ching & P. S. Chiu

　　【形态特征】植株高1~1.5 m。叶柄深棕色,长80~130 cm,粗达5 mm;叶轴三至四回二叉分枝;休眠芽枣红色;末回分叉处的羽片长圆形至长圆披针形,(24~38)cm×(10~14)cm,篦齿状深裂;裂片披针形至线形,约7 cm×(0.7~1)cm;叶片薄革质,下面灰绿色,上面绿色,光滑;每组叶脉5~7条。孢子囊群在中肋每侧呈不规则的2~3行。

　　【生境与分布】生于海拔400~1100 m的疏林下、林缘及灌丛中。分布于云南、贵州、西藏和华南等地。

　　【药用价值】嫩苗、髓心入药,解毒,止血。主治蜈蚣咬伤,鼻出血,外伤出血。

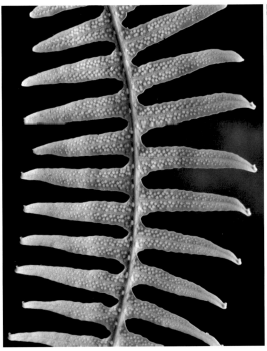

大芒萁

芒萁

芒萁

Dicranopteris pedata (Houttuyn) Nakaike

【形态特征】植株高40~80 cm，大者超过1 m。叶柄棕禾秆色，20~50（~100）cm；叶轴一至三回二叉分枝，每一分叉处有1对托叶；末回分叉处的羽片阔披针形至披针形，（14~30）cm×（4~11）cm；叶近革质，下面灰色，幼时有星状毛，以后渐光滑；上面黄绿色至绿色，光滑。每组叶脉3~5条。孢子囊群在中肋每侧各1行。

【生境与分布】生于海拔2000 m以下的酸性山地灌丛中、林下、山谷、山坡。广布于我国热带、亚热带地区；印度、越南、朝鲜、日本亦有。

【药用价值】根茎入药，化瘀止血，清热利尿，解毒消肿。主治崩漏，带下，跌打肿痛，外伤出血，热淋涩痛，小儿腹泻，痔瘘，目赤肿痛，烧烫伤，毒虫咬伤。

里白属 *Diplopterygium* (Diels) Nakai

根状茎长而横走,被鳞片。叶远生;叶柄长而坚;叶轴不分枝,具顶芽,连续生出一至数对对生的羽片;羽片二回羽裂;末回裂片线形,全缘,先端常凹缺;叶脉一回分叉,每组有小脉2条。孢子囊群在主脉与叶缘间1行;每个囊群有孢子囊2~4个。

约20种,分布于热带、亚热带地区;我国9种。

中华里白

Diplopterygium chinense (Rosenstock) De Vol

【形态特征】植株高过2 m。根状茎密被棕色鳞片。叶柄及羽轴、小羽轴下面幼时也密被鳞片,其后变光滑;羽片长圆形,(80~120)cm×(20~30)cm;小羽片多数,互生或对生,深篦齿状羽裂;裂片互生,狭长圆形至长圆披针形,(13~18)mm×(2.5~3)mm,先端钝或凹缺。叶纸质,幼时两面被毛,成熟后下面疏留些许星状毛。孢子囊群有3~4个孢子囊。

【生境与分布】生于海拔1100 m以下的林下、林缘、阳坡及溪边。分布于湖南、江西、浙江、台湾及华南、西南等地;越南亦有。

【药用价值】根茎入药,止血,接骨。主治鼻衄,骨折。

中华里白

里白

Diplopterygium glaucum (Thunberg ex Houttuyn) Nakai

【形态特征】植株高1~2 m或更高。羽片长圆形至长圆披针形，（38~130）cm ×（15~35）cm；裂片互生，平展，狭长圆形至长圆披针形，（6~16）mm ×（2~3.5）mm，先端钝或凹缺；叶背灰白色，叶面绿色，纸质，光滑，羽轴和中肋疏被星状毛。每个孢子囊群有3~4个孢子囊。

【生境与分布】生于海拔600~2000 m的山坡、林下、林缘及溪边。分布于我国长江流域及其以南地区；印度、日本亦有。

【药用价值】根茎入药，行气止血。主治胃痛，衄血，接骨。

里白

光里白

光里白
Diplopterygium laevissimum (Christ) Nakai

【形态特征】植株高1 m以上。羽片狭卵形至狭椭圆形，（36~70）cm×（18~30）cm；裂片多数，互生，斜展，三角状披针形，（10~30）mm×（2~3）mm，先端锐尖；叶薄革质，两面绿色，光滑，上面有光泽。每个孢子囊群有3或4个孢子囊。

【生境与分布】生于海拔700~1400 m的林下、林缘及山坡路边。分布于我国长江以南各省区；日本、菲律宾、越南、老挝亦有。

【药用价值】全草入药，行气止血。主治胃痛，鼻衄，接骨。

双扇蕨科 DIPTERIDACEAE

　　草本,中型土生植物。根状茎粗壮,长而横走,密被刚毛状鳞片或长柔毛。单叶,一型或二型,疏生或远生;叶柄直立,基部与根状茎相连处无关节;叶扇形或卵形,坚纸质或革质,浅裂或全缘;叶脉网状,小脉明显,内藏小脉单一或分叉。孢子囊群小,圆形,无盖,点状或近汇生,布满能育叶叶背面的小脉上。

　　2属约11种,分布于亚洲热带地区;我国2属6种,产于西南、华南和台湾。

双扇蕨属 *Dipteris* Reinwardt

　　中型至大型植物,陆生或石生。根状茎长而横走,具鳞片。叶一型,远生;叶片扇形,多回二叉分裂;叶脉网状,网眼内有游离的内藏小脉。孢子囊群多数,小,圆形,分布于叶片下面;孢子囊中通常有棒状或盘状隔丝;孢子单裂缝。

　　8种,分布于亚洲热带地区,南达澳大利亚;我国4种。

中华双扇蕨
Dipteris chinensis Christ

　　【形态特征】根状茎粗6~8 mm,密被鳞片;鳞片棕色,钻状披针形,坚挺,边缘全缘。叶柄禾秆色至棕色,30~100 cm;叶片背面淡棕色,叶面绿色,(20~30)cm×(30~60)cm,分裂至基部,成2个半扇形,每一半又二至三回二叉分裂;末回裂片短尖,边缘具粗齿;纸质或近革质,幼时下面有毛;叶脉下面凸起。隔丝盘状。

　　【生境与分布】生于海拔500~1000 m的疏林下、灌丛下。分布于云南、贵州、重庆、广东、广西等地;缅甸、越南亦有。

　　【药用价值】根茎入药,清热利湿,消炎镇痛。主治小便淋漓涩痛,肾炎,膀胱炎,腰痛,浮肿。

中华双扇蕨

中华双扇蕨

海金沙科 LYGODIACEAE

草本，土生。根状茎长而横走，密被毛，无鳞片。叶远生或近生；叶轴无限生长，细长攀援，有互生的短分枝，顶端具1个被柔毛的休眠芽；羽片一至二回掌状分叉或一至二回羽状，一型或近二型；小羽片或裂片披针形，长圆形或三角状卵形，基部常为心形或圆耳形，有柄；叶脉大多分叉，少为网状，不具内藏小脉；能育叶羽片通常较营养羽片狭，边缘生有流苏状的孢子囊穗。孢子囊生于小脉顶端，椭圆形，有1个反折的小瓣包裹，形如囊群盖。

1属约26种，分布于热带和亚热带地区；我国1属9种，产于西南和华南地区。

海金沙属 *Lygodium* Swartz

大型缠绕并攀援植物。根状茎横走，有毛，无鳞片。叶远生或近生，长达数米；叶柄和叶轴缠绕；叶片二至三回羽状，无限伸长；羽片互生，假二叉分枝，有一败育顶芽，每一羽片一至二回羽状或掌状分裂；叶脉分离，稀网状。孢子囊群2列，位于末回裂片边缘的形如穗状的小裂片上；每个孢子囊都被一鳞片状、前伸的突出物包着，此物起囊群盖的作用；环带生于孢子囊顶端；孢子三裂缝。

约40种，分布于泛热带地区；我国9种。

海南海金沙
Lygodium circinnatum (N. L. Burman) Swartz

【形态特征】植株高攀达5 m。羽片多数，近二型；不育羽片生叶轴下部，掌状深裂；裂片4~6条，带状，（20~35）cm×（2~3.5）cm，边缘全缘，软骨质；能育羽片与不育羽片相似而较小，裂片狭。叶纸质至近革质，两面光滑，但干后明显疣状。叶脉分离。

【生境与分布】生于海拔200~500 m的季雨林或灌丛中。分布于云南、贵州及华南等地；中南半岛、南亚及东南亚、澳大利亚亦有。

【药用价值】全草入药，清热利尿。主治砂淋，热淋，血淋，水肿，小便不利，痢疾，火眼，风湿疼痛。

海南海金沙

曲轴海金沙

Lygodium flexuosum (Linnaeus) Swartz

【形态特征】植株高攀达3 m。叶近生,二至三回羽状。羽片多数,近二型;不育羽片生叶轴下部,常为奇数一回羽状,三角状长圆形,达25 cm×(10~15)cm,羽轴略呈"之"字形曲折;小羽片狭披针形,达12 cm×(1~1.6)cm,基部扩大,心形,先端钝或短尖,边缘具细齿;能育羽片与不育羽片相似而较小。叶草质至纸质,下面沿中肋和叶脉疏被毛。叶脉分离,二至四回二叉分歧。

【生境与分布】生于海拔900 m以下的林下、林缘或溪边。分布于云南、贵州、湖南、福建以及华南等地;越南、泰国、菲律宾、马来西亚及南亚、澳大利亚亦有。

【药用价值】全草、孢子入药,舒筋活络,清热利尿,止血消肿。主治风湿麻木,淋症,石淋,水肿,痢疾,跌打损伤,外伤出血,疮疡肿毒。

曲轴海金沙

海金沙

海金沙
Lygodium japonicum (Thunberg) Swartz

海金沙

【形态特征】植株长1~4 m。叶近生，三回羽状。羽片多数；下部不育羽片呈三角形，长宽相等，10~12 cm；末回小羽片1~2对，卵形，互生，斜展，无柄或有柄，基部心形或近截形，先端钝至长渐尖，边缘具浅钝齿；能育羽片与不育羽片相似。叶片纸质，叶柄、叶轴、羽轴、叶脉多少有毛。叶脉分离，二至三回二叉分歧。

【生境与分布】生于海拔1500 m以下的林缘、河谷、山坡。分布于我国热带、亚热带地区；北达河南、陕西、甘肃；日本、朝鲜、南亚、东南亚、澳大利亚、北美洲(归化种)亦有。

【药用价值】孢子、地上部分入药，清热利湿，通淋止痛。主治热淋，砂淋，石淋，血淋，膏淋，尿道涩痛。

小叶海金沙

Lygodium microphyllum (Cavanilles) R. Brown

【形态特征】植株长达5 m或更长。叶近生或远生,二回羽状。羽片多数;下部不育羽片长圆形,(7~10)cm×(4~7)cm,有柄,长约1 cm,奇数一回羽状;小羽片约4对,卵状三角形至三角状披针形,互生,平展,有柄,小羽片基部有关节,基部圆楔形,截形至浅心形,先端圆或钝,边缘具不明显的细齿;能育羽片与不育羽片相似。叶片薄草质,两面光滑。叶脉分离,二至四回二叉分歧。

【生境与分布】生于海拔150~1400 m的疏林下、林缘、溪边灌丛中。分布于云南、贵州、广西、广东、香港、海南、台湾、福建、浙江、江西、湖南等地;东半球热带、北美洲(归化种)亦有。

【药用价值】全草、孢子入药,利水渗湿,舒筋活络,通淋,止血。主治水肿,肝炎,淋症,痢疾,便血,风湿麻木,外伤出血。

小叶海金沙

云南海金沙

Lygodium yunnanense Ching

【形态特征】叶轴长3 m，禾秆色，密被柔毛。羽片多数。不育羽片生于叶轴的下部，二叉掌状分裂或二回羽状；羽轴禾秆色，上面两侧具狭翅，密被短柔毛。末回小羽片通常掌状分裂，中间裂片较大，长15~20 cm，宽2~3 cm，基部心形，先端短渐尖或钝，边缘不规则浅裂，裂片具细锯齿。能育羽片生于叶轴的上部，与不育羽片同形。关节位于小羽柄的基部。中脉两面突起，侧脉二歧分叉。叶厚纸质，两面疏被短柔毛，叶面中脉的毛更密。孢子囊穗流苏状排列于能育小羽片的边缘。

【生境与分布】生于海拔300~800 m的林缘及河谷灌丛中。分布于广西、贵州、云南等地；缅甸、泰国亦有。

云南海金沙

南国田字草

蘋科 MARSILEACEAE

水生或沼泽生小型浅水植物。根状茎纤细，长而横走，被毛，管状中柱。不育叶为单叶，线形或2~4片羽片对生于具长柄的顶端，浮水；叶脉分叉，在顶端连接；能育叶为有柄或无柄的孢子果，球形或椭圆形，坚实，被毛，着生于叶柄上或叶柄基部，常2瓣开裂。

3属约61种，分布于澳大利亚和非洲热带地区；我国1属3种，产各省区。

蘋属 *Marsilea* Linnaeus

水生植物，或有时扎根于污泥中。根状茎纤细，长而横走，被毛。叶具长柄；叶片浮于水面或出露，十字形，由4片羽片组成；羽片倒三角形至扇形，集生于叶柄顶端。叶脉多少网状。孢子果一至数枚，接近或着生于叶柄基部，椭圆形至长圆状肾形，坚硬，成熟时开裂成2瓣。孢子囊群长圆形，每个孢子囊群内有少数大孢子囊和许多小孢子囊构成。每个大孢子囊中有1个大孢子，而每个小孢子囊中则有多数小孢子。

约55种，世界性分布；我国3种。

南国田字草　南国蘋
Marsilea minuta Linnaeus

【形态特征】植株高10~25 cm。根状茎长而横走，分枝不规则，节间长短不一。叶柄绿色或禾秆色，纤软；羽片倒三角形，边缘全缘，两侧通直。孢子果1或2枚，有柄，位于叶柄基部，幼时有毛，棕色至黑色，大豆形，长约3 mm，成熟后坚硬。

【生境与分布】生于海拔1500 m以下的水田、池塘、沟渠。分布于云南、四川、贵州、重庆、湖南、湖北以及华东、华南等地；旧热带、南北美洲（引入种）亦有。

【药用价值】全草入药，清热解毒，消肿利湿，止血，安神。主治风热目赤，肾虚，湿热水肿，淋巴结炎，水肿，疟疾，吐血，热淋，热疔疮毒，毒蛇咬伤。

南国田字草

满江红

槐叶蘋科 SALVINIACEAE

草本，小型水生浮水植物，常生于水中或沼泽中。根状茎纤细，长而横走，被毛，具须根或有由叶变成的须状假根，原生中柱。单叶，无柄，羽状分枝或3片轮生，全缘或为二深裂；叶主脉明显。孢子囊果簇生茎下端，内有多数孢子囊，每一个果中仅有大孢子囊或小孢子囊。

2属约21种，分布于热带至温带地区；我国2属5种，南北均产。

满江红属 *Azolla* Lamarck

小型漂浮植物，有根。茎横走，短，纤细。羽状或假二叉分枝。叶无柄，沿茎上面呈2列覆瓦状排列，2裂；上裂片浮于水面，绿色，肉质，近基部有一腔室，内有蓝绿藻（鱼腥藻）；下裂片沉水，透明，无色。孢子果通常成对；大孢子果位于小孢子果下面，卵球状，含1个孢子囊，内有1枚大孢子；小孢子果球状，远大于大孢子囊，含多数小孢子囊，每个小孢子囊含32 或64个小孢子。

约7种，分布于热带至温带地区；我国2种。

满江红
Azolla pinnata R. Brown subsp. *asiatica* R. M. K. Saunders & K. Fowler

【形态特征】植株卵形或三角形，长宽约为1 cm×1 cm。叶2裂；上裂片浮于水面，绿色，或在秋后呈紫色，长圆形或卵形，长约1 cm，密布乳头，边缘膜质无色，全缘；下裂片沉水，无色透明。孢子果成对；大孢子果小，狭卵形；小孢子果大，球状。

【生境与分布】生于海拔2200 m以下的水田、池塘、沟渠。广布于华东、华中、华南及西南地区；日本、朝鲜半岛、越南、南亚及东南亚亦有。

满江红

槐叶蘋

槐叶蘋属 *Salvinia* Séguier

　　小型漂浮植物，无根。茎平展，纤细。3叶轮生；2叶浮于水面，绿色，全缘，草质，上表面密布乳头，叶脉网状；第3片叶沉水并细裂，呈根状。孢子果成串生于沉水叶柄的基部；小孢子果大，含多数小孢子囊，每一小孢子囊含64个小孢子；大孢子囊呈花瓶状，内中仅1个大孢子；大、小孢子均三裂缝。

　　约12种，世界性分布；我国3种。

槐叶蘋
Salvinia natans (Linnaeus) Allioni

　　【形态特征】浮水叶形如槐叶；叶片长圆形，（8~12）mm×（5~7）mm，基部圆或近心形，边缘全缘，先端钝；叶脉网状，具明显的中脉，侧脉斜展，上面有乳头，每个乳头顶生一束白色刚毛；叶片上表面深绿色，下表面有棕色长软毛；沉水叶细裂，下垂。孢子果4~8枚；小孢子果黄色，大孢子果淡棕色。

　　【生境与分布】生于水田、池塘、沟渠中。分布于我国大多数地区；广布于北半球。

　　【药用价值】全草、叶、根入药，清热解毒，消肿止痛。主治瘀血积痛，痈肿疔毒，烧烫伤。

瘤足蕨科 PLAGIOGYRIACEAE

　　草本，土生。根状茎粗短而直立，无鳞片。叶簇生，二型；有长柄，基部膨大，三角形，两侧有疣状凸起的气囊体，幼时叶柄基部具密绒毛覆盖；叶一回羽状或羽状深裂达叶轴，顶部羽裂合生或为一顶生分离的羽片；羽片多对，披针形或镰刀形，全缘或至少顶部有锯齿；叶脉分离，达叶边或锯齿，小脉单一或分叉；叶草质或厚纸质，少为革质，光滑；能育叶直立，生于植株的中央，具较长的柄；羽片强烈收缩成线形。孢子囊群近边生，位于分叉叶脉的加厚小脉上，幼时分离，成熟后汇合，布满羽片下面。

　　1属约15种，主要分布于东亚和东南亚，1种达中美洲热带地区；我国1属8种，南北均产。

瘤足蕨属 *Plagiogyria* (Kunze) Mettenius

　　陆生植物。根状茎近直立，无鳞片也无毛。叶二型，幼时有分泌黏液的毛状体。叶柄基部膨大，横截面近三角形，有气囊体，气囊体可达叶轴。不育叶草质至近革质；叶片羽裂至一回羽状；羽片镰状至线状披针形；叶脉分离，单一或分叉。能育叶立于植株中央，具长柄、短的羽状叶片。孢子囊群成熟时几满布羽片下面。孢子囊具完整的斜升环带，不被囊柄隔断。孢子三裂缝。

　　约15种，主产于东亚和东南亚地区；我国8种。

华中瘤足蕨
Plagiogyria euphlebia (Kunze) Mettenius

　　【形态特征】植株高54~100 cm。不育叶柄 25~33 cm，上部横切面方形；仅叶柄基部有气囊体。不育叶片长圆形，（30~50）cm×（18~22）cm，奇数一回羽状；顶生羽片与侧生羽片相似；侧生羽片狭披针形，（11~18）cm×（1.3~1.9）cm，基部楔形至圆楔形，先端渐尖至长渐尖，边缘具短钝齿；下部羽片有柄。能育叶高于不育叶。

　　【生境与分布】生于海拔500~1900 m的林下、林缘，河谷路边。分布于云南、四川、贵州、湖南、广西、广东、台湾、福建、浙江、江西、安徽等地；印度、尼泊尔、缅甸、日本、朝鲜半岛亦有。

　　【药用价值】根茎、全草入药，清热解毒，消肿止痛。主治流行感冒，扭伤。

华中瘤足蕨

镰羽瘤足蕨
Plagiogyria falcata Copeland

【形态特征】植株高40~75 cm。不育叶柄18~29 cm，上部横切面尖三角形；气囊体只生在叶柄基部。不育叶片羽状深裂，披针形，（30~46）cm ×（9~18）cm；侧生羽片35~40对，中部羽片最大，狭披针形，（4.5~9）cm ×（0.7~1.1）cm，基部不对称，下侧圆或直，上侧与叶轴贴生，先端渐尖并略上弯；下部羽片不缩小或略缩小，与上部羽片相似且多少反折；叶轴下面龙骨状；叶脉二叉。能育叶高于不育叶，达90 cm。

【生境与分布】生于海拔500~800 m的河谷林下。分布于广西、广东、海南、台湾、湖南、江西、福建、浙江、安徽、贵州等地；菲律宾亦有。

【药用价值】全草入药，散寒解表。主治风寒感冒。

镰羽瘤足蕨

粉背瘤足蕨

Plagiogyria glauca (Blume) Mettenius

粉背瘤足蕨

【形态特征】根状茎直立，高8~10 cm，直径约5 cm；叶簇生。不育叶叶柄长3~35 cm，禾秆色。叶片宽披针形，（13~55）cm×（4~18）cm，羽裂。羽片30~40对，向顶部逐渐缩短，多少和叶轴合生。叶脉二叉分枝，少为单脉，两面明显，近开展，直达叶边的尖小锯齿的顶端。叶略为革质，上面绿色或黄绿色，下面灰白色或有时为灰绿色。能育叶叶柄长达60 cm；叶片长7~50 cm；羽片长1~8 cm，背面布满孢子囊，掩盖中脉。

【生境与分布】生于海拔2400~3000 m的常绿阔叶林或落叶阔叶林下。分布于云南、四川、西藏和台湾等地；印度北部和缅甸北部亦有。

耳形瘤足蕨

耳形瘤足蕨

Plagiogyria stenoptera (Hance) Diels

【形态特征】植株高36~70 cm。不育叶柄5~20 cm，上部横切面锐三角形；气囊体只生在叶柄基部。不育叶片羽状深裂，披针形，（20~50）cm×（6~15）cm；侧生羽片20~35对，中部羽片最大，狭披针形，（3~8）cm×（0.8~1.2）cm，基部与叶轴贴生，先端渐尖或尾状；下部1~10对羽片缩小呈耳片状；叶轴下面龙骨状；叶脉单一或二叉。能育叶高于不育叶，叶片一回羽状。

【生境与分布】生于海拔700~1800 m的密林下、灌丛下、河谷。分布于云南、四川、贵州、广西、湖南、湖北、台湾等地；日本、菲律宾、越南亦有。

【药用价值】根茎、全草入药，清热解毒，发表止咳。主治感冒头痛，咳嗽。

金毛狗科 CIBOTIACEAE

木本或草本，大型常绿植物，土生。根状茎粗壮，木质，直立或平卧，密被长柔毛。叶一型，有较长的叶柄，基部无关节；叶卵形，革质或近革质，多回羽状分裂，末回裂片线形，边缘有锯齿；叶脉分离，侧脉羽状。孢子囊群着生于叶边，顶生于小脉上，囊群盖两瓣状，革质，形如蚌壳。

1属约9种，分布于亚洲热带和美洲热带地区，以夏威夷群岛尤盛；我国1属2种，产于西南、华南和华东地区。

金毛狗属 *Cibotium* Kaulfuss

大型陆生植物。根状茎厚重，横走至斜升或直立，顶端密被近黄色的长柔毛。叶近生；叶柄基部被毛，两侧的气囊体在每侧排列成线；叶片二至三回羽状；叶脉分离，单一或分叉。孢子囊群叶边生；囊群盖两瓣状；两瓣非绿色，不等，外瓣较大，内瓣较狭，舌状。孢子球状四面体形，具有像凤尾蕨属植物孢子一样显眼的赤道环。

约12种，分布于东亚、东南亚、中美洲、夏威夷等地；我国3种。

金毛狗
Cibotium barometz (Linnaeus) J. Smith

【形态特征】植株高达3 m。根状茎平卧，粗壮，密被黄棕色闪亮长毛。叶柄长1~2 m，基部粗1~2 cm或更粗；叶片三回羽裂，卵形或阔卵形，（90~110）cm×（80~100）cm；羽片长圆形，（45~60）cm×（20~26）cm；小羽片线状披针形，有短柄，（9~15）cm×（1.8~2.5）cm；裂片镰状长圆形，锐尖，边缘具浅齿；叶脉分离。孢子囊群生小脉顶端；囊群盖两瓣状。孢子淡黄色，具赤道环。

【生境与分布】生于海拔600(~1300) m以下的林缘、河谷。分布于华东南部地区、华南和西南等地；印度、日本及东南亚亦有。

【附注】国家二级保护植物。

【药用价值】根茎入药，补肝肾，强腰膝，祛风湿，止血，利尿。主治风湿麻木，疼痛，腰肌劳损，半身不遂，遗尿。

金毛狗

菲律宾金毛狗

菲律宾金毛狗
Cibotium cumingii Kunze

　　【形态特征】根状茎粗壮而横卧，密生金黄色或棕黄色长柔毛，形如金毛狗头。叶丛生；叶柄长1~2 m，基部密被金黄色长柔毛；叶片卵形至阔卵形，长约0.9×0.8 m，三回羽状深裂；裂片镰状长圆形，互生，略斜上，先端锐尖，边缘具浅齿，羽片基部下侧小羽片常多个缺乏，较大的小羽片长（12~15）cm×（1.2~1.6）cm。孢子囊通常1或2着生于下端的小羽片。孢子囊群生于小脉顶端；囊群盖两瓣状，形如蚌壳。

　　【生境与分布】生于海拔约1000 m的丘陵及山地地区开阔的森林、路边及山坡。分布于台湾等地；菲律宾亦有。

　　【附注】国家二级保护植物。

桫椤科 CYATHEACEAE

木本，大型陆生树形常绿植物，常有高大而粗的主干或短而平卧。叶一型或二型，叶柄粗壮，基部具鳞片，鳞片坚硬或薄，有或无特化的边缘；叶大，通常二至三回羽状分裂，末回裂片线形，边缘全缘或有锯齿；叶脉分离，单一或二叉。孢子囊群圆形，生于叶下面隆起的囊托上，有盖或无盖，有丝状隔丝。

3属约643种，分布于热带和亚热带地区；我国2属15种，产于西南和华南。

桫椤属 *Alsophila* R. Brown

树形或灌木状大型植物。如有主干，则直立，先端被鳞片。叶大；叶柄禾秆色、深棕色或黑色，光滑、具刺或疣；鳞片棕色或深棕色，边缘分化，同色或常为二色；叶片一至三回羽状；叶脉单一或分叉。孢子囊群圆形，背生小脉上；囊群盖下位或缺失。

约230种，分布于热带地区，向南达处于亚南极区的新西兰奥克兰群岛；我国12种。

结脉黑桫椤
Alsophila bonii (Christ) S. Y. Dong

【形态特征】植株高1.5 m。根状茎斜升。叶柄亮紫黑色，基部密被鳞片；鳞片棕色，狭披针形，坚挺，边缘色淡而有深色刚毛；叶片一至二回羽状，长圆形至长圆披针形，（67~90）cm×（30~35）cm。一回羽状个体的羽片狭披针形，（12~20）cm×（2~3）cm，基部圆楔形，先端长渐尖，边缘波状或羽状浅裂，裂片钝三角形；二回羽状个体的小羽片长圆形至长圆披针形，边缘具齿；侧脉5~7对，单一，基部下侧的叶脉常由羽轴或小羽轴发出，叶脉联结。孢子囊群无盖。

【生境与分布】生于海拔500 m的河谷灌丛下。分布于云南、贵州、广西、广东、海南、台湾、福建、浙江等地；日本、越南、老挝、柬埔寨、泰国亦有。

【附注】国家二级保护植物。

结脉黑桫椤

大叶黑桫椤

Alsophila gigantea Wallich ex Hooker

【形态特征】植株高2~5 m；叶型大，长达3 m，叶柄长1 m多，乌木色，粗糙；叶片三回羽裂；羽片平展，有短柄，长圆形，长50~60 cm或更多，顶端渐尖并有浅锯齿，羽轴下面近光滑，疣面疏被褐色毛；小羽片约25对，互生，平展，条状披针形，顶端渐尖并有浅齿，基部截形，羽裂达1/2~3/4，小羽轴上面被毛，下面疏被小鳞片，裂片12~15对；叶脉下面可见，小脉6~7对，有时多达8~10对，单一，分离。孢子囊群位于主脉与叶缘之间，排列成"V"字形，无囊群盖。

【生境与分布】生于海拔600~1000 m的溪沟边密林下。分布于云南、广西、广东、海南等地；日本、爪哇、苏门答腊、马来半岛、越南、老挝、柬埔寨、缅甸、泰国、尼泊尔、印度亦有。

【附注】国家二级保护植物。

【药用价值】叶入药，祛风除湿，活血止痛。主治风湿关节疼痛，腰痛，跌打损伤。

大叶黑桫椤

小黑桫椤
Alsophila metteniana Hance

【形态特征】植株高1~2.5 m。根状茎平卧至直立，只有较大植株才具短主干，先端连同叶柄基部被鳞片；鳞片披针形或卵状披针形，两色，深棕色，边缘色淡易碎，先端有一深色长刚毛。叶柄深棕色至紫黑色，有光泽，长达0.9 m；叶片三回羽裂；长圆形，约为1.5×1 m；羽片长圆披针形，长达50 cm或过之；小羽片线状披针形，约为10×2 cm，羽状深裂；裂片长圆形，先端圆，具锯齿；裂片上的侧脉单一；小羽轴及裂片主脉下面具泡状鳞片。孢子囊群无盖。

【生境与分布】生于海拔300~1000 m的河谷、林下、林缘。分布于云南、四川、贵州、重庆、广西、广东、台湾、福建、浙江、江西、湖南等地；日本亦有。

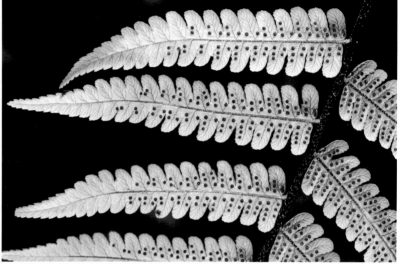

小黑桫椤

桫椤

Alsophila spinulosa (Wallich ex Hooker) R. M. Tryon

桫椤

【形态特征】树干高达8 m，直径10~30 cm（包括不定根）。叶三回羽裂；叶柄禾秆色或淡棕色，30~50 cm，具刺和鳞片；鳞片狭披针形，约20×1.5 mm，光亮而坚挺，深棕色，边缘色淡而薄，先端有一深色长刚毛。叶片长圆形，达2.5×1 m；中部羽片长圆形，（40~50）cm×（14~18）cm。叶纸质，背面有灰白色膜质小鳞片，羽轴上有毛。孢子囊群圆形；囊群盖下位，球状，膜质，幼时由基部向上完全包住囊群。

【生境与分布】生于海拔300~1000 m的山坡、河谷林缘。分布于江西、福建、台湾以及华南和西南等地；日本、南亚和东南亚亦有。

【附注】国家二级保护植物。

【药用价值】茎入药，驱风除湿，强筋骨，活血散瘀，清热解毒，驱虫。主治肾虚腰痛，跌打损伤，风湿骨痛，咳嗽痰喘，崩漏，蛔虫病，蛲虫病。

白桫椤属 *Sphaeropteris* Bernhardi

　　大型陆生树状蕨类植物。茎干直立,圆柱状,先端被淡棕色鳞片。叶大型,一型;叶柄长而粗壮,光滑或具疣突,有时被毛,基部鳞片1色,质薄而均匀,常为淡棕色,边缘有整齐的深色或同色刚毛;叶常为二至三回羽状,背面常常白色,小羽片浅羽裂,纸质,被毛;羽轴上常被柔毛;叶脉分离,小脉二至三回分叉。孢子囊群圆形,背生于裂片的小脉上,囊托隆起,有囊群盖,杯形或球形,有时包裹孢子囊群,成熟时开裂为鳞片状,或无盖。

　　约120种,分布于亚洲热带和大洋洲热带地区;我国4种,分布于云南、西藏、海南和台湾等地。

笔筒树
Sphaeropteris lepifera (J. Smith ex Hooker) R. M. Tryon

　　【形态特征】茎干高达6 m,胸径约15 cm。叶柄长16 cm或更长,通常叶面绿色,背面淡紫色,无刺,密被鳞片,有疣突;鳞片苍白色,质薄,长达4 cm,基部宽2~4 mm,先端狭渐尖,边缘全部具刚毛,狭窄的先端常全为棕色;叶轴和羽轴禾秆色,密被显著的疣突,突头亮黑色,近1 mm高;叶轴和羽轴禾秆色,密被显著的疣突;叶片离轴面具狭长的鳞片,边缘有长毛。孢子囊群近主脉着生,无囊群盖;隔丝长过于孢子囊。

　　【生境与分布】生于海拔200~1500 m的常绿阔叶林中。分布于台湾等地;菲律宾和日本南部亦有。

　　【附注】国家二级保护植物。

笔筒树

鳞始蕨科 LINDSAEACEAE

草本，小型陆生植物，少有附生。根状茎短而横走，或长而蔓生，被鳞片。叶同型，一至多回羽裂；有柄，不以关节与根状茎连接；羽片或小羽片圆形、对开形、线形或三角形；叶脉分离，叉状分枝或网状，网眼为长六角形，无内藏小脉。孢子囊群生叶缘，着生于叶脉的结合线上或生顶端，有盖，少为无盖；囊群盖两层，内层膜质，以基部着生于叶肉上，外层反折叶边。

7属约234种，分布于泛热带和亚热带地区；我国4属19种，产于西南、华南和华东地区。

鳞始蕨属 *Lindsaea* Dryander ex Smith

植株大多陆生。根状茎横走，具原生中柱，被钻状鳞片。叶近生或远生；叶柄禾秆色或栗褐色，光滑；叶片一至二回羽状，草质至纸质；末回羽片或裂片对开式；叶脉分离或在少数种类为网状。孢子囊群边生或近边生，顶生于一至多条叶脉；囊群盖线形或长圆形，朝外开。孢子通常球状四面体，三裂缝。

约180种，分布于热带、亚热带地区，北至日本，南达巴西南部、澳大利亚和新西兰；我国13种。

钱氏鳞始蕨
Lindsaea chienii Ching

【形态特征】植株高20~30(~50) cm。根状茎被鳞片；鳞片钻形。叶近生；叶柄栗褐色，或至少基部栗褐色，上部褐色或禾秆色，5~30 cm，方形，基部略被鳞片，向上光滑；叶片三角状卵形，(6~27) cm × (5~15) cm，草质，二回羽状；羽片达12对；中部以下的羽片羽状，披针形；小羽片上先出对开式，斜长圆形，菱形，基部楔形，先端钝，上缘下切，外缘通常直；叶脉分离。孢子囊群近边生，顶生于2~4条小脉上；囊群盖长圆形。

【生境与分布】生于海拔600 m的河谷。分布于云南、贵州、广西、广东、海南、台湾、福建、江西、浙江等地；日本、泰国、越南亦有。

钱氏鳞始蕨

剑叶鳞始蕨

剑叶鳞始蕨 双唇蕨
Lindsaea ensifolia Swartz

【形态特征】植株高33~50 cm。根状茎长而横走，密被鳞片；鳞片棕色，钻形。叶近生；叶柄方形，栗褐色，10~17 cm；叶片长圆形，(20~33) cm×(12~18) cm，草质，一回羽状；侧生羽片2~7对，(8~15) cm×(1~1.6) cm，狭披针形，有短柄，基部楔形，不育羽片边缘全缘或有锯齿，先端渐尖；顶生羽片与侧生羽片相似；叶脉网状。孢子囊群和囊群盖线形。

【生境与分布】生于海拔600 m的山坡密林下。分布于云南、贵州、广西、广东、海南、台湾、福建等地；旧热带亦有。

异叶鳞始蕨 异叶双唇蕨
Lindsaea heterophylla Dryander

【形态特征】植株高36 cm。根状茎短而横走，直径约2 mm，密被赤褐色的钻形鳞片。叶近生；叶片一或二回羽状，无末端羽片，上部羽片逐渐变小成合生的顶端，披针形至卵状三角形；羽片10~25对，形态存在变异，卵形、菱形、扇形或三角状披针形。叶轴有四棱，禾秆色，下部栗色，光滑。孢子囊群线形，从顶端至基部连续不断，囊群盖线形，棕灰色，连续不断，全缘，较啮蚀锯齿状的叶缘为狭。

【生境与分布】生于海拔300~900 m的林下路边土生或溪边岩石上。分布于云南、广西、广东、海南、台湾、福建等地；南亚、东南亚、东北亚和非洲亦有。

【药用价值】全草入药，利水，活血止痛。主治小便不畅，瘀滞疼痛。

异叶鳞始蕨

爪哇鳞始蕨

爪哇鳞始蕨
Lindsaea javanensis Blume

【形态特征】植株高39~49 cm。根状茎横走，疏被鳞片；鳞片钻形。叶近生；叶柄栗褐色，有光泽，10~30 cm，方形；叶片三角状披针形，（12~16）cm×（10~12）cm，草质至纸质，中部以下二回羽状，向上一回羽状，向先端羽裂并缩小；小羽片4~6对，扇形、长圆形或倒卵形；顶生小羽片比侧生小羽片大，狭菱形，基部楔形无柄或有短柄，先端长渐尖；叶脉分离。孢子囊群近边缘生；囊群盖线形。

【生境与分布】生于海拔300~500 m的河谷林下。分布于云南、贵州、湖南、广西、广东、海南、台湾、福建等地；印度、日本，东南亚至澳大利亚亦有。

团叶鳞始蕨

Lindsaea orbiculata (Lamarck) Mettenius ex Kuhn

【形态特征】植株高达57 cm。根状茎短而横走。叶近生；叶柄栗褐色，6~21 cm；叶片草质，一或二回羽状：若为一回羽状，则叶片线形，（15~38）cm×（1.5~3）cm，羽片12~25对，对开式，通常圆形或肾圆形，（0.7~1.6）cm×（0.6~1.7）cm，基部宽楔形，外缘和上缘一般具细锐齿；若为二回羽状，则叶片狭三角形；小羽片与一回羽状叶片上的羽片相似，但较小；叶脉分离，明显。孢子囊群顶生于多条小脉上；囊群盖线形，连续。

【生境与分布】生于海拔150~700 m的河谷林下。分布于华东南部、华南、西南等地；日本、南亚和东南亚亦有。

【药用价值】全草入药，清热解毒，止血。主治痢疾，疮疥，枪弹伤。

团叶鳞始蕨

乌蕨属 *Odontosoria* Fée

陆生植物。根状茎短而横走，被钻形鳞片。叶近生；叶柄禾秆色或深禾秆色，上有浅沟，光滑；叶片三至四回羽状，纸质至近革质；末回小羽片或裂片楔形或线形；叶脉分离，单一或一至二回分叉。孢子囊群近叶缘，顶生于1脉或2~3脉上；囊群盖卵形或杯形，开向叶边。

约23种，泛热带分布，北达朝鲜；我国2种。

乌蕨
Odontosoria chinensis (Linnaeus) J. Smith

【形态特征】植株高20~60(~115) cm。根状茎横卧，连同叶柄基部密被鳞片；鳞片深棕色，钻状。叶柄禾秆色至深禾秆色，光滑，4~25(~36) cm；叶片卵形至披针形，[12~35(~80)] cm×[4~12(~24)] cm，纸质，四回羽裂，基部不缩小，先端渐尖至尾状；末回小羽片或裂片楔形至倒披针形，先端截形或圆截形；末回裂片上的叶脉二叉。孢子囊群顶生于1~2条小脉上；囊群盖全缘或啮蚀状。

【生境与分布】生于海拔1900 m以下的阳坡、森林及灌丛旁、路边及河谷。分布于长江流域及其以南地区，北达河北；亚洲热带、亚热带、马达加斯加、太平洋岛屿亦有。

【药用价值】全草、根茎入药，清热解毒。主治砷中毒，沙门氏菌所致食物中毒，木薯中毒，泄泻，痢疾。

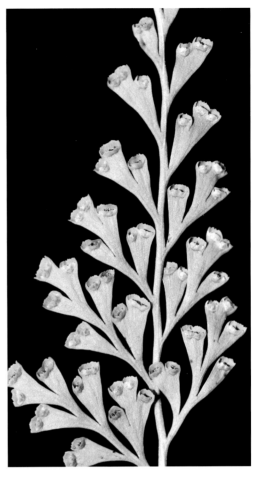

乌蕨

香鳞始蕨属 *Osmolindsaea* (K. U. Kramer) Lehtonen & Christenhusz

陆生或石生植物。根状茎横走,具管状中柱,被鳞片;鳞片棕色,钻状。叶近生或远生;叶柄光滑;叶片一回羽状,披针形,向先端渐狭,或有一大小与侧生羽片相似的顶生羽片,散发香豆素香味;羽片对开式,上缘具缺刻;叶脉分离。孢子囊群边生,顶生于数条小脉之上;囊群盖长圆形或线形,连续或被缺刻隔断。孢子椭圆体形,单裂缝。

7种;分布于旧热带、亚热带地区,向东北达日本、朝鲜;我国2种。

香鳞始蕨
Osmolindsaea odorata (Roxburgh) Lehtonen & Christenhusz

【形态特征】植株高15~42 cm。根状茎横走,密被鳞片;鳞片钻形,棕色。叶柄下部栗褐色,向上达叶轴禾秆色或淡绿色,光滑,6~16 cm;叶片通常线状披针形,(8~26)cm×(1.2~2.8)cm,草质,一回羽状;羽片15~30对,开展,对开式,基部不对称并变狭,有短柄,上缘缺刻状;上部羽片渐缩小;叶脉二叉。孢子囊群边生,连接2~4条小脉;囊群盖上缘啮蚀状。

【生境与分布】生于海拔500~1700 m的溪边、林下,土生或生于石壁上。分布于华南、西南及华东南部等地;亚洲热带、亚热带、太平洋岛屿、澳大利亚、非洲马达加斯加亦有。

【药用价值】根茎入药,利尿,止血。主治尿癃闭,吐血。

香鳞始蕨

碗蕨科 DENNSTAEDTIACEAE

草本，中型或大型陆生植物，少为蔓生。根状茎长而横走，具管状中柱，被多细胞灰白色刚毛或黄色长柔毛。叶同型，远生；叶柄基部无关节，坚硬，粗壮；叶一至四回羽状细裂，卵形或三角形；叶两面被毛或光滑，草质、纸质或革质；叶脉分离，羽状分枝。孢子囊群圆形或线形，生小脉顶端、叶缘或裂片缺刻处；囊群盖有或无，碗状、半杯状，或为膜质叶边反折形成的线状假盖。

11属约265种，分布于热带和亚热带地区；我国7属52种，产于大部分省区。

碗蕨属 *Dennstaedtia* Bernhardi

小型至大型陆生植物。根状茎横走，被多细胞灰色刚毛或长毛；无鳞片。叶一型；叶柄被毛，上面有浅沟；叶片卵状三角形至长圆形，一至三回羽状，草质至纸质，常被毛。叶脉分离，羽状；小脉不达叶缘，先端有水囊。孢子囊群圆，叶缘生，位于小脉顶端；囊群盖碗形或杯形，多少下弯而形如烟斗。

约70种，多见于热带和亚热带地区；我国7种1变种。

细毛碗蕨

Dennstaedtia hirsuta (Swartz) Mettenius ex Miquel

【形态特征】植株高达32 cm，遍体密生灰白色或黄棕色长毛。根状茎横卧。叶近生；叶柄禾秆色；叶片长圆披针形，二回羽状深裂，干后绿色或黄绿色，草质。叶脉羽状，两面不显。孢子囊群圆形；囊群盖绿色，浅碗形，被毛。

【生境与分布】生于海拔500~2100 m的山坡、溪边、路边及石隙。分布于我国东北、华北，向南达华南、西南各地；日本、朝鲜半岛及俄罗斯远东亦有。

【药用价值】全草入药，祛风除湿，通经活血。

细毛碗蕨

碗蕨（原变种）

Dennstaedtia scabra (Wallich) T. Moore var. *scabra*

【形态特征】植株高达1 m以上。根状茎横走，密被红棕色节状长毛。叶远生；叶柄红棕色或淡栗棕色，密生与根状茎上一样的毛，脱落后留下粗糙的疤痕；叶片卵形至卵状披针形，三至四回羽状，坚草质或纸质；叶轴、各回羽轴及叶脉两面密生灰白色、透明节状毛。叶脉分离，羽状。孢子囊群圆形，顶生小脉；囊群盖碗形，有毛。

【生境与分布】生于海拔600~2100 m的河谷、林下、林缘及阳坡。分布于广东、广西、湖南、江西、华东南部和西南等地；日本、朝鲜半岛、越南、老挝、马来西亚、菲律宾和南亚各地亦有。

【药用价值】根状茎入药，清热解表。主治感冒头痛。

碗蕨（原变种）

光叶碗蕨（变种）

光叶碗蕨（变种）

Dennstaedtia scabra (Wallich) T. Moore var. *glabrescens* (Ching) C. Christensen

【形态特征】本变种与原变种的主要区别在于叶片两面几光滑，囊群盖上无毛。

【生境与分布】生于海拔700~1000 m的常绿阔叶林下。分布于云南、四川、贵州、重庆、广西、广东、湖南、江西、福建、浙江、台湾等地；日本及南亚、东南亚亦有。

溪洞碗蕨

溪洞碗蕨

Dennstaedtia wilfordii (T. Moore) Christ

【形态特征】植株高15~28 cm。根状茎横走, 疏被节状毛。叶近生; 叶柄基部栗褐色, 向上禾秆色; 叶片卵形至长圆披针形, 二至三回羽裂, 干后淡褐绿色, 薄草质, 通体光滑。叶脉分离, 侧脉细而明晰, 小脉不达叶边, 水囊体明显。孢子囊群圆形, 囊群盖碗状, 边缘啮蚀状, 无毛。

【生境与分布】生于海拔1900~2400 m的林下湿地、中高山地区石隙。分布于东北、华北, 向南至华东、华中, 西达四川; 日本、朝鲜半岛和俄罗斯远东亦有。

【药用价值】全草入药, 祛风, 清热解表。主治感冒头痛, 风湿痹痛, 筋骨劳伤疼痛, 疮痈肿毒。

栗蕨属 *Histiopteris* (J. Agardh) J. Smith

大型陆生植物。根状茎长而横走, 密被褐色狭披针形鳞片。叶远生, 无限生长; 叶柄栗色, 光滑而有光泽; 叶片二至三回羽状, 草质至薄革质, 两面光滑; 羽片对生, 无柄, 基部有托叶状小羽片; 叶脉网状, 无内藏小脉。孢子囊群线形, 沿叶缘着生, 为反卷的假囊群盖覆盖; 孢子二面体形。

约7种, 产于泛热带地区; 我国1种。

栗蕨

Histiopteris incisa (Thunberg) J. Smith

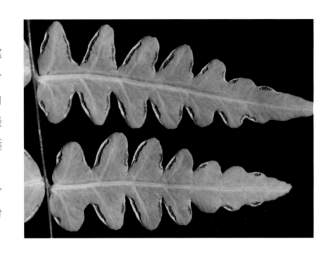

【形态特征】植株高达2 m。根状茎粗壮连同叶柄基部密生鳞片; 鳞片栗褐色, 有光泽, 狭披针形, 先端常扭曲。叶柄长可达1 m, 基部以上栗红色, 光滑; 叶片三角形至三角状长圆形, 二至三回羽状深裂, 干后草质至纸质, 叶面褐绿色, 背面多少呈灰白色, 无毛; 叶轴、羽轴栗红色。孢子囊群线形, 假囊群盖膜质。

【生境与分布】生于海拔1700 m以下的林下、溪边。分布于云南、贵州、广西、湖南、江西、浙江、广东、海南、台湾、西藏等地; 泛热带地区亦有。

栗蕨

姬蕨属 *Hypolepis* Bernhardi

大、中型陆生植物。根状茎长而横走,被多细胞毛,无鳞片。叶远生;叶柄粗糙;叶片一至四回羽状,草质或纸质,两面常密生灰白色多细胞毛,叶轴和羽轴上尤多;叶脉分离,羽状。孢子囊群圆形,分离,生于脉顶,常受叶片锯齿或小裂片边缘反折而保护;孢子单裂缝。

约80种,分布于泛热带地区;我国9种。

灰姬蕨
Hypolepis pallida (Blume) Hooker

【形态特征】根状茎直径2~3.5 mm,被淡棕色毛,毛长2.5 mm。叶柄基部红棕色至暗栗色,远端深栗色,长20~100 cm,叶柄被丰富的无色和棕色的无腺体毛。叶轴近端栗褐色,远端黄棕色,毛无色或略带棕色,无腺体;四回羽状复叶,通常宽大于长,(25~100)cm×(30~120)cm,背面密被无腺体毛;羽片20~30对,基部1对最大,卵形至三角形,(18~95)cm×(13~50)cm;小羽片狭三角形至卵形;末回小羽片(6~13)mm×(2~5)mm。孢子囊群圆形或卵形。

【生境与分布】生于海拔100~1600 m的山坡较湿润的灌丛或森林。分布于海南、台湾等地;印度尼西亚、新几内亚、菲律宾、澳大利亚、太平洋岛屿亦有。

灰姬蕨

姬蕨

姬蕨
Hypolepis punctata (Thunberg) Mettenius

【形态特征】植株高约1 m。根状茎具分枝,密生长毛,无鳞片。叶柄基部深褐色,向上禾秆色,粗糙,有灰白色长毛;叶片卵形,四回羽裂,纸质,遍体被灰白色长毛;叶脉羽状。孢子囊群圆形,近小脉顶端着生,无囊群盖,常被略反折的裂片或小齿覆盖。

【生境与分布】生于海拔300~2100 m的路边、林缘、旷地。分布于华东、华中、西南和华南地区;亚洲热带、亚热带地区亦有。

【药用价值】全草入药,清热解毒,收敛止血。主治烧烫伤,外伤出血。

细叶姬蕨

Hypolepis tenuifolia (G. Forster) Bernhardi

细叶姬蕨

【形态特征】根状茎被淡棕色毛，毛长2.5 mm。叶柄基部红棕色至暗栗色，远端深栗色，长20~100 cm，叶柄密被腺毛。叶轴近端栗褐色，远端黄棕色，密被腺毛；四回羽状复叶，宽卵形到三角形，通常宽大于长，（25~90）cm×（30~110）cm，背面密被无腺体毛；羽片20~30对，对生或近对生，基部1对最大，卵形至三角形，（18~90）cm×（13~45）cm；小羽片狭三角形至卵形，（8~25）cm×（4~12）cm；末回小羽片（6~12）mm×（2~4）mm，常多少镰刀形，先端钝。孢子囊群圆形或卵形，具叶缘反折的膜质假盖保护。

【生境与分布】生于海拔约1000 m的阔叶林。分布于台湾等地；印度、马来西亚、菲律宾、越南亦有。

鳞盖蕨属 *Microlepia* C. Presl

大、中型陆生植物。根状茎横走, 被节状毛, 无鳞片。叶远生; 叶柄及叶轴上有纵沟; 叶片一至四回羽状, 常具节状毛, 草质至近革质; 叶脉羽状, 分离, 小脉不达叶边。孢子囊群圆形, 顶生小脉上, 近叶缘; 囊群盖半杯形, 以基部和两侧着生, 或为圆肾形, 仅以基部着生; 孢子三裂缝。

约60种, 主产于亚洲热带、亚热带地区; 我国约33种。

虎克鳞盖蕨
Microlepia hookeriana (Wallich) C. Presl

【形态特征】植株高50~77 cm。叶远生; 叶柄褐色或褐禾秆色; 叶片长圆形至长圆披针形, 一回羽状, 常具顶生羽片; 侧生羽片披针形, 略呈镰状, 边缘近全缘或具细齿, 基部不对称, 上侧耳状。囊群盖杯形, 光滑无毛。

【生境与分布】生于海拔400~500 m的河谷密林下。分布于云南、贵州、广西、广东、香港、海南、台湾、福建、江西、浙江、安徽等地; 印度、尼泊尔、泰国、缅甸、越南、马来西亚、印度尼西亚、日本亦有。

虎克鳞盖蕨

边缘鳞盖蕨

边缘鳞盖蕨
Microlepia marginata (Panzer) C. Christensen

【形态特征】植株高达1 m。叶片草质至纸质，基部不狭缩，一回羽状，羽片线形，多少呈镰状，通常羽裂。囊群盖近叶缘着生，杯形，多少被毛。

【生境与分布】生于海拔1500 m以下的路边、溪边、林下、林缘处。分布于长江中、下游以南各地；印度、尼泊尔、斯里兰卡、印度尼西亚、越南和日本亦有。

【药用价值】地上部分、叶入药，清热解毒。主治痈疮疔肿。

边缘鳞盖蕨

阔叶鳞盖蕨

Microlepia platyphylla (D. Don) J. Smith

【形态特征】植株高1.5 m以上。根状茎粗壮，密生深棕色节状刚毛。叶近生；叶柄棕禾秆色；叶片三角形，长宽几相等，二回羽状，革质或近革质，光滑。囊群盖圆肾形，无毛。

【生境与分布】生于海拔1200 m以下的林下、溪边。分布于云南、贵州、广西、西藏、海南、台湾等地；印度、尼泊尔、不丹、斯里兰卡、泰国、缅甸、越南、老挝、菲律宾亦有。

阔叶鳞盖蕨

假粗毛鳞盖蕨

假粗毛鳞盖蕨　中华鳞盖蕨

Microlepia pseudostrigosa Makino

【形态特征】植株高48~120 cm，通常1 m左右。叶二回羽状，小羽片浅裂至深裂，草质，两面在叶脉上多少被毛，干后褐绿色；叶轴、羽轴两面被棕色短毛，下面尤密。囊群盖圆肾形，幼时略被毛，老时光滑。

【生境与分布】生于海拔1600 m以下的林缘、溪边、路边。分布于长江以南各地；日本、越南亦有。

热带鳞盖蕨

Microlepia speluncae (Linneaus) T. Moore

【形态特征】植株高1.2~1.6 m。根状茎横走或横卧，顶端被暗褐色节状毛。叶柄禾秆色；叶卵状长圆形，四回羽裂，草质，干后黄绿色；叶轴、羽轴、小羽轴和叶脉被灰白色柔毛；脉间有毛。囊群盖半杯形，被柔毛。

【生境与分布】生于海拔300~1100 m的季雨林及河谷林下。分布于云南、贵州、西藏、广西、广东、湖南、海南、台湾等地；广布于泛热带地区。

热带鳞盖蕨

稀子蕨属 *Monachosorum* Kunze

中、小型植物；无鳞片，有腺毛，或幼时具粘质毛。叶一至三回羽状，薄草质；叶轴伸长或不伸长，若伸长，常在顶端生芽；若不伸长，通常在其上至少有1个大芽孢；叶脉分离。孢子囊群小，圆形，无囊群盖；孢子三裂缝。

6种，分布于南亚及东南亚、日本；我国3种。

稀子蕨
Monachosorum henryi Christ

【形态特征】植株高70~100 cm。叶片卵形或卵状三角形，薄草质，干后暗褐色，基部最宽，先端渐尖，三回羽状；末回小羽片羽裂。叶轴及叶脉下面疏生短腺毛；叶轴上通常至少有1枚大芽孢。孢子囊群圆形，小，生小脉近顶端，无盖。

【生境与分布】生于海拔800~2100 m的阴湿河谷、溪边、密林下。分布于云南、四川、贵州、重庆、广西、湖南、西藏、广东、江西、台湾等地；印度、尼泊尔、不丹、缅甸、越南亦有。

【药用价值】全草入药，驱风，活血。主治风湿骨痛。

稀子蕨

蕨属 *Pteridium* Gleditsch ex Scopoli

大、中型陆生植物。根状茎长而横走,绳索状,被锈黄色毛。叶远生;叶柄光滑或具短毛;叶片三角状卵形,三至四回羽状,纸质或近革质,下面多少有毛;叶轴通直;叶脉羽状,有边脉。孢子囊群生边脉上,线形;囊群盖2层,外层为由叶边变质反折而成的假盖,厚膜质,内层为真盖,不清晰,常退化;孢子具三裂缝。

约13种,世界广布;我国6种。

蕨 甜蕨
Pteridium aquilinum (Linnaeus) Kuhn var. *latiusculum* (Desvaux) Underwood ex A. Heller

【形态特征】植株高达1 m以上。根状茎横走,绳索状,被锈黄色节状柔毛。叶远生;叶柄长30~110 cm,光滑;叶片卵状三角形至长圆三角形,长达90 cm,宽32~70 cm,三回羽状;羽片7~10 对,基部1对最大,卵状三角形;一回小羽片长圆披针形,略斜展,有短柄;末回小羽片或裂片长圆形,近平展,圆头或钝头,无柄。叶干后纸质或近革质;正面光滑,下面沿各回羽轴略被白色节状毛或几光滑;叶脉羽状,侧脉分叉。孢子囊群沿叶缘的一条边脉着生,线形;囊群盖线形,连续不断。孢子四面体形,极面观三角圆形,表面颗粒状。

【生境与分布】生于海拔2500 m以下的酸性山地。广布于全国及热带和温带地区。

【药用价值】嫩苗、根状茎入药,清热解毒,驱风除湿,降气化痰,利水安神。主治感冒发热,痢疾,黄疸,高血压症,风湿腰痛,带下病,脱肛。

蕨

食蕨

食蕨

Pteridium esculentum (G. Forster) Cokayne

【形态特征】植株高过3 m。叶三至四回羽状，阔卵状三角形或长圆状三角形，干后坚革质，正面光滑，下面密被灰白色至灰棕色节状毛；叶轴和各回羽轴沟内多少有毛；末回羽片或裂片长圆形至长圆披针形，先端钝或圆，顶部线形，长达3 cm。

【生境与分布】生于海拔150~700 m的荒坡、河谷灌丛下、林间路边。分布于广西、贵州、海南等地；南亚、东南亚、大洋洲及太平洋岛屿亦有。

毛轴蕨

毛轴蕨 苦蕨 反爪蕨
Pteridium revolutum (Blume) Nakai

【形态特征】植株高达1.5 m。叶三回羽状，阔卵状三角形，近革质，正面光滑，下面密被淡棕色至锈棕色节状毛；叶轴和各回羽轴沟内具柔毛；末回羽片或裂片镰形至镰状披针形，先端常为急尖头。

【生境与分布】生于石灰岩地区。分布于长江流域各地，西南达西藏；亚洲热带、亚热带地区亦有。

【药用价值】根状茎入药，祛风除湿，解热利尿，驱虫。主治风湿关节痛，淋症，脱肛，疮毒，蛔虫病。

凤尾蕨科 PTERIDACEAE

陆生或附生，偶水生。根状茎长或短，横走、斜升至直立，被鳞片或很少被毛。叶柄基部常被宿存鳞片，具1~4个维管束；叶一型或在少数几个属中为二型；叶为单叶至一至四回羽状分裂，被毛、腺体或鳞片。孢子囊群近叶脉或叶缘着生，囊群盖缺失，或孢子囊群着生于叶脉顶端，为反折的叶所覆盖。

约59属约1211种，分布于泛热带地区，主产于温带地区；我国约19属约233种，各地广布，主产于西南地区。

碎米蕨亚科 Subfam. CHEILANTHOIDEAE

粉背蕨属 *Aleuritopteris* Fée

中、小型植物，通常石生。根状茎短而直立或斜升；鳞片棕色至黑色。叶簇生；叶柄、叶轴棕色至黑色；叶片形态多样，二至四回羽裂，下面具粉末，少有无粉末者，罕见有腺体；粉末白色或黄色；羽片无柄或几无柄，基部羽片通常最大，其基部下侧裂片扩大，比上侧邻接的裂片长。叶脉分离，羽状。孢子囊群圆形，生叶脉顶部，幼时分开，成熟时汇生。假囊群盖连续或断开，边缘全缘、啮蚀状、撕裂状或流苏状。孢子三裂缝。

约40种，分布于热带、亚热带地区；我国约30种。

小叶中国蕨
Aleuritopteris albofusca (Baker) Pichi-Sermolli

【形态特征】植株高达16 cm。根状茎直立；鳞片栗黑色，具棕色狭边，披针形。叶柄2~11 cm；叶片五角形，长宽相当，2.5~5 cm，革质，下面具白色粉末；侧生羽片1对，三角形，（1.5~3）cm×（1~2）cm，不对称，近基部的下侧裂片尤其大，长达2.3 cm，羽状分裂；中央羽片多少呈菱形，有4~7对裂片。叶脉深棕色至黑色，下面明显隆起。孢子囊群由1或2个大孢子囊构成；孢子囊上有阔环带。

【生境与分布】生于海拔1400~2200 m的疏林下石隙。分布于甘肃、河北、湖南及西南等地。

小叶中国蕨

粉背蕨

粉背蕨　多鳞粉背蕨

Aleuritopteris anceps (Blanford) Panigrahi

【形态特征】植株高15~40 cm。根状茎短而直立；鳞片两色，狭披针形。叶柄6~24 cm，栗褐色或深棕色，有光泽，基部有鳞片，向上疏被鳞片至光滑；叶片狭三角状卵形，长圆形或卵状披针形，（5~17）cm×（3~7）cm，三回羽裂，干后纸质至革质，下面具白色粉末，上面光滑；羽片4~8对，基部1对最大，不对称，三角形，（3~5）cm×（2~3）cm，二回羽裂；基部下侧小羽片最大，远比相邻的上侧小羽片长；第二对及上部羽片三角形，长圆形至披针形。孢子囊群成熟时汇生；假囊群盖不连续，边缘撕裂状或睫状。

【生境与分布】生于海拔400~1600 m的林下、林缘，土生或石生。分布于云南、四川、贵州、广西、广东、湖南、江西、福建、浙江等地；印度、尼泊尔、不丹、巴基斯坦亦有。

【药用价值】全草入药，止咳化痰，健脾利湿，活血止血。主治咳嗽、泄泻、痢疾、消化不良、月经不调、吐血、便血、白带、淋证、跌打损伤、瘰疬。

银粉背蕨（原变种）

Aleuritopteris argentea (S. G. Gmelin) Fée var. *argentea*

【形态特征】植株高10~30(~44) cm。根状茎直立或斜升；鳞片两色，深棕色，边缘色淡，线状披针形。叶柄栗褐色至黑色，有光泽，7~20(~36) cm，基部具鳞片；叶片五角形，长宽几相当，3~14 cm，二至三回羽裂，干后纸质或者多少呈革质，正面光滑，下面具白色或淡黄色粉末；羽片2~5对，基部1对最大，(1.5~6) × (1~4) cm，三角形；小羽片2~4对，基部下侧最大，长圆形至长圆披针形，羽状分裂或单一；第二对及上部羽片狭长圆形，羽状分裂或不分裂。叶脉不清晰。孢子囊群成熟时汇生；假囊群盖连续，边缘全缘。

【生境与分布】生于海拔600~2200 m的石灰岩隙、石壁上。全国广布；印度、尼泊尔、不丹、日本、朝鲜、蒙古、俄罗斯亦有。

【药用价值】全草入药，补虚止咳，调经活血，消肿解毒，止血。主治月经不调，肝炎，肺痨咳嗽，吐血，跌打损伤。

银粉背蕨（原变种）

陕西粉背蕨（变种）

Aleuritopteris argentea (S. G. Gmelin) Fée var. *obscura* (Christ) Ching

【形态特征】本变种与原变种的主要区别在于叶光滑，背面无粉末。

【生境与分布】生于海拔500~1500 m的石隙。分布于云南、四川、贵州、青海、甘肃、陕西、山西、河北、河南、辽宁等地。

【药用价值】全草入药，活血调经，补虚止咳。主治月经不调，经闭腹痛，赤白带下，肺痨咳嗽，咯血。

陕西粉背蕨（变种）

裸叶粉背蕨

Aleuritopteris duclouxii (Christ) Ching

【形态特征】植株高10~30 cm。叶柄深棕色至黑色，6~20 cm，基部具鳞片，鳞片两色，披针形；叶片五角形，长宽几相当，6~12 cm，二至三回羽裂，干后薄革质，先端长尾状；羽片2或3对，基部1对最大，三角形，上侧常不发育，而下侧极发育，具一些伸长的镰形裂片；上部羽片或裂片单一，长圆形或披针形，多少呈镰形。叶脉不明显。孢子囊群成熟时汇生；假囊群盖连续，边缘全缘。

【生境与分布】生于海拔400~2100 m的石隙。分布于云南、四川、贵州、湖南、广西等地。

【药用价值】全草入药，止咳止血。主治咯血，吐血，刀伤。

裸叶粉背蕨

台湾粉背蕨
Aleuritopteris formosana (Hayata) Tagawa

【形态特征】植株高10~20 cm。叶簇生；柄长，栗色或乌木色；叶片狭长圆状披针形，长达10 cm，基部宽4~5 cm，先端渐尖，基部三回羽裂，中部二回羽裂；侧生羽片4~6对，斜展，无柄；小羽片5~6对，斜展，羽轴下侧较上侧长，尤以基部下侧一片最长。羽状半裂；裂片4~5对，长圆形，近全缘；第二对羽片与基部1对羽片同形，第三对以上羽片逐渐缩短。叶干后草质，叶面淡褐绿色，背面疏被白色粉末。孢子囊群沿叶边连续分布；囊群盖棕色，膜质，近断裂，边缘略呈啮蚀状。

【生境与分布】生于海拔1000~1500 m的岩石缝。分布于台湾、福建、广东、四川、云南等地；泰国、印度、尼泊尔亦有。

台湾粉背蕨

棕毛粉背蕨

棕毛粉背蕨

Aleuritopteris rufa (D. Don) Ching

【形态特征】常为垫状植株。根状茎直立；鳞片两色。叶柄深棕色或黑色，有光泽，5~13 cm，密被鳞片和毛；叶片狭卵形至长圆披针形，（5~17）cm×（3~8）cm，二至三回羽裂，干后草质或纸质，背面具黄色粉末，叶面具节状毛；叶轴、羽轴和中脉上也有鳞片，鳞片与叶柄上的相似；羽片4~8对，基部1对通常三角形，不对称；基部下侧小羽片比相邻的上侧小羽片长，长圆形且常羽状分裂；第二对及上部羽片长圆形至披针形。孢子囊群成熟时汇生。假囊群盖断开，边缘撕裂状或流苏状。

【生境与分布】生于海拔1000~1500 m的河谷或石灰岩洞内的石隙或石壁上。分布于云南、贵州、广西等地；印度、尼泊尔、不丹、缅甸、泰国、菲律宾亦有。

【药用价值】全草入药，活血化瘀，利湿化痰。主治月经不调，劳伤咳嗽，赤痢，便血，瘰疬。

西畴粉背蕨

西畴粉背蕨
Aleuritopteris sichouensis Ching & S. K. Wu

【形态特征】根状茎短而直立，先端密被质厚、褐色的钻形鳞片。叶簇生；叶柄基部被同样的鳞片，上部连同叶轴密被极短的深棕色腺毛1叶柄的腺毛易脱落；叶片卵状披针形，（12~15）cm×（8~10）cm，基部三回羽裂，中部二回羽状或二回羽裂；侧生羽片8~10对，基部1对最大，小羽片6~8对。叶干后深绿色，厚革质，叶面光滑，背面被雪白色粉末，叶脉两面不显；叶轴、羽轴、小羽轴与叶柄同色；囊群盖极狭，绿色，多少连续，全缘。

【生境与分布】生于海拔1500 m的石灰岩腐殖土上。分布于云南、广西等地。

绒毛粉背蕨　绒毛薄鳞蕨
Aleuritopteris subvillosa (Hooker) Ching

【形态特征】植株高18~40 cm。根状茎直立；鳞片透明，卵状披针形，边缘睫状。叶柄深棕色至黑色，有光泽，5~13 cm，下部被鳞片；叶片长圆披针形，（13~27）cm×（3.5~6）cm，三回羽裂，干后薄草质，背面沿羽轴、小羽轴有毛，叶面光滑；羽片6~8对，基部1对较大，三角形，（2~4）cm×（1.5~3）cm；小羽片长圆形，羽状分裂；裂片三角形，先端钝或圆。叶脉羽状，较明显。孢子囊群成熟时汇生；假囊群盖连续，或偶有中断，边缘波状。

【生境与分布】生于海拔1700~2400 m的石隙或土生，常见于旱坡。分布于西南地区；印度、尼泊尔、不丹、缅甸亦有。

【药用价值】全草入药，消热解毒，利湿。主治湿热黄疸，咽喉肿痛，泄泻，痢疾，小便涩痛。

绒毛粉背蕨

金爪粉背蕨

金爪粉背蕨　硫磺粉背蕨
Aleuritopteris veitchii (Christ) Ching

【形态特征】根状茎短而斜升；鳞片深棕色至黑色，狭披针形。叶簇生；叶柄栗红色至黑色，有光泽，3~12 cm，基部有鳞片；叶片三角状卵形或五角状卵形，(3~11) cm×(3~8) cm，二回羽裂，或在较大个体为三回羽裂，干后纸质，背面具白色或乳黄色粉末，叶面光滑；叶轴、羽轴与叶柄同色；羽片1~5对，无柄，彼此隔开，基部1对最大，近三角形，(1.5~6) cm×(1~3) cm；小羽片或裂片2~7对，基部下侧1片，小羽片最大，全缘或一回羽裂；末回裂片长圆形或卵形。孢子囊群生叶脉顶部；假囊群盖连续，膜质，边缘波状。

【生境与分布】生于海拔500~1900 m的岩石上、石隙处。分布于云南、四川、贵州、广西等地。

金爪粉背蕨

碎米蕨属 *Cheilanthes* Swartz

陆生或石生植物。根状茎直立或横卧至横走；被鳞片。叶一型；叶柄栗褐色至黑色，易碎；叶片二至四回羽裂，草质，或纸质至革质，两面光滑或有毛；末回小羽片，无柄至有短柄，形状多变。叶脉在末回裂片上分离；孢子囊群圆形，生叶脉顶端，成熟时常汇生。假囊群盖缺失，或由叶边反折而成，断续或连续，有时略变质，边缘全缘、啮蚀状、锯齿状或睫状。孢子三裂缝。

超过100种，主要分布于中美洲、南美洲地区，其他各洲也有；我国17种。

滇西旱蕨
Cheilanthes brausei Fraser-Jenkins

【形态特征】植株高15~24 cm。根状茎斜升至直立；鳞片线状披针形，两色，深棕色至黑色，边缘淡棕色。叶簇生；叶柄栗褐色，有光泽，5~14 cm，基部密生鳞片，向上渐稀疏，上面有短刚毛；叶片卵状三角形至长圆形，（5~12）cm×（2.5~6）cm，二至三回羽裂，纸质，两面光滑，先端尾状；侧生羽片3~5对，基部1对最长，三角形，（1.5~5）cm×（1~3）cm，有短柄；小羽片无柄，披针形至线形，彼此疏离；基部下侧小羽片常再分裂；裂片长圆形至线形，全缘。孢子囊群汇生；假囊群盖连续，边缘啮蚀状。

【生境与分布】生于海拔800~2300 m的石隙、石壁处。分布于云南、四川、贵州、湖南、陕西等地。

滇西旱蕨

中华隐囊蕨

中华隐囊蕨
Cheilanthes chinensis (Baker) Domin

【形态特征】植株高20~28 cm。根状茎长而横走；鳞片钻状披针形，先端伸长，两色。叶近生；叶柄栗褐色，6~12 cm；叶片卵状长圆形至披针形，（10~14）cm×（3.5~7）cm，二回羽裂，纸质至薄革质，背面密生黄色至棕色长毛；羽片10~16对，基部1对最大，卵状三角形，（2~4）cm×（1.5~3）cm，无柄；下部2~4对两侧极不对称，下侧裂片非常扩大，远长于相邻的上侧裂片。孢子囊群埋于软毛内；无假囊群盖。

【生境与分布】生于海拔400~800 m的石灰岩隙。分布于四川、贵州、重庆、广西、湖北等地。

【药用价值】全草入药，解毒收敛。主治痢疾。

毛轴碎米蕨 舟山碎米蕨

Cheilanthes chusana Hooker

【形态特征】植株高15~38 cm。根状茎直立；鳞片两色，狭披针形。叶簇生；叶柄栗褐色，2~10 cm，具鳞片，叶面有沟，沿沟两边有狭翅状的脊。叶片绿色，披针形，（10~28）cm×（2~6）cm，二回羽状全裂，草质，两面光滑，基部多少狭缩，先端渐尖。羽片10~20对，斜展，近无柄，狭三角形至长圆形，先端短尖或钝；中部羽片最大，羽片向两端缩小。孢子囊群不连续；假囊群盖断开。

【生境与分布】生于海拔1600 m以下的路边或林缘石隙。分布于云南、四川、贵州、重庆、湖南、湖北、广西、广东、台湾、江西、浙江、江苏、安徽、河南、陕西、甘肃等地；日本、朝鲜半岛、菲律宾、越南亦有。

【药用价值】全草入药，清热解毒，收敛止血。主治蛇咬伤，痢疾，咽喉痛，各种出血。

毛轴碎米蕨

大理碎米蕨
Cheilanthes hancockii Baker

【形态特征】植株高10~30 cm。根状茎直立；鳞片两色，钻状披针形。叶柄比叶片长，栗褐色或紫棕色，6~20 cm，基部有鳞片，向上光滑。叶片五角状卵形，(4~11) cm×(3~9) cm，二至三回羽状，草质，两面光滑，先端渐尖至长渐尖；羽片5~7对，基部1对最长，三角形，(3~7) cm×(2~4) cm，有短柄，先端渐尖；末回小羽片或裂片长圆形，基部具狭翅，边缘波状或具圆齿，先端钝或圆。孢子囊群不连续，生于叶脉顶端；假囊群盖断开，肾形、半圆形或三角形。

【生境与分布】生于海拔1300~2300 m的林下或山谷路边，土生或石隙生。分布于云南、四川、贵州、西藏、甘肃等地；不丹亦有。

大理碎米蕨

旱蕨

Cheilanthes nitidula Wallich ex Hooker

【形态特征】植株高10~30 cm。根状茎短而直立，密被亮黑色有棕色狭边的钻状披针形小鳞片。叶多数，簇生；柄长6~20 cm，栗色或栗黑色，有光泽，基部疏被深棕色小鳞片，向上全体密被红棕色短刚毛；叶片长圆形至长圆三角形，（4~12）cm×（3~6）cm，中部以下三回羽裂；羽片3~5对，基部1对最大，三角形。叶干后革质或坚纸质，灰褐绿色，两面无毛，叶轴及羽轴上面和叶柄同色，密被棕色短刚毛。孢子囊群生小脉顶部；囊群盖由叶边在小脉顶部以下反折而成，盖膜质，褐棕色，边缘为不整齐的粗齿牙状。

【生境与分布】生于海拔700~1400 m的疏林下、石上或石隙。分布于甘肃、河南、湖南、江西、浙江、福建、台湾、广东、广西及西南等地；印度、尼泊尔、不丹、巴基斯坦、越南、日本亦有。

【药用价值】全草入药，渗湿利湿，祛风除湿，散瘀止血。主治泄泻，风湿麻木，月经不调，小便黄赤涩痛，外伤出血。

旱蕨

碎米蕨
Cheilanthes opposita Kaulfuss

【形态特征】植株高10~25 cm。根状茎短而直立，连同叶柄基部密被栗棕色或栗黑色钻形鳞片。叶簇生，柄长2~7 cm，基部以上疏被钻形小鳞片，向上直到叶轴栗黑色或栗色，背面圆形，叶面有阔浅沟，沟两旁有隆起的锐边；叶片狭披针形，（8~18）cm×（1~2）cm，向基部变狭，二回羽状；羽片12~20对，三角形或三角状披针形，几无柄，羽状或深羽裂。叶脉在小羽片上羽状，3~4对，分叉或单一。叶干后草质，褐色，裂片多少卷缩，两面无毛。孢子囊群每裂片1~2枚；囊群盖小，肾形或近圆肾形，边缘淡棕色。

【生境与分布】生于灌丛或溪旁石上。分布于广东、海南、福建、台湾、贵州等地；越南、印度、斯里兰卡及其他亚热带地区亦有。

【药用价值】全草入药，清热解毒。主治咽喉肿痛，痢疾，毒蛇咬伤。

碎米蕨

平羽碎米蕨

平羽碎米蕨
Cheilanthes patula Baker

【形态特征】植株高12~33 cm。根状茎直立；鳞片黑棕色，披针形至线状披针形。叶柄栗褐色，(3~)6~13 cm，上面有浅沟，沿沟两边有狭翅状的脊。叶片长三角形至几近披针形，[(7~)12~22]cm×[(3.2~)7~10]cm，二至三回羽状，纸质，两面光滑，基部最宽，先端渐尖；叶轴曲折；羽片8~10对，有柄；基部1对羽片最大，长圆三角形；小羽片三角形；末回裂片长圆形，边缘全缘，先端钝。假囊群盖圆形或长圆形，不连续，边缘全缘。

【生境与分布】生于海拔400~700 m的石隙。分布于重庆、广西、湖北、贵州等地。

毛旱蕨
Cheilanthes trichophylla Baker

【形态特征】植株高20~60 cm。根状茎短而直立,密被亮栗黑色、钻状披针形的硬鳞片。叶簇生;柄长10~30 cm,栗黑色或褐栗色,圆柱形,基部有1~2鳞片,向上被棕色短毛;叶片三角状披针形,三回羽状深裂,两面伏生粗毛;小羽片三角形、卵形或长圆形,基部羽片的小羽片具柄,先端钝圆;叶轴明显左右曲折,呈"之"字形弯曲。叶干后纸质,灰棕绿色,两面伏生淡棕色粗毛。孢子囊群生小脉顶端,棕色;囊群盖狭,连续,淡棕色,边缘波状。

【生境与分布】生于海拔800~2200 m的干旱河谷或林下石缝。分布于云南、四川和西藏等地;印度北部可能亦有。

毛旱蕨

泽泻蕨属 *Mickelopteris* Fraser-Jenkins

陆生中、小型植物。根状茎短而直立，被蓬松的红棕色钻状小鳞片和细长的节状毛。叶簇生，近二型；叶柄栗色或紫黑色，能育叶的叶柄长为不育叶的叶柄1~3倍；叶卵形、长圆形或戟形，背面被小的钻状鳞片，正面光滑，基部为深心脏形，顶端钝圆；叶脉网状，网眼多而密，长六角形，无内藏小脉。

单种属，分布于热带亚洲地区；我国亦产，分布于云南、海南和台湾等地。

泽泻蕨
Mickelopteris cordata (Hooker & Greville) Fraser-Jenkins

【形态特征】物种特征同属特征。

【生境与分布】生于海拔达975 m的密林下湿地、溪谷石缝或灌丛中。分布于台湾、海南及云南等地；印度南部、斯里兰卡、马来西亚、菲律宾、越南、老挝、柬埔寨等地亦有。

泽泻蕨

金毛裸蕨属 *Paragymnopteris* K. H. Shing

通常为石生且旱生植物。根状茎直立或横卧，具鳞片；鳞片棕色，线形或钻形，全缘。叶一型，簇生；叶柄栗褐色，有光泽，圆柱形，远端密生绒毛；叶片一或二回羽状，革质，背面密被绢毛或复瓦状排列的鳞片。末回小羽片或裂片卵形、长圆形或长圆披针形，基部圆形或心形，边缘全缘，先端钝或圆。叶脉分离，羽状，或偶尔在近叶缘处连接。无囊群盖；孢子囊群线形，沿侧脉着生，被毛或鳞片覆盖，成熟时多少出露；孢子三裂缝。

6种，分布于旧温带、寒温带地区；我国均产。

耳羽金毛裸蕨（变种）
Paragymnopteris bipinnata (Christ) K. H. Shing var. *auriculata* (Franchet) K. H. Shing

【形态特征】植株高15~25 cm。根状茎粗短，横卧，连同叶柄基部密被棕色线状披针形鳞片。叶近生至丛生；叶柄长5~10 cm，圆柱形，栗褐色，连同叶轴密生淡棕色长毛；叶片线状披针形，（10~15）cm×（2.5~3）cm，奇数一回羽状；羽片约10对，卵形，有短柄，基部深心形，先端钝圆或短尖，全缘；基部1对羽片或扩大成耳状，或产生1对分离的小羽片。叶软革质，叶面疏生绢毛，背面密生棕黄色绢毛；叶脉羽状，不显。孢子囊群沿侧脉着生，隐没于绢毛下。孢子极面观三角圆形，表面具鸡冠状纹饰。

【生境与分布】生于海拔1900 m的沟边石上。分布于云南、四川、西藏、甘肃、陕西、内蒙古、河北、河南、湖北等地。

【药用价值】根茎、全草入药，解毒，止痒。主治风毒，疮痒，带下病，腹痛，眩晕。

耳羽金毛裸蕨（变种）

滇西金毛裸蕨

滇西金毛裸蕨

Paragymnopteris delavayi (Baker) K. H. Shing

【形态特征】根状茎横卧；鳞片黄棕色。叶簇生；叶柄栗褐色，8~12 cm，基部被鳞片，并在幼时有毛；叶片长圆形或长圆披针形，(5~14) cm×(2~5) cm，奇数羽状，干后革质，背面密被棕色、卵状披针形鳞片，叶面光滑，先端短渐尖或尾状；叶轴疏被线状披针形鳞片和长软毛；羽片8~20对，镰状披针形或披针形，(1~2.5) cm×(0.3~0.6) cm，有短柄或无柄，全缘，先端钝或圆。叶脉不显，中脉在叶面凹下。孢子囊群通常为鳞片覆盖。

【生境与分布】生于海拔2200~2400 m的疏林下石灰岩隙。分布于青海、甘肃、陕西、山西、河北及西南等地；印度、尼泊尔、不丹亦有。

金毛裸蕨

Paragymnopteris vestita (Hooker) K. H. Shing

【形态特征】根状茎横卧或斜升，短而粗；鳞片淡棕色，线状披针形。叶簇生或近生；叶柄7~16 cm，密生淡棕色绢毛；叶片线状披针形，（10~18）cm×（2.5~4.7）cm，奇数羽状，软革质，背面密被金黄色绢毛，叶面疏被淡棕色绢毛；叶轴、羽轴具绢毛；羽片(6~)8~10对，卵形或狭卵形，（1~2.4）cm×（0.7~1.7）cm，互生，有短柄，基部圆形或略呈心形，边缘全缘，先端钝。叶脉不显。孢子囊群为绢毛覆盖。

【生境与分布】生于海拔1800~2400 m的石隙。分布于河北、山西、台湾及西南等地；印度、尼泊尔、不丹、巴基斯坦、泰国亦有。

【药用价值】根茎、全草入药，退热，止痛。主治伤寒高热，关节疼痛，胃痛。

金毛裸蕨

旱蕨属 *Pellaea* Link

陆生或岩生植物。根状茎短而横卧或长而横走，密被鳞片；鳞片褐色至近黑色，有极狭的棕色边，狭披针形或钻状披针形，全缘或具齿。叶簇生或远生，一型或微二型；叶柄栗黑色或栗色，有光泽，圆柱形，腹面有沟，基部具1条维管束；叶长圆披针形至三角状披针形，一至四回奇数羽状；叶纸质或革质，光滑或有毛或鳞片；末回小羽片或裂片圆头或尖头，全缘；叶脉分离或罕为网结，小脉羽状分叉。孢子囊群小，圆形，生于小脉顶端，成熟时汇合成线形，无隔丝；囊群盖线形，囊群盖边缘全缘或啮蚀状。

约30种，主要分布于非洲南部、美洲、亚洲、澳大利亚及周边太平洋岛屿；我国2种，分布于云南、四川等地。

三角羽旱蕨
Pellaea calomelanos (Swartz) Link

【形态特征】叶簇生；叶柄深棕黑色，圆柱形；叶片三角形或长圆状三角形，二回羽状；侧生羽片单一或奇数羽状；小羽片卵形至卵状戟形，基部心形。

【生境与分布】生于海拔900~1800 m的干旱河谷石缝。分布于云南、四川等地；南亚、非洲和欧洲南部亦有。

三角羽旱蕨

三角羽早蕨

珠蕨亚科 Subfam. CRYPTOGRAMMOIDEAE

凤了蕨属 *Coniogramme* Fée

大型或中型陆生植物。根状茎横卧或横走,连同叶柄基部疏被鳞片;鳞片棕色,披针形,全缘。叶一型,远生或近生;叶柄远端光滑;叶片通常一至二回奇数羽状,草质至纸质,光滑或具毛。羽片有柄;顶生羽片与侧生单羽片形体相似,披针形或长圆披针形。叶脉分离,稀网状,叶脉顶端膨大成水囊体。无囊群盖;孢子囊群沿小脉着生;孢子三裂缝。

25~30种,分布于东亚和东南亚、非洲、北美洲;我国22种。

峨眉凤了蕨

Coniogramme emeiensis Ching & K. H. Shing

【形态特征】植株高60~120 cm。叶柄20~60 cm,禾秆色;叶片卵形至卵状长圆形,(34~60)cm×(20~34)cm,二回羽状,草质,两面光滑。羽片7~11对,下部1~3对最大,三角状卵形至卵状长圆形,(15~35)cm×(8~20)cm,有柄,柄长1~4 cm;侧生小羽片1~6对,卵状披针形至长圆披针形,(5~13)cm×(1.5~2.3)cm,基部圆,先端渐尖至尾状;羽片和小羽片边缘多变,具三角形、缺刻状或内弯的齿。水囊体仅伸达锯齿基部,不入齿内。

【生境与分布】生于海拔500~1800 m的林下、河谷、溪边。分布于云南、四川、贵州、重庆、广西、广东、湖北、浙江等地。

【药用价值】根茎入药,祛风除湿。

峨眉凤了蕨

普通凤了蕨
Coniogramme intermedia Hieronymus

【形态特征】植株高60~120(~170) cm。叶柄禾秆色或带有褐色斑点，长30~60(~80) cm；叶片卵状三角形或卵状长圆形，[30~70(~90)]cm×[20~36(~50)] cm，二回羽状，草质至纸质，下面具柔毛。羽片3~8(~11)对，基部1对最大，羽状；侧生小羽片1~3对，披针形，(6~13)cm×(1.5~2.5)cm，有短柄，基部圆或圆楔形，先端长渐尖或尾状；顶生小羽片远大于侧生小羽片，长达16~21 cm。单羽片披针形；顶生羽片与单羽片相似或较大；羽片与小羽片边缘具齿。水囊体伸入齿内。

【生境与分布】生于海拔800~2700 m的林下、林缘、路边。分布于东北、华北、华中、西南以及安徽、浙江、江西、福建、台湾、广东、广西、宁夏、陕西、甘肃等地；印度、尼泊尔、巴基斯坦、不丹、越南、日本、朝鲜、俄罗斯亦有。

【药用价值】根状茎入药，补肾除湿，理气止痛。主治肾虚腰痛，白带，风湿性关节炎，跌打损伤。

普通凤了蕨

凤了蕨

凤了蕨
Coniogramme japonica (Thunberg) Diels

【形态特征】植株高70~120 cm。叶柄禾秆色，长30~55 cm；叶片长圆三角形或卵状三角形，宽20~30 cm，二回羽状，草质至纸质，两面光滑。羽片3~5对，基部1对最大，卵状三角形，（20~35）cm×（10~20）cm，柄长1~3 cm；侧生小羽片1~3对，披针形，（10~20）cm×（1.5~3）cm；顶生小羽片很大，阔披针形，（20~25）cm×（2.5~4）cm。第二对羽片三小叶状，二叉，或为像顶生小羽片似的单羽片。羽片或小羽片边缘具锯齿。叶脉网状，沿中肋每侧有1~3行网眼；水囊体伸达锯齿基部以下。

【生境与分布】生于海拔400~1500 m的林下、林缘、路边、河谷。分布于云南、四川、贵州、广西、广东、湖南、湖北、河南、陕西及华东大部分省份；日本、朝鲜半岛亦有。

【药用价值】根状茎、全草入药，祛风除湿，清热解毒，活血止痛。主治风湿骨痛，跌打损伤，经闭，瘀血腹痛，目赤肿痛，乳痈，肿毒初起。孕妇慎用。

黑轴凤了蕨
Coniogramme robusta Christ

【形态特征】植株高50~80 cm。叶柄紫黑色，有光泽，长25~46 cm；叶片长圆形或阔卵形，几与叶柄等长，宽15~28 cm，一回羽状，纸质，两面光滑；叶轴和羽轴下面紫黑色或棕色，稀禾秆色。羽片2~4对，形状大小几乎一致，长圆形或长圆披针形，具短柄，基部圆或浅心形，两侧略不等，边缘具矮钝齿，先端渐尖或急尾状；顶生羽片稍大于侧生羽片。水囊体不伸达齿基部。

【生境与分布】生于海拔700~1300 m的河谷林下、林缘、溪边。分布于四川、广西、贵州、广东、湖南、江西等地。

【药用价值】根状茎、全草入药，清热解毒，祛风除湿，舒筋活络。主治痈疮肿毒，风湿痹痛，腰膝酸软，风疹瘙痒。

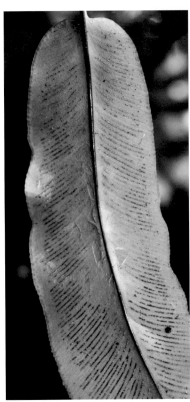

黑轴凤了蕨

稀叶珠蕨

珠蕨属 *Cryptogramma* R. Brown

小型石生草本。根状茎常短而直立，网状中柱，或细长横走，管状中柱，被细小棕色鳞片。叶簇生或罕为远生，二型，能育叶高于不育叶；叶柄上侧暗褐色，下侧淡褐色至禾秆色，叶面具沟槽，被鳞片；不育叶宽卵形或椭圆形，二至四回羽状，光滑；能育叶二至三回羽状；不育裂片的末回裂片卵形、匙形、椭圆形或扇形，每裂片有小脉1条，不达叶边，顶端有膨大的水囊；可育裂片线形或长椭圆形；叶脉分离，羽状，单一或分叉。孢子囊群生小脉顶端，圆形或椭圆形，成熟后向两侧扩散；囊群盖由反折变质的叶边形成，几达主脉，能育裂片形如荚果。

10种，分布于亚洲、欧洲和美洲温带及亚热带的高山地区；我国3种，分布于西南、西北和台湾等地。

稀叶珠蕨
Cryptogramma stelleri (S. G. Gmelin) Prantl

【形态特征】根状茎长而横走，纤细；叶二型，稀疏散生；叶片二回羽状，膜质，不育叶片较短，卵形或卵状长圆形，圆钝头，小脉顶端不具膨大水囊；羽片近圆形，全缘或浅波状；孢子囊群生于小脉顶部，彼此分开，成熟时常汇合。

【生境与分布】生于海拔1700~4200 m的山坡暗针叶林下或高山灌丛中，岩石隙间生。分布于河北、陕西、甘肃、青海、新疆、台湾、云南、西藏等地；日本、喜马拉雅、北美洲等地亦有。

稀叶珠蕨

水蕨亚科 Subfam. CERATOPTERIDOIDEAE

卤蕨属 *Acrostichum* Linnaeus

草本，海岸沼泽植物。根状茎粗壮、直立，网状中柱，维管束多；鳞片暗褐色至黑色，大，宽披针形，全缘。叶二型，或一型而仅顶部羽片能育，奇数一回羽状；羽片具柄，舌状至狭椭圆形，厚纸质至厚革质或肉质，全缘，顶端钝状或渐尖；中肋上微凹，下面粗而隆起，侧脉网结，无内藏小脉。孢子囊散生于能育叶的羽片下面，有并头状分裂的隔丝，无囊群盖。

3种，分布于泛热带海滨及部分亚热带海岸；我国2种，分布于东部沿海、海南、云南南部。

卤蕨
Acrostichum aureum Linnaeus

【形态特征】植株高可达2 m；根状茎直立，顶端密被褐棕色的阔披针形鳞片；鳞片褐棕色，阔披针形。叶簇生，叶柄长30~60 cm，基部褐色，被钻状披针形鳞片，向上为枯禾秆色，光滑；叶面纵沟，在中部以上沟的隆脊上有2~4对互生的、由羽片退化而来的刺状突起。叶片奇数羽状，（60~140）cm×（30~60）cm；羽片多达30对，羽片长舌状披针形，顶端圆，具小突尖，或凹缺而呈双耳状，凹入处往往具微突。叶脉网状，两面可见。叶厚革质，干后黄绿色，光滑。孢子囊满布能育羽片下面，无盖。

【生境与分布】生于海拔10~700 m的湿润雨林中。分布于广东、海南、云南等地；泛热带亦有。

【药用价值】用于治疗创伤、止血、风湿、蠕虫感染、便秘、象皮病等。

卤蕨

水蕨属 *Ceratopteris* Brongniart

一年生水生植物。根状茎短而直立,先端具鳞片。叶簇生,二型;叶柄肉质,疏具鳞片。不育叶薄草质,单一或羽状;叶脉网状。能育叶细而深裂;末回裂片反卷达中肋,覆盖孢子囊群。孢子囊群沿中肋着生,线形。孢子囊大,近无柄。每个孢子囊有16或32个孢子,孢子大,三裂缝,具细而平行的脊状纹饰。

约15种,分布于热带、亚热带地区;我国6种。

水蕨
Ceratopteris thalictroides (Linnaeus) Brongniart

【形态特征】植株高5~12 cm。不育叶5~7 cm;叶柄圆柱形,长2 cm,肉质,不膨大;叶片阔卵形至卵状披针形,(2.5~5.5) cm×(2~3) cm,基部圆楔形至心形,先端钝或渐尖,二回羽裂;羽片1~5对,基部1对最大,卵形至长圆形,基部截形,先端短尖至渐尖。能育叶较大,叶片光滑,卵状三角形,(4~9) cm×(3~6) cm,二回羽状细裂;裂片线状,长1~3.5 cm,宽不到2 mm,强度反卷如假囊群盖。每个孢子囊内有32枚孢子;孢子淡黄色,四面体形,121×122 μm(极轴×赤道轴),表面具清晰的肋条状雕纹。

【生境与分布】生于海拔150 m的河漫滩的鹅卵石中。分布于湖南、湖北及华东、华南和西南(不包括西藏);日本、南亚、东南亚、非洲、澳大利亚、南北美洲、太平洋岛屿亦有。

【药用价值】国家二级保护植物。根状茎、全草入药,消积,散瘀拔毒,止血,止咳,止痢。主治风腹中痞块,痢疾,小儿胎毒,疮疖,咳嗽,跌打损伤,外伤出血。

水蕨

凤尾蕨亚科 Subfam. PTERIDOIDEAE

翠蕨属 *Cerosora* (Baker) Domin

　　植株小，陆生或石生。根状茎直立，疏被细小鳞片。叶一型；叶柄纤弱，光滑；叶片卵形、卵状三角形至披针形，一至四回羽状，薄，通常两面光滑。叶脉分离，分叉，每裂片1小脉，远离叶缘。孢子囊群沿小脉着生，无隔丝，也无囊群盖；孢子三裂缝。

　　约6种，主要分布于热带、亚热带地区；我国2种。

翠蕨

Cerosora microphylla (Hooker)R.M.Tryon

　　【形态特征】植株高6~10 cm。叶柄栗褐色，4~7 cm，光滑；叶片卵状三角形，（2~4）cm×（1.5~3.5）cm，干后薄草质，三回羽裂至三回羽状。羽片约8对，基部1对最大，卵状三角形，具短柄。小羽片上先出，有具翅短柄。末回小羽片或裂片椭圆形或匙形，（2~3）mm×（1~1.5）mm，基部下延及小羽轴，边缘全缘，先端渐尖或钝。叶脉两面可见。

　　【生境与分布】生于海拔1100~1900 m的溪边或小瀑布旁石上。分布于云南、广西、贵州等地；印度、尼泊尔、不丹、缅甸亦有。

翠蕨

粉叶蕨属 *Pityrogramma* Link

陆生中型植物。根状茎短而直立或斜升,被红棕色的钻状全缘薄鳞片,遍体无毛。叶簇生,一型;叶柄紫黑色,有光泽,下部圆形,向顶部有浅沟,基部被鳞片,向上光滑;叶卵形至长圆形,渐尖头,二至三回羽状分裂;叶草质至近革质,叶面光滑,背面密被白色至黄色粉末;羽片多数,披针形,多少有柄,斜上;小羽片多数,基部不对称,上先出,往往多少下延至羽轴,边缘有锯齿;叶脉分离,单一或分叉,不明显。孢子囊群沿叶脉着生,不达顶端,无囊群盖,无隔丝。

约20种,分布于热带非洲、美洲和亚洲;我国1种,分布于海南、台湾和云南南部。

粉叶蕨
Pityrogramma calomelanos (Linnaeus) Link

【形态特征】植株高50~130 cm。根状茎短而直立或斜升,被红棕色狭披针形、长3~5 mm的全缘薄鳞片;叶簇生,一型;叶柄长20~60 cm,栗黑色;叶片卵状披针形,(40~70) cm×(20~30) cm,先端渐尖,二至三回羽状分裂;羽片10~20对,背面被白色或黄色蜡质粉。叶脉分离,单一或分叉,在小羽片上羽状,两面不明显。叶片质地厚纸质,两面无毛,叶面绿色,背面密被白色至黄色粉末而呈黄白色。孢子囊群棕色,无囊群盖,成熟时几布满小羽片的下面。

【生境与分布】生于海拔50~560 m的山谷、溪流边或热带雨林缘。分布于云南、海南和台湾等地;亚洲热带、南美洲和非洲亦有。

粉叶蕨

金粉蕨属 *Onychium* Kaulfuss

中型陆生植物。根状茎长而横走，罕为短而横卧，被鳞片；鳞片披针形，全缘。叶一型至多少二型，远生或近生；叶柄禾秆色或下部通常色深，基部具鳞片，向上光滑；叶片卵形至披针形，草质或纸质，二至五回细羽裂，光滑，羽片互生；末回羽片或裂片狭小，宽1~2 mm，能育者荚果状。叶脉在不育裂片上单一，在能育裂片上羽状，且小脉与边脉相连。孢子囊群沿边脉着生，线形；假囊群盖膜质，连续，但在裂片先端和基部断开。孢子三裂缝。

约10种，生于亚洲和非洲的热带、亚热带地区；我国8种。

黑足金粉蕨
Onychium cryptogrammoides Christ

【形态特征】根状茎长而横走；鳞片棕色，披针形。叶近生或远生；叶柄18~30 cm，基部黑色，向上禾秆色；叶片阔卵形至卵状披针形，（20~38）cm×（10~26）cm，先端渐尖，五回羽状细裂，干后薄草质；侧生羽片10~15对，基部1对最大，卵状三角形，先端渐尖，（12~18）cm×（5~12）cm，有达1 cm的柄；末回小羽片或裂片倒卵形或狭椭圆形，（2~6）mm×1 mm，先端短尖或略呈渐尖；羽轴、小羽轴细弱。

【生境与分布】生于海拔1600~2700 m的山坡疏林下、路边。分布于甘肃、台湾及西南等地；印度、尼泊尔、不丹、缅甸、泰国、越南、老挝、柬埔寨亦有。

【药用价值】全草及根茎入药，利水消肿，止血敛伤，解毒。用于农药、木薯中毒、外伤出血，水肿。

黑足金粉蕨

野雉尾金粉蕨（原变种）

野雉尾金粉蕨（原变种）

Onychium japonicum (Thunberg) Kunze var. *japonicum*

【形态特征】植株高30~60 cm。根状茎长而横走。叶远生；叶柄7~29 cm，基部棕色，向上禾秆色；叶片卵形或卵状披针形，（16~32）cm×（8~13）cm，先端长渐尖，四回羽状细裂，纸质；侧生羽片10~15对，狭卵形；基部1对最大，（6~16）cm×（3~6）cm，先端长渐尖；末回小羽片或裂片椭圆形至披针形，（5~8）mm×（0.8~1.5）mm，先端短尖；羽轴、小羽轴坚挺。

【生境与分布】生于海拔2700 m以下的路边、林缘、山坡。分布于秦岭—淮河以南及山东等地；日本、朝鲜半岛、南亚、东南亚、太平洋岛屿亦有。

【药用价值】叶入药，清热解毒，止血，利湿。主治跌打损伤，烧烫伤，泄泻，黄疸，痢疾，咳血，狂犬咬伤，食物、农药、药物中毒。根状茎入药，清热，凉血，止血。主治外感风热，咽喉痛，吐血，便血，尿血。

栗柄金粉蕨（变种）

Onychium japonicum (Thunberg) Kunze var. *lucidum* (D. Don) Christ

【形态特征】本变种与原变种的主要区别在于植株大，高达90 cm或更高。叶柄棕色至栗褐色。末回小羽片或裂片较长，一般7~10 mm。

【生境与分布】生于海拔1800 m以下的路边、林缘、山坡。分布于甘肃、陕西、湖北、广西、广东、福建、江西、浙江及西南等地；印度、尼泊尔、不丹、巴基斯坦、缅甸、越南亦有。

【药用价值】全草入药，清热解毒，祛风除湿，消炎。主治感冒，胃痛，风湿痛，跌打肿痛，外伤出血，木薯、砷等中毒。

栗柄金粉蕨（变种）

凤尾蕨属 *Pteris* Linnaeus

土生或石生植物。根状茎直立或斜升，被鳞片。叶一型或二型，簇生；叶柄上有沟；叶片多为二至三回羽裂，稀单一，三出或指状，草质，纸质至近革质，两面常光滑，少见有毛；叶脉分离或网状。孢子囊群连续，沿边脉生长，但在羽片或裂片先端及裂片缺刻间断开；孢子三裂缝（少数种类的孢子单裂缝），具赤道环。

约300种，分布于泛热带地区；我国约80种。

线羽凤尾蕨
Pteris arisanensis Tagawa

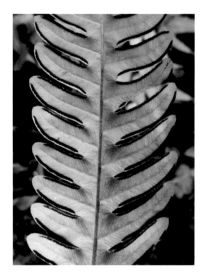

【形态特征】株高83~109 cm。叶柄基部栗褐色，被鳞片，上部禾秆色，略有光泽，37~55 cm，光滑；叶片三回深羽裂，长圆状卵形，（30~54）cm×（20~30）cm；侧生羽片5~10对，对生，多少斜展，无柄或几无柄，披针形，（14~25）cm×（3~4）cm，基部圆楔形，篦齿状深裂达翅状羽轴，先端长尾状；基部1对羽片，常在基部各有一与之相似而小的小羽片；裂片镰状长圆形，全缘，先端钝；顶生羽片与相邻的侧生羽片相似且较大，有长1.5~5 cm的柄；羽轴上具沟，有刺，叶脉自基部分叉，相邻裂片的2小脉在羽片缺刻处形成锐三角形或三角形网眼。

【生境与分布】生于海拔300~1200 m的林下、溪边。分布于云南、四川、贵州、广西、广东、海南、台湾等地；印度、尼泊尔、斯里兰卡、缅甸、泰国、越南亦有。

线羽凤尾蕨

三色凤尾蕨（变种）

Pteris aspericaulis Wallich ex J. Agardh var. *tricolor* (Linden) T. Moore ex E. J. Lowe

【形态特征】植株高1.1 m。叶柄淡紫色，基部有鳞片，向上光滑；叶片三回深羽裂，长圆状卵形，叶片靠近中肋有红色或白色条纹50×38 cm；侧生羽片10对，对生，略斜展，披针形，（16~23）cm×（2.5~5）cm，无柄或具短柄，基部楔形，篦齿状分裂几达羽轴，先端尾状；基部1对羽片近基部有2枚小羽片，形同羽片主体但很小；裂片长圆形至长圆披针形，（10~30）mm×（5~7）mm，全缘，先端通常具小凸尖；顶生羽片与中部侧生羽片相似，有柄；羽轴淡紫色，上面有沟，沿沟有刺；叶脉分离，中脉淡紫色，侧脉自基部二叉。

【生境与分布】生于海拔1000~2000 m的常绿阔叶林下。分布于云南等地；印度和不丹亦有。

三色凤尾蕨（变种）

栗轴凤尾蕨

栗轴凤尾蕨

Pteris bella Tagawa

【形态特征】植株高40~60 cm。根状茎长而斜升, 木质, 先端及叶柄基部密被浅褐色鳞片; 叶柄长35~45 cm, 有光泽, 具基部扩大的鳞片, 下部栗褐色, 上部及叶轴为栗红色。叶片卵形披针形, 一至二回羽状, (30~40) cm × (15~25) cm; 侧生羽片4~7对; 小羽片或裂片20~25对; 侧生基部1对有短柄, 其余无柄, 披针形。叶脉分离, 侧脉单一或分二叉。叶草质, 背面浅绿色, 叶面绿色, 两面光滑无毛。孢子囊群着生于裂片的两侧边缘, 膜质假囊群盖灰白色, 全缘。

【生境与分布】生于海拔1300~1600 m的密林阴处。分布于云南、贵州、广西、海南和台湾等地; 越南亦有。

狭眼凤尾蕨

狭眼凤尾蕨

Pteris biaurita Linnaeus

【形态特征】植株高达1.5 m。叶柄基部具鳞片，向上光滑，禾秆色，35~62 cm；叶片二或三回羽状深裂，卵状长圆形，（32~88）cm×（18~55）cm；侧生羽片6~10对，下部羽片有短柄，上部无柄，披针形，（15~35）cm×（3~7）cm，基部宽楔形，篦齿状分裂，先端尾状；基部1对羽片常在下侧有1或2枚小羽片，形同羽片而小；裂片20~26对，镰状长圆形至镰状披针形，（20~40）mm×（5~10）mm，边缘全缘，先端圆；顶生羽片与侧生羽片相似，但具较长的柄（长过1 cm）。相邻裂片的2条叶脉在羽片缺刻以下形成一狭长网眼；网眼连续，并与羽轴平行。

【生境与分布】生于海拔400~1500 m的路边及溪边林缘。分布于云南、贵州、西藏、台湾及华南等地；泛热带地区亦有。

【药用价值】全草入药，收敛止血，止痢。主治痢疾，泄泻，外伤出血。

欧洲凤尾蕨 凤尾蕨
Pteris cretica Linnaeus

【形态特征】植株高
40~80 cm。叶簇生,近二型;
不育叶柄禾秆色或下部栗
褐色,长16~38 cm;叶片一
回羽状,卵形,(16~30) cm×
(7~20) cm;羽片2~5对,基
部羽片二或三叉,上部羽片披
针形至线状披针形,(6~14)
cm×[1~1.8(~2.5)]cm,边缘
具锐齿。能育叶较高,柄长
20~58 cm;叶片(15~35) cm×
(6~16) cm;羽片狭,(7~20)
cm×(0.5~0.7) cm,下部2对
羽片常二叉。能育叶和不育叶
的顶生羽片下延或不下延;叶
脉两面清晰;叶片绿色或灰
绿色,干后纸质,光滑。

【生境与分布】生于海拔
400~2500 m的林下或石灰岩
缝中。分布于我国热带、亚热
带,北达河南、陕西、甘肃;广
布于热带、亚热带地区。

【药用价值】全草入药,
清热利湿,活血止痛。主治跌
打损伤,瘀血腹痛,黄疸,乳
蛾,痢疾,淋症,水肿,烧烫
伤,犬、蛇咬伤。

欧洲凤尾蕨

指叶凤尾蕨

指叶凤尾蕨
Pteris dactylina Hooker

【形态特征】植株高15~46 cm。根状茎平卧，先端具鳞片。叶簇生，近二型；不育叶与能育叶等长；叶柄禾秆色，纤细，比叶片长甚，6~39 cm；叶片指状，羽片5~7枚，集生于叶柄顶部，中央羽片较长，线形，（3~15）cm×（0.3~0.5）cm，无柄或具短柄，基部楔形，先端渐尖；其余羽片与中央羽片相似而短，多少呈镰状，边缘的远端具锐齿，中部以下全缘或近全缘。能育羽片与不育羽片相似，但只在先端具齿；叶草质，干后灰绿色，两面光滑。

【生境与分布】生于海拔1200~2500 m的荫蔽石上、石隙中。分布于云南、四川、贵州、台湾、西藏等地；印度、尼泊尔、不丹亦有。

【药用价值】全草、根茎入药，清热解毒，利水化湿，定惊。主治痢疾，腹泻，疟腮，淋巴结炎，白带，水肿，小儿惊风，狂犬咬伤。

成忠凤尾蕨

Pteris dangiana X. Y. Wang & P. S. Wang

【形态特征】植株高33~40 cm。根状茎短而斜升，密被鳞片；鳞片红棕色至棕色，线形。叶簇生，近二型。叶柄7~20 cm，下部红棕色，向上禾秆色，光滑，有光泽；叶片近革质，光滑，干后褐绿色，卵形至长圆形，（16~22）cm×（8~10）cm，一回羽状；侧生羽片3~4对，披针形，（5~7）cm×（1~1.5）cm，基部楔形，无柄，多少贴生叶轴，中部以下全缘，向上具矮钝齿；基部羽片分叉或不分叉；顶生羽片与侧生羽片相似，但较大，达13 cm×（1~1.7）cm，有柄，先端尾状。叶脉上面不显，下面可见，下凹。能育叶与不育叶相似而较大，羽片狭。

【生境与分布】生于海拔900 m的溪边石隙。分布于贵州等地。

成忠凤尾蕨

多羽凤尾蕨

Pteris decrescens Christ

【形态特征】植株高58~91 cm。叶柄深禾秆色至棕禾秆色，11~43 cm，幼时被粗毛；叶片草质，二回深羽裂，阔披针形至披针形，基部略缩小，先端尾状，（30~48）cm×（10~20）cm；侧生羽片8~15对，对生，斜展，披针形，基部圆截形，先端尾状，具短柄或无柄；中部羽片（7~15）cm×（2~4）cm；顶生羽片与侧生羽片相似，有0.5~2.8 cm的柄。所有羽片均篦齿状分裂几达羽轴；裂片长圆披针形至线形，（8~18）mm×（~3）mm，边缘全缘，先端钝，并有数个小齿；羽轴下面具多细胞糙毛，上面有深沟和短刺；叶脉显著，侧脉斜展，分叉。

【生境与分布】生于海拔300~900 m的疏林下、灌丛下、石灰岩地区岩洞内外的石隙中。分布于云南、贵州、广西、广东等地；泰国、越南、柬埔寨亦有。

多羽凤尾蕨

多羽凤尾蕨

岩凤尾蕨
Pteris deltodon Baker

【形态特征】植株高10~40 cm。叶簇生，一型；叶柄基部棕色，向上禾秆色，4~25 cm；叶片卵状三角形至卵状长圆形，(4~15) cm×(3~10) cm，三小叶至一回羽状；侧生羽片1~3对，对生，卵状长圆形至披针形，多少镰状，(2.5~8.5) cm×(1~2) cm，基部圆楔形或圆形，具短柄或无柄，先端渐尖或长渐尖（具1对侧生羽片的植物，其羽片先端短尖或钝），羽片的不育部分具牙齿；顶生羽片与侧生羽片相似但较大而直，(3.5~12) cm×[1~2.5(~3)] cm。叶片纸质，两面光滑；叶脉明显，单一或分叉。

【生境与分布】生于海拔400~1500 m的石灰岩地区的石壁、石隙，尤其在各类岩洞内。分布于云南、贵州、四川、广西、广东、湖南、浙江、台湾等地；日本、老挝、越南亦有。

【药用价值】全草入药，清热解毒，消炎止泻。主治泄泻，痢疾，久咳不止，淋症。

岩凤尾蕨

刺齿半边旗　刺齿凤尾蕨

Pteris dispar Kunze

【形态特征】植株高30~90 cm。叶近二型；叶柄栗红色，略有光泽，15~50 cm；叶片卵状长圆形至卵状披针形，（16~40）cm×（8~17）cm，二回羽状深裂；侧生羽片4~7对，三角形至宽三角状披针形，（5~12）cm×（2.5~5）cm，具短柄，羽轴两侧或有时仅下侧篦齿状分裂几达羽轴，先端尾状；下侧裂片比上侧长，而基部裂片最长，（2~4）cm×（0.5~0.7）cm，先端钝或圆，边缘具刺状齿；顶生羽片较大，披针形，对称。能育叶与不育叶相似但较大。叶草质，叶轴栗红色，上面有沟，通常无刺；叶脉分叉，不育裂片上的小脉达边缘。

【生境与分布】生于海拔150~700 m的林下、灌丛下、山坡、沟边。分布于四川、贵州、重庆、广东、广西、湖南、湖北、河南等地；日本、韩国、马来西亚、菲律宾、越南亦有。

【药用价值】全草入药，清热解毒，止血，散瘀生肌。主治泄泻，痢疾，风湿痛，疮毒，跌打损伤，蛇咬伤。

刺齿半边旗

剑叶凤尾蕨

Pteris ensiformis N. L. Burman

【形态特征】植株高(15~)24~60(~90) cm。叶二型；不育叶柄9~20 cm，禾秆色，光滑；叶片长圆形至长圆披针形，(10~18) cm×(3~7) cm，二回羽状；侧生羽片2~4对，对生，斜展，具短柄或无柄；下部羽片卵形或卵状三角形，(2~6) cm×(2~3) cm；小羽片1~4对，对生，无柄，长圆状倒卵形至长圆披针形，基部常下延，全缘，向上具锐齿，先端钝；顶生羽片线形。能育叶与不育叶相似而较大，并具长达57 cm的柄；羽片和小羽片较狭。叶草质；中脉两面凸起；侧脉常分叉。

【生境与分布】生于海拔1100 m以下的酸性山地林下、林缘、灌丛旁及溪边。分布于云南、贵州、四川、重庆、广西、广东、海南、台湾、福建、江西、浙江等地；日本、南亚、东南亚、澳大利亚、太平洋岛屿亦有。

【药用价值】全草、根茎入药，清热解毒，消炎止泻。主治泄泻，痢疾，久咳不止，淋症。

剑叶凤尾蕨

傅氏凤尾蕨
Pteris fauriei Hieronymus

【形态特征】植株高0.5~1.5 m。叶柄禾秆色至棕禾秆色，18~64 cm；叶片三回羽裂，卵形、卵状三角形至卵状长圆形，（32~78）cm×（18~55）cm；侧生羽片3~9对，披针形或狭披针形，（12~35）cm×（2.5~8.8）cm，无柄（基部1对有短柄），基部宽楔形，先端渐尖至尾状，两侧篦齿状分裂几达羽轴；裂片镰状长圆形或披针形，先端钝或圆，全缘，基部裂片多少缩短；基部羽片常在基部下侧有1~2小羽片，与羽片主体相似而小；顶生羽片与侧生羽片相似，但有长达4 cm的柄；叶轴上具沟，沟两侧有刺，叶脉两面明显，主脉上也有刺；叶干后草质至纸质，光滑。

【生境与分布】生于海拔1200 m以下的溪边林下。分布于安徽、浙江、福建、江西以及华南、西南等地；日本、越南亦有。

【药用价值】叶入药，清热利湿，祛风定惊，敛疮止血。主治痢疾，泄泻，黄疸，小儿惊风，外伤出血，烧烫伤。

傅氏凤尾蕨

鸡爪凤尾蕨

Pteris gallinopes Ching ex Ching & S. H. Wu

【形态特征】小型垫状植物，长达23 cm。叶一型或近二型，贴生于岩石表面；叶柄禾秆色，长2~11 cm，光滑；叶片指状或一至二回羽状；若为指状，则羽片或裂片生于叶柄顶部，无明显的叶轴；若为羽状，则羽片2~3对，下部羽片常2~4(~5)叉或羽状（仅具1对小羽片），有明显的叶轴；不论指状或羽状，所有单羽片或裂片均几为线形，（1.5~8）mm ×（0.2~0.4）mm，多少呈镰状弯曲，边缘具齿，先端渐尖或短尖；能育羽片和裂片全缘，只在不育先端具齿。叶片灰绿色，干后坚挺的薄纸质，光滑；叶脉单一或分叉。

【生境与分布】生于海拔800~1500 m的荫蔽的石灰岩壁上、石隙。分布于云南、四川、贵州、广西、湖北等地。

鸡爪凤尾蕨

林下凤尾蕨

林下凤尾蕨

Pteris grevilleana Wallich ex J. Agardh

【形态特征】植株高20~45 cm。根状茎短而直立，粗0.5~1 cm，先端被黑褐色鳞片。叶10~15片簇生，同型；能育叶的柄比不育叶的柄长2倍以上，栗褐色，有光泽，光滑，顶部有狭翅；叶片阔卵状三角形，（10~15）cm×（8~12）cm，二回深羽裂；顶生羽片阔披针形，（8~12）cm×（2.5~3.5）cm，先端尾状，基部下延；能育羽片与不育羽片相似；基部羽片靠近基部具一或多个下侧分枝；叶脉间生有狭线的假叶脉。

【生境与分布】生于海拔150~900 m的林下岩石旁。分布于云南、广西、贵州、广东、海南和台湾等地；南亚、东南亚和东北亚亦有。

狭叶凤尾蕨

狭叶凤尾蕨
Pteris henryi Christ

【形态特征】植株高(10~)25~40(~60) cm。叶近二型；不育叶柄禾秆色至栗褐色，5~13 cm，光滑；叶片一回羽状，卵形至卵状长圆形，(8~30) cm×(3~12) cm；羽片1~3对，对生，十分斜展，线形，(3~20) cm×(0.3~0.4) cm，边缘具小锐齿；基部1对有短柄，常二至四叉，稀单一。能育叶较大，柄达20 cm；羽片达5对，宽2~3 mm，边缘全缘，但不育部分有锯齿。叶草质，两面光滑；叶脉分离。

【生境与分布】生于海拔300~2000 m的石灰岩隙。分布于云南、四川、贵州、重庆、广西、湖南、河南、陕西、甘肃等地；缅甸、越南亦有。

【药用价值】全草入药，清热解毒，利尿，生肌。主治烧烫伤，刀伤，狂犬咬伤，淋症，带下病。

中华凤尾蕨
Pteris inaequalis Baker

【形态特征】植株高62~80 cm。根状茎横卧。叶近生,一型;叶柄禾秆色或棕禾秆色,26~46 cm;叶片二回羽状深裂,卵形至长圆披针形,(34~42) cm×(10~32) cm,基部圆形或圆楔形,先端尾状;侧生羽片3~6对,对生,斜展,无柄或几无柄,狭三角形或镰形,先端长尾状,下侧篦齿状分裂,上侧全缘或有少数裂片;基部1对羽片最大,(10~22) cm×(5~11) cm,下侧有裂片2~7枚;裂片镰状披针形,基部1片最大,(3~10) cm×(0.7~1.5) cm,不育边缘具牙齿,先端钝或渐尖;上部羽片有时不分裂,线形;顶生羽片较大,三角状卵形,篦齿状分裂;叶片草质,光滑;叶轴和羽轴上面具短刺;叶脉分离,分叉或单一。

【生境与分布】生于海拔500~1400 m的林下、溪边、岩洞内。分布于云南、四川、贵州、广西、广东、湖南、江西、福建、浙江等地;印度、日本亦有。

【药用价值】全草入药,清热解毒,利湿消肿。主治小便不利,水肿,痢疾,小儿惊风。

中华凤尾蕨

平羽凤尾蕨

平羽凤尾蕨

Pteris kiuschiuensis Hieronymus

【形态特征】植株高70~90 cm。叶一型；叶柄基部红棕色，具鳞片，38~50 cm，向上禾秆色或棕禾秆色，光滑；叶片三回羽状深裂，卵形至长圆形，(32~42)cm×(20~30)cm；侧生羽片4~8对，对生，平展或几平展，无柄，线状披针形，多少镰状，(12~17)cm×(2~2.8)cm，基部不缩短，近截形，先端渐尖或尾状，篦齿状分裂，沿羽轴形成狭翅；裂片达28对，略斜展，长圆形，有时镰状，全缘，先端圆，(1~1.5)cm×(2.8~3.5)mm；基部1对羽片在靠近基部的下侧有1~2枚篦齿状分裂的小羽片；顶生羽片与侧生羽片相似，有柄(长1~2 cm)。叶草质，光滑；羽轴上面有沟，具刺；叶脉分离，侧脉分叉。

【生境与分布】生于海拔600~1000 m的河谷林下、林缘。分布于四川、贵州、广西、广东、湖南、江西、福建等地；日本亦有。

井栏边草 井栏凤尾蕨

Pteris multifida Poiret

【形态特征】植株高20~40(~85) cm。叶簇生,二型。不育叶大小变化较大,叶柄2~30 cm,光滑;叶片一回羽状,卵形至长圆形,(5~40) cm×(3~20) cm;羽片2~3对,线形,(4~15) cm×(0.4~1) cm,边缘具锐齿,基部羽片常二叉或三叉,有时羽状,上部羽片的基部下延,沿叶轴形成宽3~5 mm的翅,在叶轴下部变狭;顶生羽片单一或二叉至三叉。能育叶较大,叶柄7~20 cm或更长;叶片(7~45) cm×(6~28) cm;羽片4~6 (~11)对,线形,(6~17) cm×(0.3~0.7) cm,不育边缘有齿,其余部分全缘;下部2或3对羽片常二叉或三叉。叶草质,遍体光滑;叶脉分离。

【生境与分布】生于海拔1700 m以下的井边、墙上、石隙。分布于热带、亚热带地区,北达河南、河北、陕西;日本、韩国、菲律宾、越南、泰国亦有。

【药用价值】全草、根茎入药,清热解毒,消炎止血。主治痢疾,黄疸,泄泻,乳痈,带下病,崩漏,烧烫伤,外伤出血。

井栏边草

斜羽凤尾蕨
Pteris oshimensis Hieronymus

斜羽凤尾蕨

【形态特征】植株高50~80(~120) cm。叶一型；叶柄基部红棕色，上部禾秆色，38~39(~74) cm，光滑；叶片卵形至长圆形，三回羽状深裂，（20~42）cm×（8~24）cm；侧生羽片6~9对，披针形，极斜展，叶轴与羽轴形成约50°角；下部羽片（8~18）cm×（1.7~3.3）cm，基部不缩短，宽楔形，先端长渐尖至尾状，篦齿状分裂几达羽轴；裂片长圆形至长圆披针形，全缘，先端钝或圆；基部1对羽片在下侧有1~2与之形体相似的小羽片；顶生羽片与侧生羽片一致，有1~2 cm的柄。羽轴光滑，上面有刺；中脉也有少数针状刺；叶脉分离，侧脉从基部分叉。叶草质，光滑。

【生境与分布】生于海拔500~1200 m的林下、溪边，土生或石隙生。分布于云南、四川、重庆、贵州、广西、广东、湖南、江西、浙江、福建等地；日本、越南亦有。

方柄凤尾蕨

方柄凤尾蕨

Pteris quadristipitis X. Y. Wang & P. S. Wang

【形态特征】植株高达63 cm。根状茎直立。叶簇生，一型；叶柄栗褐色，30~38 cm，横切面几为方形，光滑；叶片卵形，（18~25）cm×（14~20）cm，一回羽状；侧生羽片2~3对，对生，斜展；基部1对具短柄，下侧有1羽片；上部羽片无柄，线状披针形，（10~13）cm×（1.3~1.6）cm，基部楔形或圆楔形，边缘波状，常浅裂，或在每侧各有1或2个裂片，先端渐尖；顶生羽片与侧生羽片相似，但较长，有柄，先端不育，且不育边缘具矮齿；叶片干后灰绿色，纸质，光滑；叶脉明显，中脉下面凸出，上面具沟，沿沟有针状刺，侧脉二叉。

【生境与分布】生于海拔400 m的溪边林下。分布于贵州等地。

半边旗

Pteris semipinnata Linnaeus

【形态特征】植株高50~100 cm。根状茎横卧，先端及叶柄基部被鳞片。叶近生；叶柄17~39 cm，连同叶轴均为栗红色，光滑；叶片羽状，长圆披针形，（22~62）cm×（6~20）cm；侧生羽片4~8对，三角形，略呈镰状；下部羽片（6~17）cm×（2.5~6）cm，下侧篦齿状分裂几达羽轴，上侧通常不分裂；基部不对称；下侧裂片2~9枚，长圆形至长圆披针形，多少镰状，基部1片最长，（2.5~10）cm×（0.5~1）cm，先端钝或常为短尖；不育裂片具锐齿，能育裂片只在不育部分有尖齿；顶生羽片较大，篦齿状分裂几达羽轴，三角形或披针形，先端尾状。叶脉分离，二叉或二回分叉，小脉伸达锯齿基部；叶草质，光滑。

【生境与分布】生于海拔700 m以下的疏林下、溪边或路边酸性土上。分布于云南、四川、贵州、湖南、广西、广东、台湾、福建、江西、浙江等地；日本、南亚和东南亚亦有。

【药用价值】全草、根茎入药，止血，生肌，止痛。主治吐血，外伤出血，发热，疔疮，跌打损伤，目赤肿痛。

半边旗

有刺凤尾蕨 刺脉凤尾蕨
Pteris setulosocostulata Hayata

【形态特征】植株高75~145 cm。叶柄36~75 cm，基部深棕色，疏被鳞片，上部及叶轴禾秆色，光滑；叶片二或三回深羽裂，卵状长圆形，（30~70）cm×（22~42）cm；侧生羽片9~13对，对生，斜展，下部有短柄，狭披针形，（14~26）cm×（2~4）cm，基部不缩小，近截形，先端尾状，篦齿状分裂几达羽轴；裂片长圆形至长圆披针形，先端圆，全缘；顶生羽片与侧生羽片相似；基部1对羽片通常在下侧有3~4枚小羽片；叶纸质，光滑；羽轴、小羽轴及主脉上有沟并具针状刺；叶脉两面明显，侧脉分叉。

【生境与分布】生于海拔600~1700 m的林下或溪谷内。分布于云南、贵州、四川、西藏、台湾等地；日本、菲律宾、印度、尼泊尔亦有。

【药用价值】全草入药，清热解毒，止血止痢。用于感冒，痢疾，外伤出血等症。

有刺凤尾蕨

隆林凤尾蕨

Pteris splendida Ching ex Ching & S. H. Wu

【形态特征】植株高过1 m。根状茎短而斜升，连同叶柄基部具鳞片；鳞片线状披针形，两色：中部深棕色，边缘淡棕色。叶簇生，一型；叶柄60~92 cm，基部深棕色，上部至叶轴禾秆色，光滑；叶片三回羽状深裂，狭卵形，（60~92）cm×（22~40）cm；侧生羽片7~9对，对生，斜展，（28~47）cm×（5~9）cm，篦齿状分裂几达羽轴，先端线状尾形（尾长达7 cm）；基部1对羽片最大，有柄，在基部下侧有1篦齿状深裂的小羽片；上部羽片有短柄至逐渐无柄；顶生羽片与侧生羽片相似，但有长柄；裂片线状披针形，多少镰状，全缘，先端有小突尖；羽轴光滑，上面具沟，沿沟有扁刺，中脉上有短刺；叶脉明显，侧脉从基部分叉；叶纸质，光滑。

【生境与分布】生于海拔500~1000 m的密林下、河谷溪边。分布于广西、湖南、贵州等地。

隆林凤尾蕨

三叉凤尾蕨

Pteris tripartita Swartz

【形态特征】植株高2 m以上。根状茎短而直立,先端及叶柄基部被灰褐色鳞片。叶簇生;叶柄长1~1.5 m,暗棕色;叶片宽卵形,长0.8~1 m,三至四回深羽裂;自叶柄顶端分3枝,中央一枝长圆形,(80~100) cm×(25~30) cm,柄长10~12 cm,侧生两枝小于中央一枝,通常在下侧再二至三回分枝;小羽片20~30对;裂片14~25对,长1~3 cm,间距2~5 mm,互生,镰刀状披针形;羽轴、小羽轴生有网眼。叶干后薄纸质,褐绿色,近无毛。

【生境与分布】生于海拔430~2000 m的雨林下或疏林中。分布于广西、广东、海南、台湾和湖南等地;南亚、东南亚、大洋洲和非洲亦有。

三叉凤尾蕨

蜈蚣草

蜈蚣草　蜈蚣凤尾蕨
Pteris vittata Linnaeus

【形态特征】植株高(20~)30~100(~150) cm。根状茎直立, 先端密被鳞片; 鳞片狭披针形, 黄棕色。叶簇生; 叶柄深禾秆色或淡棕色, 8~30 cm, 直至叶轴疏被鳞片; 叶片一回羽状, 倒披针形, (20~101) cm×(5~22) cm; 侧生羽片20~50对, 无柄, 中部最大, 线形, (3~17) cm×(0.6~1.3) cm, 基部稍扩大, 心形, 两侧耳形, 先端渐尖至尾状, 不育边缘有密而细的锯齿; 下部羽片向基部逐渐缩小, 基部1对耳形; 顶生羽片与中部相同; 叶纸质至薄革质; 叶轴和中肋下面幼时被线形鳞片和节状毛, 叶脉纤细, 单一或分叉。

【生境与分布】生于海拔3100 m以下的林缘或路边石缝中。分布于我国热带、亚热带地区; 旧热带、亚热带广布。

【药用价值】全草、根茎入药, 祛风除湿, 清热解毒。主治流行感冒, 痢疾, 风湿疼痛, 跌打损伤, 虫、蛇咬伤, 疥疮。

西南凤尾蕨（原变种）

Pteris wallichiana J. Agardh var. *wallichiana*

【形态特征】植株高1.4~1.7 m。叶近生至簇生，一型；叶柄51~70 cm，基部粗2 cm，深禾秆色或棕色，幼时密被节状毛，粗糙；叶片五角形，(64~100) cm×(70~100) cm；三至四回深羽裂，叶柄顶端三叉。中央枝的羽柄11~18 cm，羽片长圆形，(52~86) cm×(34~54) cm，基部狭缩或不狭缩，先端渐尖；小羽片11~15对，有短柄或无柄，狭长圆披针形；中部小羽片(15~30) cm×(3~9) cm，篦齿状分裂；裂片下先出，长圆披针形至线状披针形，(1.5~5) cm×(3~7) mm，先端钝或短尖；顶生小羽片与侧生小羽片相似而有长达1 cm的柄。两侧枝与中央枝相似而较小；基部小羽片在基部下侧常扩大，有时产生1枚次级的分裂小羽片。叶草质；小羽轴上有短刺；叶脉明显，沿小羽轴两侧各有1列狭网眼。

【生境与分布】生于海拔2200 m以下的山谷林下。分布于湖南、江西、台湾及华南和西南等地；日本、印度、尼泊尔和东南亚亦有。

【药用价值】全草入药，清热止痢，定惊，止血。主治痢疾，外伤出血，小儿惊风。

西南凤尾蕨（原变种）

云南凤尾蕨（变种）

Pteris wallichiana J. Agardh var. *yunnanensis* (Christ) Ching & S. H. Wu

【形态特征】本变种与原变种的主要区别在于植株高达2 m。叶柄、叶轴栗红色；小羽轴密生多细胞毛；裂片短尖。

【生境与分布】生于海拔2100 m的谷底。分布于云南、贵州等地；印度、尼泊尔亦有。

云南凤尾蕨（变种）

筱英凤尾蕨

Pteris xiaoyingiae H. He & Li Bing Zhang

【形态特征】植株高不及7 cm。根状茎斜升，先端疏被鳞片；鳞片钻形，深棕色。叶一型，近生；叶柄2.5~4(~5.5) cm，基部以上光滑；叶片具3小叶，（2~2.5）cm×（2.5~4）cm；羽片3，指状排列，厚纸质至革质；顶生羽片最大，卵状披针形，[1.5~2.5(~3.1)]cm×（1~1.4）cm，无柄或偶有柄，基部楔形，有时下延，先端钝；侧生羽片对生，卵状长圆形，（1~1.5）cm×（0.7~1）cm，无柄或有具1~1.5 mm的柄，基部楔形或下侧宽楔形，先端圆或钝；通常每一侧生羽片基部下侧有一几乎分离的裂片；不育羽片和裂片在楔形的基部全缘，向上的边缘有锯齿，能育羽片顶端有几个锯齿。叶脉分离，侧脉通常分叉。

【生境与分布】生于海拔800 m的石灰岩洞口石壁上。分布于贵州、广西等地。

筱英凤尾蕨

竹叶蕨属 *Taenitis* Willdenow ex Schkuhr

陆生植物。根状茎横走,密被暗栗色的刚毛状鳞片。叶柄基部有1、2或4条维管束,在上部汇合;叶柄上部具沟槽;叶为单叶或一回奇数羽状,顶生羽片1枚与侧生羽片相似;羽片不分裂,全缘,披针形,厚纸质至革质,光滑,能育叶羽片较不育叶羽片狭;叶脉网结成网眼,不具内藏小脉。孢子囊为狭长线形,常位于中脉与叶边缘之间,沿叶脉不规则着生,或遍布于收缩的能育叶羽片背面;无囊群盖,隔丝有多行细胞。

15种,分布于斯里兰卡、印度南部、中国、印度尼西亚和马来西亚至昆士兰北部和斐济群岛;我国1种。

竹叶蕨
Taenitis blechnoides (Willdenow) Swartz

【形态特征】根状茎长而横走,直径1~2 mm,先端具刚毛;叶柄长40~70 cm,叶面有沟槽,光滑;叶片一回羽状,略二型;不育羽片线形或线状披针形,具短柄;能育羽片较狭窄,宽1.2~3 cm;叶脉全网状,无内藏小脉;孢子囊群线形,在中脉和叶缘间形成纵向狭带。

【生境与分布】生于海拔400~1000 m的林下,土生。分布于台湾、海南等地;南亚、东南亚和太平洋岛屿亦有。

竹叶蕨

书带蕨亚科 Subfam. VITTARIOIDEAE

铁线蕨属 *Adiantum* Linnaeus

陆生或石生植物。根状茎直立或横走，被鳞片。叶簇生至远生；叶柄黑色或红棕色，有光泽，易碎；叶片通常一至四回羽状或一至三回二叉分枝，罕为单叶，草质或纸质；叶轴、羽轴、小羽轴与叶柄同色；小羽片有时有具关节的柄，卵形、扇形、团扇形，或对开式的，边缘有齿、分裂或全缘；叶脉分离达叶缘，单一或二歧分叉，常呈放射状。孢子囊群为假囊群盖所覆盖；假囊群盖上有小脉；孢子三裂缝。

超过200种，分布于温带至热带地区；我国34种。

毛足铁线蕨
Adiantum bonatianum Brause

【形态特征】植株高30~74 cm。根状茎长而横走，连同叶柄基部密生鳞片和毛；鳞片棕黑色，披针形，而毛棕色，长，多细胞。叶近生；黑紫色，有光泽，长10~34 cm，远端光滑；叶片卵形至宽卵形，三至四回羽状，（20~40）cm×（15~25）cm；羽片5~8对，斜展，有柄；末回小羽片扇形，（5~9）mm×（4~10）mm，先端圆，密具三角形芒齿，基部楔形，有短柄。叶薄草质，绿色，两面光滑。每一小羽片上有孢子囊群2~5枚；假囊群盖圆形或圆肾形，宿存。

【生境与分布】生于海拔1400~2200 m的林下、林缘石隙。分布于云南、四川、贵州等地；尼泊尔、不丹、孟加拉国、缅甸等亦有。

【药用价值】全草入药，清热解毒，利尿通淋。主治痢疾，尿路感染，白浊，乳腺炎。

毛足铁线蕨

团羽铁线蕨
Adiantum capillus-junonis Ruprecht

【形态特征】植株高10~20 cm。根状茎短而直立；鳞片深棕色，狭披针形。叶簇生；叶柄栗褐色至紫黑色，有光泽，长2~6 cm，细如铁丝，基部疏被鳞片，上部光滑；叶片一回羽状，狭披针形，（8~15）cm×（2~3）cm，先端常伸长成鞭状匍匐枝，生根形成新株；羽片5~8对，有柄，具关节，团扇形或圆形，基部圆楔形或圆形，不育羽片的上缘具牙齿；能育羽片的不育部分有2~5枚浅钝齿。叶草质，干后黄绿色；叶脉两面可见。孢子囊群每一羽片上有1~5枚；假囊群盖棕色，圆形或肾形，但多为长圆形，甚至条形。

【生境与分布】生于海拔700~1800 m的石灰岩地区溪边、林缘、岩洞内外的石壁、石隙。分布于云南、四川、贵州、广西、广东、台湾、湖南、河南、山东、河北、山西、甘肃等地；日本、朝鲜亦有。

【药用价值】全草入药，清热解毒，补肾止咳。主治痢疾瘰疬，疮痈，毒蛇咬伤，烧烫伤。

团羽铁线蕨

铁线蕨

Adiantum capillus-veneris Linnaeus

【形态特征】植株高15~40 cm。根状茎横走；鳞片棕色，狭披针形。叶远生或近生；叶柄10~20 cm，细弱，基部被鳞片，上部光滑；叶片二至三回羽状，卵状三角形至长圆状卵形，（10~20）cm×（5~15）cm，基部圆楔形；羽片3~5对，有柄，基部1对羽片较大，一至二回羽状，卵状三角形；小羽片2~4对，互生，斜展；有柄，斜扇形，基部斜楔形，上缘具锐齿并或深或浅的分裂。叶草质，两面光滑。叶脉两面明显。每一小羽片上有孢子囊群3~8(~12)枚；假囊群盖长圆形、肾形或圆形。

【生境与分布】生于海拔300~1600 m的溪边、泉边、瀑布旁、石灰岩洞口内外，土生或石隙生。分布于我国华北、西北及南方各省区；世界性分布。

【药用价值】全草入药，清热解毒，利湿消肿，利尿通淋。主治痢疾，瘰疬，肺热咳嗽，肝炎，淋症，毒蛇咬伤，跌打损伤。

铁线蕨

鞭叶铁线蕨
Adiantum caudatum Linnaeus

【形态特征】植株高15~30 cm。根状茎直立；鳞片褐色，披针形。叶簇生；叶柄深褐色，长3~8 cm，密被褐色多细胞硬毛；叶片一回羽状，线状披针形，（20~30）cm×（2~3）cm，基部稍狭，先端常伸长成鞭状葡匐枝，生根形成新株；羽片25~35对，互生，略斜展，下部羽片渐缩小，中部羽片近长圆形，（1~1.7）cm×（0.4~0.7）cm，纸质，褐绿色，两面疏被多细胞硬毛及密柔毛，毛在下面排列杂乱，基部不对称，下缘直而全缘，上缘和外缘分裂成多数狭裂片。叶脉两面可见。孢子囊群每一羽片上4~10枚；假囊群盖圆形或长圆形，被毛，全缘，宿存。

【生境与分布】生于海拔200~700 m的河谷石隙。分布于云南、贵州、广西、广东、海南、台湾、福建、江西、浙江等地；亚洲热带、亚热带亦有。

【药用价值】全草入药，清热解毒，利水消肿。主治痢疾，水肿，小便淋浊，乳痈，烧烫伤，毒蛇咬伤，口腔溃疡。

鞭叶铁线蕨

白背铁线蕨
Adiantum davidii Franchet

白背铁线蕨

【形态特征】植株高16~30 cm。根状茎长而横走；鳞片棕色，有光泽，卵状披针形。叶远生；叶柄深栗褐色，10~21 cm，基部被鳞片，上部光滑；叶片三回羽状，三角状卵形，(8~15) cm × (5~10) cm，先端渐尖；羽片3~5对，斜展；基部1对羽片最大；末回小羽片扇形，长与宽相等，4~7 mm，基部楔形，上缘圆形，密具三角形齿，齿端芒状，两侧边缘全缘。叶近纸质，叶面绿色，背面灰绿色或灰白色，两面光滑。叶脉两面明显。每个小羽片上有孢子囊群 1 枚，稀 2 枚；假囊群盖深棕色，肾形或圆肾形，全缘，宿存。

【生境与分布】生于海拔2000~2700 m的林下或竹丛下石隙。分布于云南、四川、贵州、河南、陕西、甘肃、山西、河北等地。

【药用价值】全草入药，清热解毒，利水通淋。主治痢疾，尿路感染，血淋，乳糜尿，睾丸炎，乳腺炎。

普通铁线蕨
Adiantum edgeworthii Hooker

【形态特征】植株高10~30 cm。根状茎直立；鳞片线状披针形，深棕色或黑色，边缘色淡。叶簇生；叶柄栗褐色，有光泽，长5~8 cm，基部被鳞片，上部光滑；叶片一回羽状，线状披针形，（10~20）cm×（1.5~3）cm，基部不变狭或稍狭，先端渐尖，常伸长成鞭状匍匐枝，生根形成新株；羽片10~30对，具短柄，中部羽片平展，对开式，三角形或斜长圆形，（1~1.5）cm×（0.5~0.8）cm，纸质，两面光滑，基部不对称，上侧截形，下缘和内缘直而全缘，上缘浅裂成2~5裂片，先端短尖或钝。叶脉两面可见。孢子囊群和假囊群盖圆形或长圆形。

【生境与分布】生于海拔400~1800 m的石上、石隙或土生。分布于云南、四川、西藏、贵州、广西、台湾、山东、河南、河北、辽宁、甘肃等地；印度、尼泊尔、不丹、日本及东南亚亦有。

【药用价值】全草入药，利尿通淋，止血。主治热淋，血淋，刀伤出血。

普通铁线蕨

肾盖铁线蕨

肾盖铁线蕨
Adiantum erythrochlamys Diels

【形态特征】植株高达30 cm。根状茎斜升或横走；鳞片密，栗黑色，狭披针形。叶簇生或近生；叶柄栗褐色，有光泽，5~15 cm，基部密被鳞片，上部光滑；叶片二至三回羽状，狭卵形至卵状披针形，（8~15）cm×（3~5）cm；羽片4~8对，互生，有柄，卵形，斜展；末回小羽片狭扇形或倒卵形，基部楔形，先端圆，全缘或有几个钝齿。叶纸质，两面光滑。每个小羽片上有孢子囊群1枚，稀2枚；假囊群盖圆形或圆肾形，上缘深凹，全缘，宿存。

【生境与分布】生于海拔500~1900 m的溪边林下、石上或石隙。分布于四川、重庆、贵州、西藏、湖北、河南、陕西、台湾等地。

【药用价值】全草入药，利水通淋，清热解毒。主治小便淋沥涩痛，瘰疬，溃疡。

扇叶铁线蕨

扇叶铁线蕨
Adiantum flabellulatum Linnaeus

【形态特征】植株高20~70 cm。根状茎直立；鳞片棕色，有光泽，线状披针形。叶簇生；叶柄深棕色至黑紫色，有光泽，长15~50 cm，基部疏被鳞片，上部光滑；叶片扇形，（10~24）cm×（12~22）cm，二至三回二叉分枝；中部羽片通常较长，奇数一回羽状，线状披针形，（8~15）cm×（1.5~2.5）cm；外侧羽片与中部相似而略短，小羽片10~20对，互生，稍斜展，有柄，斜扇形或长圆形，外缘和上缘圆形或近圆形；不育小羽片的上缘有细锐牙齿，基部斜楔形。叶纸质，光滑，干后黄绿色或棕色；羽轴、小羽轴及小羽柄与叶柄同色，上面有红棕色的毛，下面光滑。孢子囊群长圆形至短线形；假囊群盖光滑，全缘，宿存。

【生境与分布】生于海拔1100 m以下的酸性山地的林下、林缘及旷地。分布于云南、四川、贵州、湖南、广西、广东、海南、台湾、福建、江西、浙江、安徽等地；日本、南亚和东南亚亦有。

【药用价值】全草入药，清热利湿，解毒，祛瘀消肿。主治感冒发热，肝炎，痢疾，肠炎，泌尿系结石，跌打肿痛，骨折；外用治疔疮，烧烫伤，蛇咬伤。

白垩铁线蕨
Adiantum gravesii Hance

【形态特征】植株高5~16 cm。根状茎直立；鳞片棕色至紫棕色，线状披针形。叶簇生；叶柄栗黑色，纤细，有光泽，长2~8 cm，光滑；叶片一回羽状，常为长圆形，（3~8）cm×（2~3）cm；叶轴和羽柄与叶柄同色；侧生羽片2~5对，互生或对生，略斜展，倒卵形至阔倒卵形，（1~1.5）cm×（0.8~1.2）cm；柄长1~3 mm，有关节，羽片脱落后宿存；叶纸质，背面灰白色，叶面灰绿色，两面光滑，基部楔形或圆楔形，先端圆。叶脉两面可见。每一羽片上有孢子囊群1~2枚；假囊群盖新月形、长圆形至线形。

【生境与分布】生于海拔500~1200 m的阴湿石灰岩洞内外的石壁、石隙。分布于云南、四川、重庆、贵州、广东、广西、湖北、湖南、浙江等地；越南亦有。

【药用价值】全草入药，清热解毒，利水通淋。主治血淋，乳腺炎，膀胱炎，吐血。

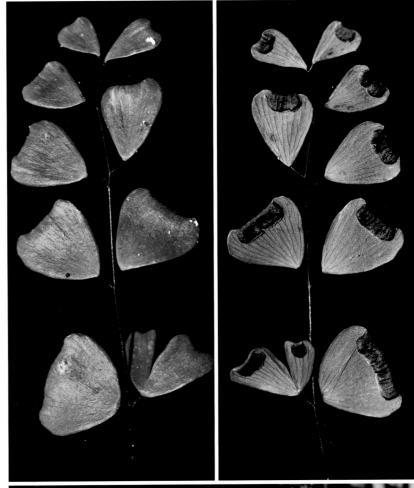

白垩铁线蕨

圆柄铁线蕨　海南铁线蕨
Adiantum induratum Christ

【形态特征】根状茎短而直立,密被褐棕色狭披针形鳞片。叶簇生;叶片阔卵形,长10~20 cm,宽6~10 cm,二至四回羽状分枝,羽片2~4对,互生,斜向上,具柄;基部1对羽片最大,奇数二至三回羽状;侧生小羽片2对,互生,彼此疏离;能育叶的末回小羽片近圆形,内缘和下缘直而全缘,基部阔楔形或截形,外缘及上缘圆形或近圆形,全缘或有少数缺刻;不育叶的末回小羽片稍大,长圆形,基部阔楔形,全缘,外缘及上缘具波状浅裂,边缘具细齿;顶部的小羽片与下部的末回小羽片同形而略变小,顶生小羽片扇形,略大于其下的侧生小羽片,均具有长2~4 mm的柄,柄端具关节,干后羽片易从柄端脱落而柄宿存;第二对羽片距基部第一对羽片约5 cm,向上各对均与基部同形而逐渐变小。叶脉多回二歧分叉,直达边缘,两面均明显。叶两面均无毛;叶轴、各回羽轴和小羽柄均为褐棕色,有光泽,上面密被黄褐色短茸毛,下面光滑。每一羽片上有孢子囊群4~6枚(罕1~2枚),横生于末回小羽片的上缘;囊群盖肾形、短线形或长圆形,褐色,上缘平截或略凹陷,全缘,革质,宿存。

【生境与分布】生于海拔110~800 m的路旁林下酸性土或林缘。分布于广东、海南、贵州、广西、云南等地;越南分布较广。

圆柄铁线蕨

假鞭叶铁线蕨 马来铁线蕨
Adiantum malesianum J. Ghatak

【形态特征】植株高15~45 cm。根状茎短而直立；鳞片褐色，狭披针形。叶簇生；叶柄褐色，长5~22 cm，基部密被与根状茎上同样的鳞片，整个叶柄上并有多细胞节状毛；叶片一回羽状，线状披针形，（10~23）cm ×（1.5~3.4）cm，向上渐狭，基部不变狭；羽片13~35对，无柄或有短柄，对开式，（1~2）cm ×（0.6~1）cm，上缘和外缘或深或浅的分裂成多个狭裂片；基部羽片较大，半圆形；叶轴密生与叶柄同样的毛，叶轴先端常伸长成鞭状匍匐枝，生根形成新株；叶纸质，褐绿色，下面密被棕色多细胞硬毛并具有序地朝外开的贴伏毛；上面疏被短毛。叶脉多回二叉分枝。每一羽片上有孢子囊群3~15枚；假囊群盖圆肾形，被毛。

【生境与分布】生于海拔200~1600 m的石灰岩地区石上、石隙。分布于云南、四川、重庆、贵州、广东、广西、海南、湖南、江西、台湾等地；南亚、东南亚、太平洋岛屿亦有。

【药用价值】全草入药，清热解毒，利水通淋。主治血淋，乳腺炎，膀胱炎，吐血。

假鞭叶铁线蕨

小铁线蕨
Adiantum mariesii Baker

【形态特征】植株小，高2~4 cm。根状茎短而直立；鳞片深棕色，线状披针形。叶簇生；叶柄栗褐色，长1~1.5 cm；叶片卵形至长圆形，一回羽状，（1.5~3）cm×1 cm；羽片1~4对，互生，有柄，具关节，斜展，几为圆形或长圆形，（2.5~5）mm×（2.5~5）mm；顶生羽片与侧生羽片相同。叶脉放射状，两面可见。每一羽片上有孢子囊群1枚；假囊群盖圆形或长圆形。

【生境与分布】生于海拔500~1000 m的石灰岩地区洞旁、小瀑布旁及林下石壁上。分布于贵州、重庆、湖南、湖北、广西等地。

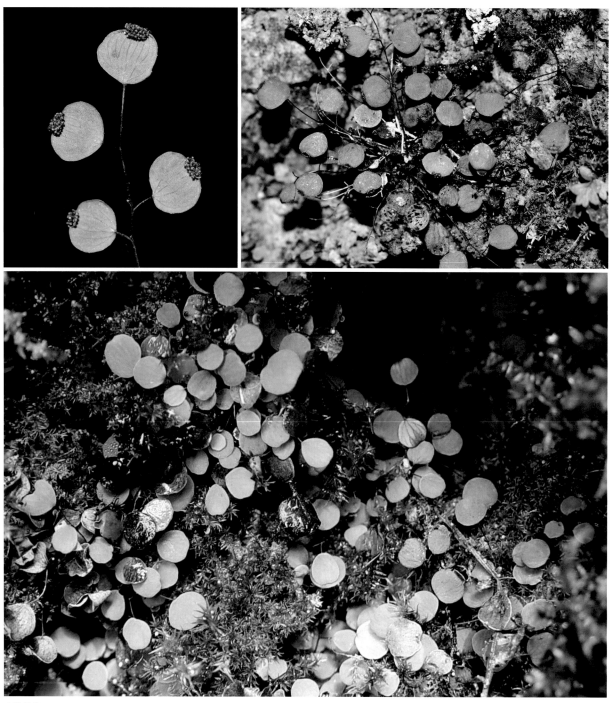

小铁线蕨

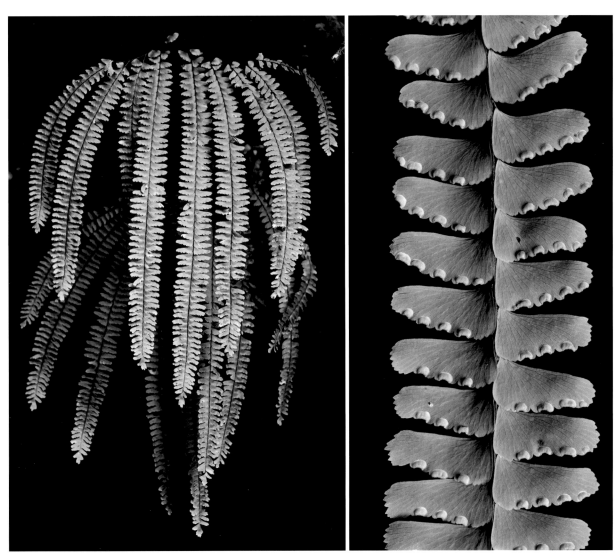

灰背铁线蕨

灰背铁线蕨
Adiantum myriosorum Baker

【形态特征】植株高25~68 cm。根状茎直立或横卧；鳞片棕色，阔披针形。叶簇生或近生；叶柄乌木色，长14~30 cm，基部被鳞片，上部光滑；叶片二叉分枝，阔扇形，达38 cm×（16~40）cm，每一分枝上有羽片4~6条，奇数一回羽状，线状披针形，中部羽片最长，达35 cm×（1.8~3）cm；外侧羽片渐变短；小羽片20~40对，互生，平展，有细短柄，对开式，三角形至斜长圆形，先端钝，具锐齿；叶干后草质至纸质，两面光滑，背面灰色或灰白色。每个小羽片上有孢子囊群3~6枚；假囊群盖肾形或长圆形。

【生境与分布】生于海拔900~2000 m的林下、林缘、溪边及滴水岩旁。分布于云南、四川、重庆、贵州、西藏、湖南、湖北、河南、陕西、甘肃、安徽、浙江、台湾等地；印度、尼泊尔、不丹、缅甸亦有。

【药用价值】全草入药，清热，利水，活血。主治小便癃闭，跌打损伤，烫伤，冻疮。

掌叶铁线蕨

掌叶铁线蕨
Adiantum pedatum Linnaeus

　　【形态特征】植株高40~60 cm。根状茎直立或横卧，被褐棕色阔披针形鳞片。叶簇生或近生；柄长20~40 cm，叶柄栗色或棕色；叶片阔扇形，长宽可达30 cm×40 cm，从叶柄的顶部二叉成左右两个弯弓形的分枝，再从每个分枝的上侧生出4~6片一回羽状的线状披针形羽片，各回羽片相距1~2 cm，中央羽片最长，可达28 cm；小羽片20~30对，互生，斜展，上部边缘分裂至长度的1/3~1/2，先端钝齿状，背面绿色；每一小羽片上有孢子囊群4~6枚；囊群盖淡灰绿色或褐色，膜质，全缘，宿存，上部边缘微凹。

　　【生境与分布】生于海拔350~3100 m的山地针叶林下或灌木丛中。分布于黑龙江、吉林、辽宁、河北、河南、山西、甘肃、四川、云南、西藏等地；喜马拉雅南部、朝鲜、日本及北美洲亦有。

　　【药用价值】全草入药，清热利湿，调经止血。主治泌尿系统感染，肾炎水肿，小便不利，黄疸型肝炎，痢疾，白带，风湿骨痛，肺热咳嗽，小儿高热，痈肿初起，月经不调，吐血，血尿，崩漏。

半月形铁线蕨

Adiantum philippense Linnaeus

【形态特征】植株高15~45 cm。根状茎直立；鳞片棕色，披针形。叶簇生；叶柄栗褐色，有光泽，长9~22 cm，基部被鳞片，上部光滑；叶片一回羽状，长圆披针形，(6~23) cm×(3~6) cm，先端有时伸长成鞭状匍匐枝，生根形成新株；羽片5~10对，互生，平展或斜展，有长柄，具关节；中部以下的羽片大小几相等，对开式的半月形或半圆状肾形，(1.5~3.5) cm×(1~1.8) cm；草质，两面光滑，上缘圆形，先端钝或下弯；不育羽片在上缘分裂，能育羽片近全缘或有2~6个浅缺刻；上部羽片较小；顶生羽片扇形。叶脉两面可见。每一羽片上有孢子囊群2~6枚；假囊群盖长圆形至线形。

【生境与分布】生于海拔300~1100 m的林下、溪边酸性土上。分布于云南、四川、贵州、台湾及华南等地；亚洲热带及亚热带、非洲、大洋洲亦有。

【药用价值】全草入药，活血散瘀，利尿，止咳。主治乳痈，小便涩痛，淋症，发热咳嗽，产后瘀血，血崩。

半月形铁线蕨

荷叶铁线蕨

荷叶铁线蕨
Adiantum nelumboides X. C. Zhang

【形态特征】植株高5~20 cm。根状茎短而直立，先端密被棕色披针形鳞片和多细胞的细长柔毛。叶簇生，单叶；柄长3~14 cm，深栗色；叶片圆形或圆肾形，直径2~6 cm，叶柄着生处有1或深或浅的缺刻，叶片上围绕着叶柄着生处，形成1~3个同心圆圈，叶片的边缘有圆钝齿牙，叶片下面被稀疏的棕色多细胞长柔毛。叶脉由基部向四周辐射，多回二歧分枝，两面可见。叶干后草绿色，纸质或坚纸质。囊群盖圆形或近长方形，上缘平直，沿叶边分布，彼此接近或有间隔，褐色，膜质，宿存。

【生境与分布】成片生于海拔350 m的覆有薄土的岩石上及石缝中。分布于四川、重庆等地。

【附注】国家一级保护植物。

月芽铁线蕨
Adiantum refractum Christ

【形态特征】植株高12~40 cm。根状茎横卧；鳞片密，棕色，披针形。叶近生；叶柄棕色至栗黑色，有光泽，5~18 cm，基部被鳞片，上部光滑；叶片二至三回羽状，卵形或狭卵形，（7~22）cm×（4~12）cm，基部楔形，先端短尖或渐尖；羽片5~10对，互生，斜展，有柄，卵形至披针形；下部羽片一或二回羽状，（3~12）cm×（1.5~5）cm；末回小羽片斜扇形，（5~12）mm×（6~15）mm，基部常不对称，楔形至宽楔形，上缘浅裂或中裂，裂片全缘。叶草质，干后背面黄绿色至灰绿色，两面光滑。叶脉两面可见。每个小羽片上有孢子囊群2~5枚；假囊群盖圆肾形、长圆形至短线形。

【生境与分布】生于海拔1400~2600 m的林下、林缘、沟边石上或石灰岩洞口石壁上。分布于云南、四川、贵州、重庆、西藏、湖北、湖南、陕西、浙江等地；印度、尼泊尔亦有。

月芽铁线蕨

车前蕨属 *Antrophyum* Kaulfuss

小型至中型附生或石生植物。根状茎短而直立或横卧，密被鳞片；鳞片粗筛孔状，深棕色，披针形。叶为单叶；叶片肉质，较厚，披针形、倒卵形或条带形；无中肋或仅在叶片中部以下有之；侧脉网状，无内藏小脉。孢子囊群沿叶脉伸展，形成网状或分枝的汇生囊群，表面生或下陷；有隔丝而无囊群盖。孢子三裂缝。

约40种，分布于旧热带地区；我国9种。

台湾车前蕨
Antrophyum formosanum Hieronymus

【形态特征】根状茎细而短，先端及叶柄基部密被鳞片；鳞片黑褐色，披针形，先端长渐尖，边缘具微齿，粗筛孔状，透明；叶近生或簇生。叶柄具狭翅；叶片长圆披针形，（10~20）cm×（1.5~3）cm，先端急尖，下部长下延；无中肋及侧生主脉，小脉多次二歧分叉，联结成多列长条形的网眼。叶革质，叶片两面光滑，全缘，叶脉上面隆起，网状。孢子囊群线形，多条，联结成网状；隔丝带状，棕褐色。

【生境与分布】生于海拔1000 m以下的林中阴湿处岩石上或山谷溪边岩石上。分布于台湾等地；日本亦有。

台湾车前蕨

车前蕨　亨利车前蕨

Antrophyum henryi Hieronymus

【形态特征】植株高达13 cm。根状茎短而横卧；鳞片深褐色，狭披针形，边缘具牙齿。叶簇生；叶柄不明显；叶片厚草质，狭披针形，(5~13)cm×1 cm，中部最宽，向两端渐狭，边缘全缘；中肋不显；叶脉网状。孢子囊群沿叶脉着生，连续或中断，或形成网眼，下部1/3不育；隔丝带状，宽约70 μm。

【生境与分布】生于海拔400~600 m的河谷溪边石上。分布于云南、贵州、广东、广西等地；印度、泰国亦有。

【药用价值】全草入药，清热止咳。主治咳嗽。

车前蕨

长柄车前蕨

长柄车前蕨
Antrophyum obovatum Baker

【形态特征】植株高15~30 cm。根状茎直立或斜升；鳞片褐色，披针形，边缘睫状。叶簇生；叶柄约与叶片等长，压扁，基部具有与根状茎上相同的鳞片，向上光滑；叶片鲜时肉质，干后薄革质，倒卵形或狭卵形，（8~15）cm×（3~7）cm，中部或中上部最宽，先端急尖或短尾状，边缘通常全缘，基部沿叶柄下延；叶脉网状，无中肋。孢子囊群线形或网状，略下陷；隔丝顶端头状。

【生境与分布】生于海拔500~1300 m的常绿阔叶林下树干上或石上。分布于云南、四川、西藏、贵州、广东、广西、湖南、江西、福建、台湾等地；印度、尼泊尔、不丹、缅甸、泰国、越南、日本亦有。

【药用价值】全草入药，清热解毒，活血通络。主治咽喉肿痛，乳蛾，乳痈，关节肿痛。

书带蕨属 *Haplopteris* C. Presl

植株禾草状，附生或石生。根状茎横卧或横走；鳞片狭披针形，具粗筛孔，有虹彩。叶近生或簇生；叶柄短或无柄；叶片单一，线形或披针形，全缘，光滑。叶脉网状，在中肋每侧形成1行网眼。孢子囊群生于沿叶缘或缘内伸长的沟内，下陷，稀表面生；隔丝长，分枝，顶端膨大。孢子单裂缝，光滑，透明。

约40种，分布于热带、亚热带地区；我国约15种。

姬书带蕨
Haplopteris anguste-elongata (Hayata) E. H. Crane

【形态特征】根状茎细长横走，密被鳞片。鳞片黄褐色，线状披针形，(5~7) mm × (0.2~0.3) mm，先端长渐尖呈纤毛状，端部常呈腺体状，边缘近全缘；叶近生，多数。叶柄不明显，基部不被鳞片；叶片线形，(8~30) cm × (2~4) mm，先端短尖头或尾状；中肋纤细。叶质较薄，干后褐色。孢子囊群线形，着生于叶缘的双唇状夹缝中；隔丝多数，深褐色；孢子长椭圆形，单裂缝，表面纹饰模糊。

【生境与分布】生于林中岩石上或树干上。分布于福建、海南、台湾等地；菲律宾和日本南部亦有。

姬书带蕨

书带蕨

Haplopteris flexuosa (Fée) E. H. Crane

【形态特征】植株高24~34 cm。根状茎横卧；鳞片深褐色，线状披针形，边缘具细牙齿，先端毛发状。叶簇生；叶柄(1~3) cm×1 mm，基部黑色，向上棕色；叶纸质至薄革质，线形，32×[0.3~0.8(~1)]cm，向基部变狭，先端渐尖，边缘反卷；中肋上面凹入，下面凸起。孢子囊群线近叶边生，下陷于沟内，沟内侧明显凸起；孢子囊群线与中肋间有不育空间。

【生境与分布】生于海拔600~1800 m的河谷林下、溪边石上或树干上。分布于云南、四川、贵州、重庆、西藏、广西、广东、海南、台湾、福建、浙江、江苏、安徽、江西、湖南、湖北等地；印度、尼泊尔、不丹、缅甸、泰国、老挝、柬埔寨、越南亦有。

【药用价值】全草入药，清热熄风，舒筋活络。主治小儿惊风，疳积，妇女干血痨，目翳，瘫痪，跌打损伤。

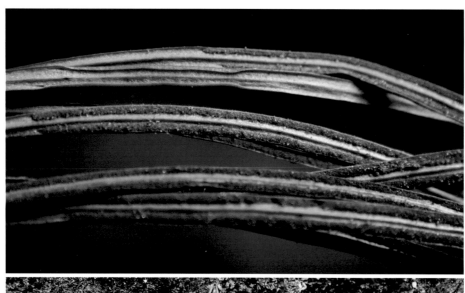

书带蕨

线叶书带蕨

线叶书带蕨
Haplopteris linearifolia (Ching) X. C. Zhang

【形态特征】根状茎横走，密被鳞片；鳞片黄褐色，网眼大，具虹色光泽，披针形，10 mm × 1.5 mm，扭曲，边缘具睫毛状齿。叶近生，多数密集成丛；叶柄下部黄褐色，纤细，光滑；叶片线形，（20~50）cm × （2~4）mm，叶边强度反折。叶厚革质。孢子囊群线形，着生于深沟槽中，紧接反折的叶边和中肋，无不育带；隔丝顶端细胞膨大，呈碗形。孢子长椭圆形，单裂缝，表面纹饰模糊。

【生境与分布】生于海拔1700~3400 m的林中树干上或岩石上。分布于云南、贵州、西藏等地；印度、缅甸亦有。

冷蕨科 CYSTOPTERIDACEAE

草本，小型或中型土生或石生植物。根状茎细长或短而横走，有时斜升，具网状中柱，被卵形至披针形膜质鳞片，具棕色柔毛或无毛。叶远生、近生或簇生，具长柄，叶柄基部疏被与根状茎上相同的鳞片；叶一至三回羽分裂，阔披针形、长圆形、卵形三角形或近五角形，先端羽裂渐尖；羽片对生或近对生，有柄或无柄，叶两面被毛或光滑，草质、纸质或薄纸质；叶脉分离，羽状分枝或叉状，小脉单一。孢子囊群小，圆形、短线形或杯形，生小脉背上，囊托略凸起，在小羽片两侧各1行；囊群盖有或无，卵形、卵圆形或扁圆形，以基部一点着生于囊托，压于囊群下呈下位鳞片状。

3属约37种，分布于热带高山，温带和寒温带地区；我国3属20种，产于大部分省区。

亮毛蕨属 *Acystopteris* Nakai

中等陆生植物。根状茎横走，疏被鳞片；鳞片有光泽，披针形或卵状披针形，边缘疏被毛状腺齿。叶近生；叶柄栗褐色或禾秆色，具鳞片，透明多细胞毛和鳞片状毛；叶片二回羽状至四回羽分裂，阔卵形至卵状披针形，薄草质；羽片多数，近对生，几无柄或有短柄；基部1对羽片不缩短。叶脉分离，羽状，小脉单一或分叉，伸达裂片边缘的锯齿。叶片表面、各回羽轴及叶脉均具透明多细胞长毛及狭的鳞片状毛。孢子囊群小，圆形，生叶脉上；囊群盖小，宽卵形，膜质，有腺毛，边缘疏睫状，生囊托上，成熟时藏于孢子囊下；孢子黄色，单裂缝。

3种，分布于东南亚和东亚的热带和温带地区及新西兰；我国3种。

亮毛蕨
Acystopteris japonica (Luerssen) Nakai

【形态特征】植株高35~80 cm。根状茎长而横走，疏被鳞片。叶近生，遍体有透明多细胞长毛；叶柄栗褐色或紫棕色，有光泽，15~38 cm；叶片卵状长圆形，（20~42）cm×（10~20）cm，三至四回羽裂，草质；羽片10对以上，近对生，略斜升，具短柄或无柄，基部1对不缩短，长圆披针形；小羽片无柄或与羽轴贴生；裂片平展或略斜展，长圆形，具圆齿，先端钝；叶脉在裂片上羽状，单一，达于边缘的锯齿。孢子囊群小，圆形；囊群盖淡绿色，阔卵形，膜质，成熟时藏于孢子囊下。

【生境与分布】生于海拔800~1900 m的溪边林下、林缘，土生或石隙生。分布于云南、贵州、重庆、广西、湖北、湖南、江西、福建、浙江等地；日本亦有。

【药用价值】根茎入药，解毒消肿。主治疗肿。

亮毛蕨

冷蕨属 *Cystopteris* Bernhardi

　　小型夏绿植物。根状茎横卧至长而横走，疏被鳞片。叶远生至簇生，薄；叶柄禾秆色或栗褐色；叶片多为二至三回羽状；羽片有柄，小羽片上先出，裂片边缘具齿；叶脉分离，分叉或羽状，达于齿内或齿间缺刻。叶薄草质或草质，通常光滑。孢子囊群圆形，生于叶脉背面；囊群盖圆形、卵形至披针形，生囊托上，膜质，宿存，幼时覆盖孢子囊，成熟时藏于囊下。孢子单裂缝，周壁通常具刺。

　　约26种，世界广布；我国11种。

膜叶冷蕨

Cystopteris pellucida (Franchet) Ching ex C. Christensen

　　【形态特征】植株高达38 cm。根状茎长而横走，连同叶柄基部疏被鳞片；鳞片卵状披针形，黑褐色。叶远生；叶柄禾秆色或淡棕色，13~17 cm；叶片三回羽裂，三角状卵形至狭卵形，(16~19) cm×(10~12) cm，干后薄草质，先端渐尖或长渐尖；羽片10~13对，略斜展，互生，有1~4 mm的柄，下部2~3对羽片较大，卵状长圆形至长圆披针形，(5~7) cm×(1.8~2.4) cm，基部不对称，宽楔形，先端短尖至渐尖；小羽片4~8对，上先出，互生，卵形或长圆形，先端钝，具齿，羽状浅裂至全裂。叶干后绿色，两面光滑。叶脉可见，小脉伸达缺口。孢子囊群圆形；囊群盖淡棕色，圆形或半碗状，膜质，幼时盖住孢子囊，成熟时隐藏。

　　【生境与分布】生于海拔1300 m的石灰岩洞小溪边。分布于云南、四川、贵州、西藏、河南、陕西、甘肃等地。

膜叶冷蕨

羽节蕨属 *Gymnocarpium* Newman

小型至中型陆生植物。根状茎长而横走；鳞片棕色，薄。叶远生；叶柄基部深棕色，向上禾秆色，光滑；叶片羽裂至三回羽状，三角状卵形至五角状卵形，基部与叶柄顶部有关节，先端渐尖；羽片有柄或无柄，与叶轴有关节。叶脉分离，在末回裂片上羽状，侧脉单一或偶有分叉，伸达边缘。叶草质，光滑或有时表面具淡黄色腺体。孢子囊群长圆形或圆形，无囊群盖。孢子单裂缝。

8~10种；分布于北半球温带及亚洲亚热带山区；我国5种。

羽节蕨
Gymnocarpium jessoense (Koidzumi) Koidzumi

【形态特征】植株高达34 cm。叶柄细，21~23 cm，基部棕色，具鳞片，向上光滑，禾秆色；叶片五角状卵形，(8~11) cm×(8~12) cm，先端渐尖，基部最宽，二至三回羽状，分离的羽片3~6对，对生，斜展，下部羽片有柄；基部羽片最大，狭三角形，(4.5~6.5) cm×(3~4) cm，二回羽裂至二回羽状；小羽片3~6对，卵状长圆形至长圆披针形，先端钝，羽状深裂至羽状；末回小羽片或裂片长圆形，先端钝，边缘具齿或全缘。叶草质，光滑，干后绿色；羽轴与叶轴以关节相连；叶脉分离，侧脉通常分叉；叶柄顶端、叶轴和羽轴具透明或淡黄色短腺体。孢子囊群小，圆形，近叶缘生，无囊群盖。

【生境与分布】生于海拔2900 m的近山顶的灌丛下。分布于我国西北、华北、东北和西南；印度、尼泊尔、不丹、巴基斯坦、阿富汗、日本、朝鲜、俄罗斯东部、北美洲亦有。

羽节蕨

东亚羽节蕨

Gymnocarpium oyamense (Baker) Ching

【形态特征】植株高20~40 cm。叶柄 9~23 cm，基部疏具鳞片，向上光滑，禾秆色；叶片三角状卵形，(7~15) cm×(5~12) cm，草质，光滑，基部心形，先端渐尖，羽状深裂，裂片7~10对，对生，平展，基部羽片多少反折，镰状披针形，(2.5~7) cm×(1~2) cm，先端钝或短尖，边缘具粗齿或浅裂，稀深裂；第二对羽片稍长于基部羽片或近等长；叶脉羽状，侧脉单一，可见；叶轴基部与叶柄有关节。孢子囊群椭圆形至长圆形，中生于叶脉，在中肋两侧有不规则的2~4列。

【生境与分布】生于海拔1400~1900 m的林下、溪边石隙。分布于甘肃、陕西、河南、安徽、浙江、江西、湖北、湖南、台湾及西南等地；印度、尼泊尔、日本、菲律宾、新几内亚亦有。

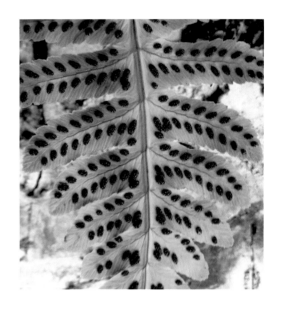

东亚羽节蕨

铁角蕨科 ASPLENIACEAE

草本，小型或中型附生或石生植物，少为土生植物。根状茎横走、斜卧或直立，网状中柱，密被褐色或深棕色披针形鳞片，透明，基部着生。叶远生、近生或簇生；具叶柄，上面有1条纵沟，基部不以关节着生，通常为栗色、浅绿色或青灰色，光滑或具小鳞片；叶片形式多样，单叶或一至三回羽状分裂，偶为四回羽状分裂，草质至革质或近肉质，羽片或小羽片沿各回羽轴下延，末回小羽片或裂片基部不对称，或有时为对开形的不等四边形；叶脉分离，一至多回二叉分歧，小脉不达叶边，有时在叶边多少联合。孢子囊群多为线形，有时短线形或近椭圆形，沿小脉上侧着生，通直，单一或偶有双生；囊群盖棕色或灰白色，膜质，全缘，开向上侧叶边。

2属约730种，世界广布，主产于热带；我国2属108种，产于各省区，以南部和西南部尤盛。

铁角蕨属 *Asplenium* Linnaeus

石生、附生或陆生植物。根状茎通常直立或斜升，具粗筛孔状鳞片。叶常簇生；叶柄绿色至栗褐色或黑色，基部横截面有2条背对背的C形维管束，向上融合成X形；叶片草质至革质，有时为肉质，单叶至多回复叶，稀分叉（贵州不产）。叶脉多为分离，稀网状。孢子囊群线形至长圆形，背生叶脉，有囊群盖，盖膜质至纸质，边缘全缘、啮蚀状或流苏状；孢子单裂缝。

超过700种，世界广布；我国90种。

狭翅巢蕨　狭基巢蕨
Asplenium antrophyoides Christ

【形态特征】植株高（16~）40~50（~83）cm。根状茎短粗，密被鳞片；鳞片褐色，厚膜质，卵状披针形，全缘。叶簇生；柄短或几无柄，压扁；叶片倒披针形或匙形，中部以上最宽，达6 cm，中部以下突然狭缩，下延几达叶基部，边缘全缘或波状，先端短尾状。叶纸质至薄革质，叶面光滑，背面幼时有棕色小鳞片，后变光滑；中脉明显，较宽，下面压扁，侧脉单一或分叉，与边脉相连。孢子囊群长线形，通常生于叶片中部以上；囊群盖膜质，全缘。

【生境与分布】生于海拔400~1100 m的石灰岩地区林下石上及树干上。分布于云南、贵州、广西、广东、湖南等地；泰国、越南、老挝亦有。

【药用价值】全草入药，清热解毒，利尿通淋。主治急慢性胃炎，尿路感染。

狭翅巢蕨

华南铁角蕨

华南铁角蕨
Asplenium austrochinense Ching

【形态特征】植株高20~40 cm。根状茎密被鳞片；鳞片淡棕色，披针形，全缘。叶柄长8~15 cm，灰绿色至灰棕色，基部密生鳞片，向上稀疏；叶片披针形至阔披针形，三回羽裂，羽片8~15对，具短柄，斜卵形，上部斜披针形；小羽片2~3对，互生，斜展，有短柄，基部上侧1片最大；裂片长圆形或楔形，宽2~3 mm，顶端浅裂或有几个锐齿或钝齿。叶革质或近革质，叶面光滑，背面多少具鳞片；叶脉分离，侧脉单一或分叉。孢子囊群线形。

【生境与分布】生于海拔600~1800 m的溪边或密林下石上、树干上。分布于云南、四川、贵州、湖南、湖北、广西、广东、福建、江西、浙江、安徽等地；日本、越南亦有。

【药用价值】全草入药，利湿化浊，止血。主治白浊，前列腺炎，肾炎，刀伤出血。

大盖铁角蕨

大盖铁角蕨
Asplenium bullatum Wallich ex Mettenius

【形态特征】根状茎鳞片棕色，狭披针形，全缘。叶柄20~35 cm，暗绿色至淡棕色，压扁，基部生鳞片，向上光滑；叶片椭圆形，（38~55）cm×（15~26）cm，先端渐尖，基部略狭缩，三回羽裂，羽片12~18对，互生，略斜展，具柄，中、下部羽片披针形，（10~19）cm×（3~6）cm，基部宽楔形，先端尾状，羽轴有狭翅；小羽片8~10 对，有短柄，羽裂或大型植株为羽状全裂；裂片卵形或椭圆形，顶端有钝齿。叶纸质或近革质，干后绿色，两面光滑。孢子囊群短线形。

【生境与分布】生于海拔900~1600 m的密林下、溪边峡谷内。分布于云南、四川、贵州、西藏、湖南、福建、台湾等地；印度、尼泊尔、缅甸、越南亦有。

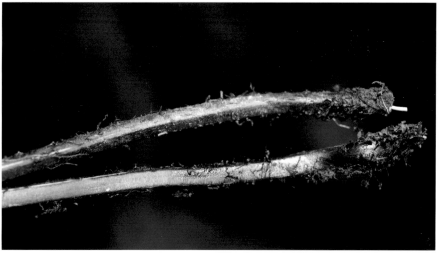

大盖铁角蕨

线柄铁角蕨
Asplenium capillipes Makino

【形态特征】小型石生植物。根状茎
鳞片暗棕色，阔披针形，先端尾尖，边缘
具齿。叶柄纤细，绿色，1~5 cm，基部有鳞
片；叶片狭卵形至长圆披针形，（4~7）cm×
（1.2~2.5）cm，二至三回羽状；羽片6~10
对，具短柄，三角状卵形，先端钝，基部宽
楔形，一至二回羽状；末回小羽片或裂片椭
圆形，先端短尖，具膜质边缘。叶薄草质，
干后绿色；每一小羽片或裂片有小脉1条，
不伸达叶缘，顶端膨大成水囊体。孢子囊
群长圆形，囊群盖膜质。

【生境与分布】生于海拔1500~2900 m
的阴湿岩石或石灰岩壁上，常生于苔藓垫
状物中。分布于云南、四川、贵州、湖南、台
湾等地；朝鲜、日本亦有。

线柄铁角蕨

都匀铁角蕨

都匀铁角蕨

Asplenium toramanum Makino

【形态特征】植株高15~37 cm。根状茎鳞片暗棕色至黑色,线状披针形,边缘淡棕色。叶柄有光泽,紫棕色至乌木色,6~17(~23)cm;叶片三角形,(3~19)cm×(5~14)cm,二至四回羽裂,先端渐尖至尾状;羽片8~17对,多数羽片有柄;基部羽片最长,常呈镰状,狭三角形至长圆形;小羽片在小型植株上3~4对,而在大型植株上超过10对;末回裂片椭圆形至短线形,宽1~2 mm,邻接。叶坚草质至纸质,干后绿色或常带棕色;叶轴上面具沟;叶脉分离。每一末回羽片或裂片上有孢子囊群2~4枚,椭圆形或线形;囊群盖膜质,全缘。

【生境与分布】生于海拔600~1500 m的石灰岩地区林下或灌丛下石隙,有时生裸石上。分布于云南、四川、贵州、湖南、广西、广东、福建等地;日本、越南亦有。

毛轴铁角蕨
Asplenium crinicaule Hance

【形态特征】根状茎鳞片披针形，暗褐色。叶柄比叶片短，8~15 cm，紫棕色，连同叶轴被暗褐色狭鳞片。叶片狭披针形，（20~35）cm×（5~8）cm，基部稍狭缩，先端渐尖，一回羽状；羽片18~30对，菱状卵形至阔披针形，基部较不对称，先端钝或圆，沿叶缘有不规则的锯齿或裂片。叶薄革质，两面光滑或近光滑。孢子囊群线形。

【生境与分布】生于海拔500~1100 m的山坡及河谷常绿林下。分布于云南、四川、贵州、西藏、湖南、广西、广东、海南、江西、福建等地；印度、缅甸、泰国、马来西亚、菲律宾、柬埔寨、老挝、越南、澳大利亚亦有。

【药用价值】全草入药，清热解毒，透疹。主治麻疹不透，无名肿毒。

毛轴铁角蕨

水鳖蕨

Asplenium delavayi Copeland

【形态特征】植株高达15 cm。根状茎密被鳞片；鳞片栗黑色，狭披针形，边缘疏具锯齿。叶柄3~10 cm，栗黑色，有光泽，基部具鳞片；叶片团扇形，直径3~5 cm，基部深心形，边缘全缘或波状。叶纸质，两面光滑，或幼时沿叶缘疏被毛。中肋缺失，叶脉纤细，多回二叉分枝，分离，但常在靠近叶缘处相连。孢子囊群线形；囊群盖膜质。

【生境与分布】生于海拔500~2000 m的林荫下、石灰岩洞口、沟边、石隙生或土生。分布于云南、四川、贵州、广西、甘肃等地；印度、尼泊尔、不丹、缅甸、泰国、越南亦有。

【药用价值】全草入药，清热利湿，止咳。主治湿热痢疾，肾炎水肿，肺热咳嗽。

水鳖蕨

剑叶铁角蕨
Asplenium ensiforme Wallich ex Hooker & Greville

剑叶铁角蕨

【形态特征】植株高15~36 cm。根状茎短而直立，连同叶柄基部密被鳞片；鳞片褐色至黑褐色，披针形。叶柄1~5 cm，被线形小鳞片；叶片倒披针形至线状披针形，（14~31）cm×（1.2~2.5）cm，向基部变狭，先端渐尖，边缘全缘或波状。叶革质，干后常内卷。叶脉分离，中肋明显，下面凸起；侧脉极斜展。孢子囊群线形。

【生境与分布】生于海拔600~2000 m的酸性山地石上及树干基部。分布于云南、四川、贵州、重庆、西藏、广西、广东、湖南、江西、浙江、台湾等地；印度、尼泊尔、不丹、斯里兰卡、缅甸、泰国、越南、日本亦有。

【药用价值】全草入药，主治胃脘痛。

云南铁角蕨
Asplenium exiguum Beddome

【形态特征】植株高5~20 cm。根状茎顶端密被鳞片；鳞片黑棕色，狭披针形，尾尖。叶柄1~5 cm，绿色或有时栗褐色，疏被毛状鳞片；叶片披针形至线形，（4~15）cm×（1~3）cm，向基部渐变狭，先端渐尖，二回羽裂；羽片10~18对，中部较大，三角状卵形至长圆形，有短柄，羽状深裂至全裂；裂片2~6对，先端钝，有几个锐齿并常具芽孢。叶纸质，干后绿色。叶脉分离，不清晰。孢子囊群长圆形，成熟时通常覆盖整个羽片。

【生境与分布】生于海拔300~2200 m的路边、林缘、旷坡，以及石灰岩地区的洞口内外。分布于云南、四川、贵州、西藏、广西、湖南、河南、河北、青海、陕西、山西、台湾等地；印度、尼泊尔、缅甸、泰国、越南、菲律宾、北美洲亦有。

【药用价值】全草入药，清热解毒，利尿，通乳。主治感冒发热，小儿惊风，膀胱炎，尿道炎，痢疾，外伤出血，骨折。

云南铁角蕨

乌木铁角蕨

乌木铁角蕨
Asplenium fuscipes Baker

【形态特征】根状茎先端密被鳞片；鳞片线形，长4~5 mm，黑色，有虹色光泽，膜质，全缘。叶簇生；叶片卵形，（16~20）cm×（10~12）cm，先端尾状渐尖，二回羽轴，向下为三回羽状；羽片6~7对，基部1对较长，（6~8.5）cm×（3.5~4.5）cm，三角状披针形；小羽片10~11对，彼此密接或稍多少覆叠；末回小羽片3~4对。叶脉上面明显，下面仅可见，在末回小羽片为近羽状分枝。孢子囊群椭圆形，长2~3 mm，棕色，斜向上，位于小脉中部。囊群盖椭圆形，暗棕色，膜质，全缘，开向主脉，宿存。

【生境与分布】生于海拔400~960 m的亚热带常绿阔叶林下阴处石灰岩隙。分布于云南、广西、广东、福建等地；越南北部亦有分布。

厚叶铁角蕨

厚叶铁角蕨
Asplenium griffithianum Hooker

【形态特征】植株达20 cm高。根状茎先端密被鳞片；鳞片褐色至黑褐色，披针形，边缘具牙齿。叶单一；叶柄极短或缺失；叶片倒披针形，（15~20）cm×（1.8~2.2）cm，向下长下延变狭，先端渐尖，边缘具不规则的圆齿或钝齿。叶革质，干后灰绿色，叶面光滑，背面有秕糠状小鳞片；中肋下面凸起。孢子囊群线形，沿小脉着生，斜展，较近中肋。

【生境与分布】生于海拔150~600 m的常绿阔叶林下山溪石壁上。分布于云南、四川、贵州、西藏、湖南、广西、广东、海南、台湾、福建等地；印度、尼泊尔、不丹、缅甸、越南、日本亦有。

【药用价值】全草入药，清热利湿，解毒。主治黄疸，淋浊，高热，烧烫伤。

撕裂铁角蕨

Asplenium gueinzianum Mettenius ex Kuhn

【形态特征】植株高25~35 cm。根状茎短而直立，先端密被鳞片；鳞片披针形，长约7 mm，膜质，深褐色或红棕色，全缘。叶簇生；叶柄长4~6 cm，暗灰棕色，具许多狭三角形鳞片，中肋鳞片具深棕色中心和苍白色透明边缘；叶片狭披针形至线形，一回羽状至二回羽裂；胞芽生于上表面，靠近羽片先端。孢子囊群阔线形，棕色，斜向上，彼此疏离，生于小脉中部；囊群盖阔线形，膜质，全缘。

【生境与分布】生于海拔1100~2600 m的溪边潮湿岩石上。分布于云南、贵州、西藏和台湾等地；印度、尼泊尔，不丹、缅甸和越南亦有。

撕裂铁角蕨

江南铁角蕨　假剑叶铁角蕨

Asplenium holosorum Christ

【形态特征】植株高15~30 cm。根状茎鳞片褐色，线状披针形，全缘。叶为单叶；叶柄短或缺失；叶片披针形或倒披针形，(15~30) cm×(1.6~2.8) cm，基部下延至叶柄，全缘或波状，并有软骨质边缘，先端渐尖质短尾状。叶薄革质，叶面光滑，背面沿中肋疏被狭披针形小鳞片；中肋明显而平，或两面稍凸起；侧脉斜展，分叉。孢子囊群线形。

【生境与分布】生于海拔500~1000 m的河谷常绿阔叶林下石上或树干上。分布于云南、四川、贵州、广东、广西、海南、湖北、湖南、江西、台湾等地；越南亦有。

江南铁角蕨

肾羽铁角蕨

Asplenium humistratum Ching ex H. S. Kung

【形态特征】植株高8~17 cm。根状茎鳞片线状披针形，黑褐色。叶柄黑紫色至黑色，有光泽，0.4~2 cm，下面柱状，上面平，侧面有刺状齿或指状突出物；叶片线形，(7~15) cm×(0.7~1.2) cm，先端钝，具顶生三角形裂片，基部不缩短或略缩短，一回羽状；羽片14~30对，对生或近对生，中部羽片菱形或长圆形，(4~6) mm×3 mm，基部不对称，上侧截形，与叶轴平行，下侧楔形，边缘全缘或稍有凹缺，先端钝；基部羽片平展，分开。叶草质至近革质，干后灰绿色至棕绿色；叶面光滑，背面沿叶脉疏被棒状腺体；叶脉不显，羽状，侧脉分叉。孢子囊群长圆形，通常生于羽片上部；囊群盖半圆形。

【生境与分布】生于海拔1200~2400 m的石灰岩隙或岩洞壁上。分布于云南、四川、贵州、湖南、湖北等地。

肾羽铁角蕨

胎生铁角蕨

胎生铁角蕨

Asplenium indicum Sledge

【形态特征】根状茎短而直立，密被鳞片；鳞片披针形，长4~7 mm，基部宽0.5~1 mm，先端钻状，深棕色，有虹色光泽，薄膜质，全缘。叶簇生；叶片阔披针形，（12~30）cm×（4~7）cm，顶部渐尖，一回羽状；羽片8~20对，各对羽片几以等宽分开，下部数对不变短或略变短，菱形或菱状披针形。叶脉两面均明显，隆起呈沟脊状。叶近革质，从基部至顶部常有一至多个被鳞片的芽孢，并能在母株上萌发。孢子囊群线形，长4~8 mm，成熟时为深棕色，极斜向上，彼此密接。囊群盖线形，灰棕色，膜质，全缘，宿存。

【生境与分布】生于海拔2200~2700 m的密林中潮湿岩石上或树干上。分布于云南、贵州、广西、广东、湖南、江西、浙江、福建、台湾、甘肃等地；日本、越南、泰国、缅甸、菲律宾亦有。

江苏铁角蕨

江苏铁角蕨

Asplenium kiangsuense Ching & Y. X. Jing

　　【形态特征】植株高5~9 cm。根状茎鳞片披针形，中央不透明，黑色，外围色淡，粗筛孔状，边缘疏流苏状，先端毛发状。叶柄栗褐色至深棕色，有光泽，柱状，1~3 cm，基部有鳞片，向上光滑；叶片线形，（4~7）cm×[0.6~1(~1.2)]cm，先端短尖，一回羽状；羽片12~25对，下部不缩小或最大，中部隔开，平展，多为长圆形，（3~5）mm×（2.5~4）mm，基部不对称，上侧截形，紧靠叶轴，下侧楔形，有短柄，边缘全缘至有缺刻，先端钝。叶脉不显，单一或分叉。叶草质，干后灰绿色或带棕色；叶轴栗褐色或深棕色，有光泽，顶部绿色。孢子囊群椭圆形，每一羽片2~4枚，囊群盖膜质。

　　【生境与分布】生于海拔1600 m的林下石隙。分布于云南、贵州、湖南、江西、福建、浙江、江苏、安徽等地。

巢蕨

Asplenium nidus Linnaeus

【形态特征】植株高达1.6 m。根状茎鳞片褐色，膜质，线形，先端和边缘流苏状。叶柄约5 cm，近圆柱形，基部密生鳞片；叶片披针形，（100~155）cm×（8~12）cm，逐渐下延至叶柄，基部楔形，边缘全缘或波状，软骨质，先端短尖或渐尖。叶革质，干后绿色或灰绿色，两面光滑；中肋下面凸起，半圆柱形，上面在下部有宽沟，向上部稍凸起，侧脉两面明显，单一或分叉，与边脉相连。孢子囊群线形，伸达侧脉之半；囊群盖膜质，全缘，叶片下部不育。

【生境与分布】生于海拔300~1000 m的石灰岩地区季雨林下石上或树干上。分布于云南、贵州、西藏、湖南、广西、广东、海南、台湾等地；旧热带、北达日本南部、南到澳大利亚、东至波利尼西亚、西达东非亦有。

【药用价值】全草、根茎入药，活血散瘀，强筋骨。主治跌打损伤，骨节疼痛，阳痿。

巢蕨

倒挂铁角蕨

Asplenium normale D. Don

【形态特征】植株高10~35 cm。根状茎鳞片黑棕色，披针形。叶柄栗褐色至深紫色，有光泽，2~12 cm，基部疏被鳞片，向上渐光滑；叶片线状披针形，(8~23) cm × (2~4) cm，基部略变狭，先端渐尖，一回羽状；羽片15~35对，几无柄，邻接或有时覆瓦状，三角状卵形或长圆形，基部不对称，上侧截形并略呈耳状，下侧楔形，先端圆，上缘疏具小圆齿；中部羽片较大，(0.8~2) cm × (4~8) mm，下部数对羽片反折。叶草质至纸质，光滑，叶轴颜色同叶柄，常在近顶端生一芽胞；叶脉分离。孢子囊群长圆形，囊群盖开向主脉。

【生境与分布】生于海拔300~1100 m的山谷溪边林下石上。分布于云南、四川、贵州、西藏、湖南、江西、广西、广东、海南、台湾、福建、浙江、安徽、江苏等地；南亚和东南亚、热带非洲、澳大利亚、太平洋岛屿亦有。

【药用价值】全草入药，清热解毒，活血散瘀，镇痛止血。主治肝炎，痢疾，外伤出血，蜈蚣咬伤。

倒挂铁角蕨

北京铁角蕨

Asplenium pekinense Hance

【形态特征】植株高7~30 cm。根状茎鳞片黑褐色，披针形。叶柄绿色，2~12 cm，生毛状鳞片，叶片狭椭圆形至倒披针形，（5~18）cm×（1.5~5）cm，基部略狭缩，先端渐尖，二回羽状；羽片8~12对，中部较大，基部1~2对狭缩，有柄，菱状卵形或卵形，羽状；小羽片2~4对，倒卵形或楔形，先端钝，至少基部1对分裂；裂片楔形，在顶端有2~4枚锐齿。叶纸质，光滑。孢子囊群短线形；囊群盖啮蚀状。

【生境与分布】生于海拔500~2500 m的路边、林缘、阳处及裸石上。分布于东北、华北至华东、华南、西南地区；印度、巴基斯坦、日本、朝鲜、俄罗斯远东亦有。

【药用价值】全草入药，止咳化痰，利膈，止泻，止血。主治感冒咳嗽，肺痨，腹泻，痢疾，臁疮，外伤出血。

北京铁角蕨

镰叶铁角蕨

镰叶铁角蕨
Asplenium polyodon G. Forster

【形态特征】根状茎鳞片黑褐色，线状披针形，全缘。叶柄干后乌木色，10~20 cm。叶片长圆形至椭圆形，（15~30）cm×（10~12）cm，奇数一回羽状；侧生羽片4~7对，披针形，略呈镰状，顶生羽片与侧生羽片相似，但较大而宽，基部多少分裂。孢子囊群线形，长达2 cm。

【生境与分布】生于海拔400 m的石灰岩峡谷石上。分布于云南、贵州、广西、广东、海南、台湾等地；南亚、东南亚、热带非洲、澳大利亚、太平洋岛屿亦有。

【药用价值】全草入药，清热消炎，利尿。主治黄疸，高热，淋证，淋浊，烧烫伤。

镰叶铁角蕨

长叶铁角蕨 长生铁角蕨
Asplenium prolongatum Hooker

【形态特征】植株高15~35 cm。根状茎鳞片深褐色，披针形，边缘淡棕色，具齿。叶柄绿色至灰绿色，7~15 cm；叶片长圆形至近线形，(8~20) cm×(1.5~4) cm，二回羽状；羽片6~15对，斜展，有柄，长圆形，(1~3) cm×(0.5~1.4) cm，基部不对称，先端钝，一回羽状；小羽片2~4对，斜展，无柄，线形，(5~14) mm×(1~1.5) mm，基部与羽轴贴生，全缘，先端圆；基部上侧小羽片二叉或三叉。叶鲜时肉质，干后近革质；叶轴绿色，常伸长呈鞭状并在顶端产生芽孢；叶脉羽状，每个小羽片或裂片上有小脉1条。孢子囊群线形。

【生境与分布】生于海拔150~1600 m的常绿阔叶林下树干或岩石上。分布于我国热带、亚热带地区；南亚、东南亚，北达日本、韩国，太平洋岛屿亦有。

【药用价值】全草、叶入药，清热解毒，除湿止血，止咳化痰。主治咳嗽，多痰，肺痨吐血，痢疾，淋症，肝炎，小便涩痛，乳痈，咽喉痛，崩漏，跌打骨折，烧烫伤，外伤出血。

长叶铁角蕨

假大羽铁角蕨

假大羽铁角蕨
Asplenium pseudolaserpitiifolium Ching

【形态特征】植株高可达1 m。根状茎斜升，粗壮，木质，先端密被鳞片；鳞片大，长8~14 mm，线状披针形，褐棕色，有虹色光泽，膜质，全缘。叶簇生；叶柄长15~40 cm，叶柄浅绿色或深绿色，上面有浅纵沟，基部疏被与根状茎上同样的鳞片，向上渐变光滑；叶片大，[15~55 (~70)]cm×（9~25）cm，椭圆形，三回羽状；裂片舌形，宽约4 mm，长超过宽的2倍。孢子囊群狭线形，棕色，极斜向上；囊群盖狭线形，淡棕色，膜质，全缘，宿存。

【生境与分布】生于海拔10~1100 m的常绿阔叶林下、岩石上。分布于台湾、福建、广东、广西、云南等地；印度、越南、印度尼西亚、菲律宾等地亦有。

线裂铁角蕨

线裂铁角蕨

Asplenium pulcherrimum (Baker) Ching ex Tardieu

【形态特征】植株高达25 cm。根状茎连同叶柄基部密被鳞片；鳞片黑色，线状披针形，有棕边。叶柄有光泽，紫棕色至乌木色，4~15 cm；叶片三角形或卵状三角形，（7~12）cm×（3~7）cm，达四回羽裂，基部几为截形，先端渐尖至尾状；羽片8~12对，密集，基部羽片最大，（2~4）cm×（1~2）cm，有短柄，卵形，其余羽片向上渐缩小；小羽片6~10对，有短柄，长圆形；末回小羽片2~3对，常分裂成2~4枚椭圆形至线形的裂片；裂片（1.5~2）mm×（0.8~1.5）mm，分开的，全缘，先端短尖，每一裂片有1条小脉。叶纸质，光滑，干后灰绿色。孢子囊群长圆形，沿小脉着生。

【生境与分布】生于海拔500~1900 m的石灰岩地区林下及灌丛下石隙。分布于云南、四川、贵州、重庆、湖南、广西、广东、海南、福建、台湾等地；日本、越南亦有。

【药用价值】全草入药，祛风除湿，调经。主治风湿痹痛，小儿麻痹，月经不调。

线裂铁角蕨

过山蕨

过山蕨

Asplenium ruprechtii Sa. Kurata

【形态特征】植株高达12 cm。根状茎鳞片黑褐色，披针形。叶柄2~4 cm，绿色，基部疏被鳞片；叶片狭披针形，8 cm×（0.8~0.9）cm，基部狭楔形，边缘全缘或波状，先端渐尖并伸长，顶端有1芽孢或生根。叶草质，两面光滑；叶脉网状，在中肋每侧有1~2行网眼，其余小脉分离。孢子囊群不规则排列，长圆形；囊群盖膜质，全缘。

【生境与分布】生于海拔1300 m的岩石上。分布于东北、华北，南达河南、安徽、江苏、四川、贵州，西到宁夏、陕西；日本、朝鲜、俄罗斯亦有。

【药用价值】全草入药，活血化瘀，止血，解毒。主治血栓闭塞性脉管炎，偏瘫，子宫出血，外伤出血，神经性皮炎，下肢溃疡。

卵叶铁角蕨 疏羽铁角蕨
Asplenium ruta-muraria Linnaeus

【形态特征】植株高约7 cm。根状茎鳞片黑褐色，线状披针形，边缘有疏齿。叶柄2~4 cm，基部淡棕色，向上至叶轴绿色，几光滑。叶片三角形至三角状卵形，(2~3) cm×(1.5~3) cm，二至三回羽状，有顶生羽片；侧生羽片2~4对，有柄，基部1对最大，三角形或卵状三角形，长宽相等，1.5 cm，3小叶或一至二回羽状；末回小羽片或裂片卵形、菱状卵形或倒卵形，上缘有钝齿。叶近革质，干后淡绿色；叶脉多回二叉分枝，无明显的主脉。孢子囊群短线形；成熟时完全覆盖在小羽片或裂片下面；囊群盖边缘睫状。

【生境与分布】生于海拔1500~2800 m的石灰岩地区石上。分布于云南、四川、贵州、西藏、湖南、台湾、山西、内蒙古、陕西、宁夏、甘肃、新疆、辽宁等地；日本、朝鲜、俄罗斯、喜马拉雅地区、中亚、非洲、欧洲、北美洲亦有。

卵叶铁角蕨

华中铁角蕨
Asplenium sarelii Hooker

【形态特征】植株高12~22 cm。根状茎鳞片黑褐色，披针形。叶柄绿色，2~7 cm；叶片椭圆形，（10~15）cm×（2.5~5）cm，三回羽裂至三回羽状；羽片8~15对，基部羽片不狭缩，卵形或菱状卵形，有短柄；小羽片3~5对，卵形；裂片楔形，顶端有短尖齿。叶草质至纸质，两面光滑；叶脉羽状，小脉伸入锯齿内。孢子囊群粗线形，沿小脉着生；囊群盖多少啮蚀状。

【生境与分布】生于海拔500~2200 m的林下、路边、阳坡。分布于云南、四川、贵州、重庆、湖南、湖北、江西、福建、浙江、安徽、江苏、陕西、河北、辽宁等地；日本、朝鲜、俄罗斯亦有。

【药用价值】全草入药，清热解毒，止血生肌，利湿。主治黄疸，流行感冒，咳嗽，肠胃出血，乳蛾，白喉，刀伤出血，烧烫伤。

华中铁角蕨

石生铁角蕨

Asplenium saxicola Rosenstock

【形态特征】植株高20~47 cm。根状茎鳞片黑褐色，线状披针形。叶柄绿色至褐绿色，9~21 cm，直至叶轴疏被鳞片；叶片长圆形至长圆披针形，（10~28）cm×（6~10）cm，基部不缩短或略缩短，先端渐尖，二回羽裂；羽片5~12对，斜展，有柄，菱形，基部不对称，斜楔形，上缘和外缘不规则下切，但中部以下的羽片羽裂。叶革质，光滑，干后淡棕色；叶脉羽状，侧脉分叉。孢子囊群线形，沿小脉着生。

【生境与分布】生于海拔300~1300 m的石灰岩隙。分布于云南、四川、贵州、湖南、广西、广东等地；越南亦有。

【药用价值】全草入药，清热润肺，消炎利湿。主治肺痨，小便涩痛，跌打损伤，疮痈。

石生铁角蕨

狭叶铁角蕨

狭叶铁角蕨

Asplenium scortechinii Beddome

【形态特征】植株高20 cm。根状茎鳞片黑褐色，卵状披针形。叶柄0.5~2 cm；叶片单一，线形，（10~18）cm×（1~1.5）cm，向两端变狭，基部狭楔形并下延至叶柄，边缘波状或缺刻状，有小缺口，先端渐尖。叶近革质，干后灰绿色，叶面光滑，背面有棕色、三角状星形小鳞片；中肋明显；叶脉分离，不显，分叉。孢子囊群长圆形至线形；囊群盖灰色至黄棕色，全缘。

【生境与分布】生于海拔800~1100 m的林荫下、湿石上。分布于云南、贵州、广西、广东、海南等地；印度、缅甸、泰国、越南、马来西亚亦有。

黑边铁角蕨　洞生铁角蕨
Asplenium speluncae Christ

【形态特征】植株高2~7 cm。根状茎鳞片黑色，钻形。叶为单叶，簇生，垫状；叶柄较细，紫黑色，有光泽，长达2 cm；叶片卵状长圆形至舌形，(1.6~5) cm×(0.8~1.5) cm，基部圆楔形，少有近心形，边缘加厚，具有狭的黑边，全缘至波状，偶见浅裂，先端圆。中肋下面明显，棕色至黑色；叶脉不显，斜展，分叉。叶纸质至革质，干后上面橄榄绿色，下面淡棕色。孢子囊群长圆形，生中肋与叶缘间。

【生境与分布】生于海拔1100 m的石灰岩洞或河边石隙。分布于湖南、广西、广东、江西、贵州等地。

黑边铁角蕨

细茎铁角蕨

细茎铁角蕨　细柄铁角蕨

Asplenium tenuicaule Hayata

　　【形态特征】植株高3~16 cm。根状茎鳞片黑褐色，狭三角状披针形，全缘。叶柄纤细，下部栗褐色，向上绿色，0.5~6 cm；叶片椭圆形至线状披针形，（2.5~10）cm ×（1.2~5）cm，基部略变狭，先端渐尖，二回羽状；羽片5~10对，有短柄，宽卵形，先端钝，基部不对称，一回羽状；小羽片1~2对，倒卵形，先端有2~4枚钝齿；基部小羽片常羽状深裂；裂片倒卵形。叶薄草质，光滑，干后淡绿色；叶脉分离，小脉伸入齿内。孢子囊群短线形。

　　【生境与分布】生于海拔1000~1500 m的溪边林下石上。分布于东北、华北、华东、华中、西南及西北（新疆除外）；印度、尼泊尔、不丹、巴基斯坦、泰国、菲律宾、日本、朝鲜、俄罗斯、东非、夏威夷亦有。

细裂铁角蕨

Asplenium tenuifolium D. Don

【形态特征】植株高达40 cm。根状茎鳞片褐色，卵状披针形。叶柄4~15 cm，绿色，或在大型植株下面栗褐色直至叶轴下部。叶片狭卵形至披针形，（10~30）cm×（3.5~10）cm，基部圆，先端渐尖，三回羽状；羽片8~12对，有柄，卵形至卵状披针形，二回羽状；小羽片3~8对，有短柄，卵形，基部上侧1片较大；在大型植株中末回小羽片羽状深裂；裂片椭圆形，先端短尖。叶薄草质，光滑，干后绿色或黄绿色；叶脉羽状，每一末回小羽片或裂片上有小脉1条。孢子囊群长圆形，靠近小脉基部。

【生境与分布】生于海拔约1500 m的林缘、小瀑布旁的石隙。分布于云南、四川、贵州、西藏、湖南、广西、海南、台湾等地；南亚和东南亚亦有。

细裂铁角蕨

铁角蕨

Asplenium trichomanes Linnaeus

【形态特征】根状茎鳞片线状披针形，黑褐色。叶柄2~6 cm，深棕色，有光泽，在叶柄两边有2条淡棕色膜质的翅，并向上延伸到叶轴。叶片线状披针形至线形，（8~26）cm×（0.8~2）cm，基部略狭缩，先端渐尖，一回羽状；羽片20~30对，平展，无柄，卵形或长圆形，基部不对称，先端圆形，边缘具钝齿。叶纸质，光滑；叶脉羽状，侧脉分叉，不显。孢子囊群短线形。

【生境与分布】生于海拔300~2500 m的山坡林下或林缘石上。广布于我国大多数地区；世界广布。

【药用价值】全草入药，清热解毒，收敛止血，补肾调经，散瘀利湿。主治小儿高热惊风，阴虚盗汗，痢疾，月经不调，带下病，淋浊，胃溃疡，烧烫伤，疮疖肿毒，外伤出血。

铁角蕨

三翅铁角蕨

三翅铁角蕨

Asplenium tripteropus Nakai

【形态特征】本种与铁角蕨非常相似，但其叶柄和叶轴三菱形，有3条淡棕色膜质的翅。

【生境与分布】生于海拔500~1900 m的山谷、密林下及路边。分布于云南、四川、贵州、湖南、湖北、江西、福建、台湾、浙江、安徽、河南、陕西、甘肃等地；日本、朝鲜、缅甸亦有。

【药用价值】全草入药，舒筋活络。主治腰痛，跌打损伤。

变异铁角蕨
Asplenium varians Wallich ex Hooker & Greville

【形态特征】根状茎鳞片褐色至黑褐色，披针形，先端长。叶柄2~9 cm，绿色或下部栗褐色。叶片椭圆形至卵状披针形，（5~12）cm×（1~6）cm，向基部不狭缩或略狭缩，先端渐尖，二回羽状；羽片6~12对，有柄，卵形至狭卵形，基部宽楔形，先端钝，一回羽状；小羽片1~3对，基部上侧1片最大，倒卵形，基部楔形，先端圆，通常具锐牙齿。叶草质至纸质，干后绿色，光滑。孢子囊群长圆形至短线形。

【生境与分布】生于海拔300~2700 m的林下、路边石上。分布于云南、四川、贵州、重庆、西藏、湖南、湖北、广西、广东、陕西等地；印度、尼泊尔、不丹、越南、非洲亦有。

【药用价值】全草入药，清热止血，散瘀消肿。主治刀伤，骨折，小儿疳积及惊风，烧烫伤，疮疡溃烂。

变异铁角蕨

狭翅铁角蕨

狭翅铁角蕨

Asplenium wrightii Eaton ex Hooker

【形态特征】根状茎鳞片褐色，线状披针形，边缘疏流苏状。叶柄20~30 cm，绿色，基部密被鳞片，向上至整个叶轴疏生卷曲的线状鳞片，其后脱落。叶片长圆形至长圆披针形，（30~70）cm×（12~20）cm，基部宽楔形，先端尾状渐尖，一回羽状；羽片15~20对，斜展，有短柄，并以狭翅与叶轴相连，披针形，多少镰状，基部不对称，先端渐尖至尾状，边缘通常有粗锯齿，齿端锐尖，偶有羽裂；下部羽片较大，（9~13）cm×（1~2）cm。叶近革质，光滑或下面疏被小鳞片和棒状毛；叶脉二回分叉。孢子囊群线形。

【生境与分布】生于海拔500~1100 m的酸性山坡及山谷密林下。分布于四川、贵州、湖南、广西、广东、海南、台湾、福建、江西、浙江、安徽等地；日本、越南亦有。

【药用价值】根状茎入药，主治疮疡肿毒。

疏齿铁角蕨

疏齿铁角蕨
Asplenium wrightioides Christ

【形态特征】本种与狭翅铁角蕨相似,但较小,多数羽片与叶轴无狭翅相连;侧脉二叉,不为二回二叉;羽片边缘的锯齿钝,齿端不为锐尖。

【生境与分布】生于海拔500~1600 m的深谷或密林下的石灰岩隙或土生。分布于云南、四川、贵州、重庆、湖南、广西等地;越南北部亦有分布。

棕鳞铁角蕨

棕鳞铁角蕨

Asplenium yoshinagae Makino

【形态特征】根状茎直立或斜升，连同叶柄基部密被鳞片；鳞片棕色，线状披针形。叶柄6~18 cm，绿色，或下部的背面紫褐色，腹面灰绿色，疏被纤维状小鳞片。叶片披针形，（10~32）cm×（3.5~8）cm，基部不缩短或略缩短，先端渐尖，一回羽状，羽片12~18对，菱形或菱状披针形，基部不对称，上侧近截形，下侧狭楔形，先端钝或渐尖，羽状浅裂至深裂；裂片先端钝，牙齿状。叶近革质，幼时背面疏被线状披针形鳞片，后脱落；叶轴上有时有1芽孢。孢子囊群线形。

【生境与分布】生于海拔500~800 m的山坡密林下或河谷石上。分布于云南、四川、贵州、西藏、湖南、湖北、广西、广东、福建、浙江等地；印度、日本、越南亦有。

【药用价值】全草入药，舒筋通络，活血止痛。主治腰痛。

膜叶铁角蕨属 *Hymenasplenium* Hayata

石生、附生或陆生植物。根状茎有背腹性，纤细，匍匐生长，具粗筛孔鳞片。叶草质或膜质，疏离；叶柄通常有光泽，栗褐色至黑紫色或黑色，稀灰绿色；叶片一回羽状，稀单叶（贵州不产）；羽片不对称，基部下侧缺失成为对开式；下缘全缘，上缘具圆齿、波状或有锯齿，有时有微凹的锯齿。叶脉通常分离，不达叶缘，基部下侧有一至数条叶脉缺失。孢子囊群单生，稀双生，线形至近椭圆形，有囊群盖。孢子二面体形。

超过30种，泛热带分布；我国超过18种。

无配膜叶铁角蕨

Hymenasplenium apogamum (N. Murakami & Hatanaka) Nakaike

【形态特征】植株高20~38 cm。根状茎先端密被鳞片；鳞片深棕色，披针形，全缘。叶柄有光泽，紫色，10~18 cm，近光滑，基部疏被鳞片；叶轴有光泽，下面紫色，上面具沟，沟边有灰绿色的狭翅；叶片长圆披针形，（14~20）cm×[3~6（~7.6)]cm，向先端渐狭，光滑；羽片具短柄，15~22对，互生，平展，但基部羽片多少反折，四边形或梯形，（2~3.7）cm×（0.6~1）cm，基部不对称，上侧截形，与叶轴平行，略有耳突，下侧狭楔形，切去1/3~1/2，上缘有锯齿，羽片先端钝或近短尖。叶干后灰绿色，草质；叶脉分叉，基部下侧有3条叶脉缺失。孢子囊群线形，3~4 mm，居中；囊群盖淡棕色，膜质，全缘，开向中肋。

【生境与分布】生于海拔400~1200 m的溪边土生或生于石灰岩洞内石隙。分布于云南、贵州、台湾等地；日本、老挝、越南、泰国亦有。

无配膜叶铁角蕨

切边膜叶铁角蕨

Hymenasplenium excisum (C. Presl) S. Lindsay

切边膜叶铁角蕨

【形态特征】植株高45~62 cm。根状茎先端被鳞片；鳞片黑褐色，披针形。叶柄有光泽，栗紫色至黑色 18~35 cm，基部疏被鳞片；叶片狭三角形，（23~32）cm×（10~16）cm，基部截形且最宽，先端尾状渐尖；羽片16~24对，互生，几平展，下部羽片（5~9）cm×（1.5~2）cm，镰状披针形至狭镰状菱形，对开式，先端渐尖，基部不对称，上侧截形，与叶轴平行，下侧如同沿中肋切去1/4，上缘具重齿。叶草质或薄草质，干后绿色，光滑；叶轴与叶柄同色；叶脉分离，下侧有3~6条叶脉缺失。孢子囊群中生，线形；囊群盖膜质，全缘，开向中肋。

【生境与分布】生于海拔500~600 m的山谷林下湿石上。分布于云南、贵州、西藏、湖南、广东、广西、海南、台湾、浙江等地；印度、尼泊尔、不丹、斯里兰卡、缅甸、泰国、马来西亚、菲律宾、越南、非洲亦有。

【药用价值】根茎入药，清热利湿。

东亚膜叶铁角蕨

Hymenasplenium hondoense (N. Murakami & Hatanaka) Nakaike

【形态特征】植株高25~40(~43) cm。根状茎先端密被鳞片；鳞片栗褐色至黑褐色，披针形。叶柄有光泽，紫色，11~20 cm，基部疏被鳞片，向上光滑；叶片长圆披针形，(14~23) cm × (3.5~5.5) cm，向先端渐狭，光滑；羽片几无柄或有短柄，15~25对，不规则四边形至镰形，(2.2~3.2) cm × (0.6~1) cm，基部不对称，上侧截形，下侧狭楔形，切去1/3~1/2，上缘具锯齿，先端近短尖或钝。叶干后灰绿色，草质；叶轴有光泽，紫色；叶脉分离，基部下侧约有3条叶脉缺失。孢子囊群线形，中生；囊群盖膜质，全缘，开向中肋。

【生境与分布】生于海拔400~1100 m的小瀑布或瀑布旁，或山谷溪边湿石上。分布于四川、贵州、广西、福建等地；印度、尼泊尔、日本、朝鲜亦有。

东亚膜叶铁角蕨

秦氏膜叶铁角蕨

秦氏膜叶铁角蕨

Hymenasplenium chingii K. W. Xu, Li Bing Zhang & W. B. Liao

【形态特征】植株高20~38 cm。根状茎先端密被鳞片；鳞片深棕色，狭三角形或披针形。叶柄有光泽，深棕色，6~15 cm，基部疏被鳞片，密被黄褐色羊毛状绒毛；叶片狭卵形，一回羽状，（12~22）cm×（3.5~6）cm，基部最宽，向先端渐狭，顶端锐尖；叶轴有光泽，深棕色，正面具沟且有2对绿色狭翅；羽片几无柄或有短柄，15~30对，镰形或梯形，中部羽片（1.5~3）cm×（0.4~0.7）cm，基部不对称，上侧截形，下侧楔形，切去10 mm，上缘具锯齿，齿锐尖或钝，在羽片基部常微凹，下缘基部全缘，中部和顶端具齿，羽片先端渐尖。叶脉分离，基部下侧有2~4条叶脉缺失。孢子囊群线形，中生；囊群盖膜质，全缘，羽片上缘的第一个孢子囊群开向叶轴或缺失，其他开向中肋。

【生境与分布】生于海拔1800 m的阔叶林下阴湿环境中的溪流旁潮湿岩石上。分布于西南部的云南、贵州、四川等地。

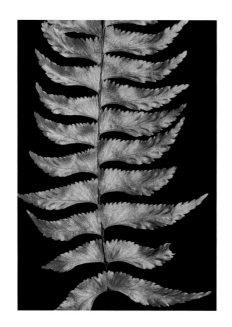

培善膜叶铁角蕨
Hymenasplenium wangpeishanii Li Bing Zhang & K. W. Xu

【形态特征】植株高达45 cm。根状茎先端密被鳞片，鳞片深棕色，狭三角形或披针形；根和根状茎均被黄褐色羊毛状绒毛。叶远生。叶柄无光泽，暗棕色，基部疏被鳞片和黄褐色羊毛状绒毛；叶片狭卵形，一回羽状，（25~30）cm×（5~7）cm，向先端渐狭；叶轴近光滑，正面具沟并有2对绿色狭翅；羽片20~30对，斜展，镰状至梯形，中部羽片（2~3.5）cm×0.7 cm，基部不对称，上侧截形，下侧楔形，切去约10 cm，上缘有锯齿，齿不微凹，锐尖，下缘基部全缘，中部和顶端具齿，羽片先端锐尖。叶脉两面可见，麦秆色，叶脉分叉，基部下侧2条叶脉缺失。孢子囊群线形长，1~3 mm，近中肋或中部以下着生；囊群盖膜质，全缘，羽片上缘第二个孢子囊群开向叶轴，其他开向中肋。

【生境与分布】生于海拔1250 m的潮湿和阴暗的石灰岩洞穴中。分布于西南部的贵州、四川等地。

培善膜叶铁角蕨

中华膜叶铁角蕨

中华膜叶铁角蕨

Hymenasplenium sinense K. W. Xu, Li Bing Zhang & W. B. Liao

【形态特征】植株高15~30 cm。根状茎先端密被鳞片；鳞片褐色至黑褐色，披针形。叶柄有光泽，栗褐色至紫黑色，4~11 cm，基部被鳞片；叶片披针形，(14~20) cm×(2.8~4) cm；羽片18~28对，互生，斜展，不规则四边形至镰形，(1.5~2.3) cm×(0.4~0.7) cm，基部不对称，上侧截形，下侧直，切去约1/2，强度对开式，有短柄，上缘具圆齿状缺刻，齿钝，先端通常钝。叶膜质；叶轴与叶柄同色；叶脉分离，基部下侧有3~4条叶脉缺失。孢子囊群线形；囊群盖膜质，全缘。

【生境与分布】生于海拔500~1100 m的溪边或小瀑布旁边的石上。分布于云南、四川、贵州、湖南、广西、江西等地。

【药用价值】全草入药，止血，解毒。

肠蕨科 DIPLAZIOPSIDACEAE

中型至大型土生草本植物。根状茎粗短，斜卧或直立，被深棕色披针形全缘厚鳞片。叶簇生，具叶柄，上面有1条纵沟，基部不以关节着生，常光滑或基部具鳞片，灰色或暗棕色；叶奇数一回羽状分裂，先端渐尖或短渐尖，草质至薄草质，羽片光滑无毛，1~10对，全缘，小羽片基部对称；叶脉网状，主脉粗壮，侧脉在主脉两侧各形成1~4行网孔，无内藏小脉，近叶边的小脉不达叶边。孢子囊群大多为线形或短线形，单生或双生，沿主脉两侧成一行着生，通直或略呈新月形，不达叶边；囊群盖灰白色或棕色，膜质，成熟时较厚，腊肠形，全缘，常被紧压于发育中的孢子囊群下。

2属4种，分布于美洲热带和温带，亚洲热带和亚热带地区；我国1属3种，产于西南部、南部和台湾。

肠蕨属 *Diplaziopsis* C. Christensen

中型陆生植物。根状茎粗壮，斜升或直立，疏被鳞片；鳞片棕色，披针形；叶簇生。叶柄禾秆色，基部疏被鳞片，向上光滑；叶片椭圆形至披针形，奇数一回羽状；侧生羽片互生，几无柄，披针形，基部对称，全缘，先端渐尖或尾状；叶脉网状，具2~4行无内藏小脉的多角形网眼。孢子囊群线形，沿小脉着生，单一，稀双生，靠近中肋；囊群盖幼时腊肠形，膜质，由上侧开裂，或从背侧不规则开裂。孢子单裂缝。

3种，分布于亚洲热带、亚热带及温带地区；我国3种。

川黔肠蕨
Diplaziopsis cavaleriana (Christ) C. Christensen

【形态特征】植株高达1 m。叶柄18~35 cm，基部疏被褐色披针形鳞片，向上光滑，禾秆色至棕禾秆色；叶片阔披针形至披针形，（38~65）cm×（12~22）cm；侧生羽片7~15对，互生，无柄或具短柄，略斜展，中部羽片（7~12）cm×（1.5~2.8）cm，长圆披针形，基部圆楔形至截形，边缘全缘，先端渐尖至长渐尖；上部和下部的羽片多少缩短；顶生羽片与侧生羽片相似。叶薄草质，干后褐绿色，两面光滑。叶脉可见，中肋每侧有2~4行网眼。孢子囊群粗，线形，长达5 mm，靠近中肋；囊群盖腊肠形，包着全部孢子囊，成熟时从上侧开裂。

【生境与分布】生于海拔700~2000 m的山谷溪边林下、林缘。分布于云南、四川、贵州、重庆、湖南、湖北、江西、福建、浙江等地；印度、尼泊尔、不丹、越南、日本亦有。

【药用价值】全草入药，凉血，止血。

 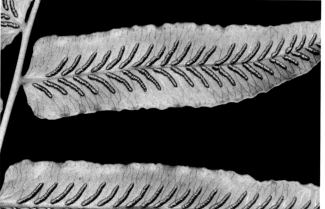

川黔肠蕨

川黔肠蕨

金星蕨科 THELYPTERIDACEAE

中型至大型土生、稀沼泽生草本。根状茎直立、斜升或长而横走，常疏被毛和鳞片，网状中柱。叶簇生、近生或远生，一型或近二型；叶柄基部无关节，常密被与根状茎上相同的鳞片；叶大多为披针形、椭圆状披针形或倒披针形，少数为卵形或卵状三角状，多数一至多回羽状，少数为单叶；叶脉分离或网状，网脉为各邻近裂片上相对的小脉联结，或为无内藏小脉的六角形网眼，小脉单一或分叉；叶草质、纸质或革质，两面被刚毛、单细胞针状毛、多细胞长毛或星状分枝毛。孢子囊群圆形、椭圆形或粗线形，多数分离，少数汇合；囊群盖圆肾形，常被刚毛或无盖。

30属约1200种，主要分布于热带和亚热带低海拔地区，仅少数达温带；我国约20属200种。

卵果蕨亚科 Subfam. PHEGOPTERIDOIDEAE

针毛蕨属 *Macrothelypteris* (H. Itô) Ching

大、中型陆生植物。根状茎粗短，直立或横卧，被鳞片；鳞片棕色，披针形，边缘有睫状针毛。叶簇生或近生；叶柄光滑或具鳞片和毛；叶片大，卵状三角形，三至四回羽裂，羽片和小羽片斜展或平展。叶草质或略呈纸质，羽轴、小羽轴上面圆而隆起，两面及肋间有毛，稀光滑，毛柔软，针状，灰白色单细胞或由数个细胞组成；叶脉羽状，分离，侧脉单一，有时分叉。孢子囊群小，生于小脉近先端，无盖或通常有小而早落的囊群盖。孢子二面体形。

约10种，分布于亚洲热带、亚热带、澳大利亚、太平洋岛屿；我国7种。

细裂针毛蕨

Macrothelypteris contingens Ching

【形态特征】植株高约1 m。根状茎被褐棕色的披针形鳞片。叶簇生，叶柄长约50 cm，禾秆色，基部被鳞片。叶片与叶柄等长，下部宽15~30 cm，卵状长圆形，先端渐尖并羽裂，向基部不变狭，三回深羽裂；羽片约15对，基部1对，(14~18) cm×(8~9) cm；一回小羽片15~20对，密接，平展，深羽裂；裂片12~15对，矩圆形，先端圆，基部下延，彼此以狭翅相连。侧脉2~3叉，偶单一，每裂片3~4对。叶为薄草质，下面疏生灰白色、多细胞、开展的针状毛，上面疏生同样而较短的针状毛，各回羽轴浅禾秆色，下面光滑或近光滑，上面被毛。孢子囊群小，圆形，每裂片3~4对，生于分叉侧脉的上侧小脉的近顶部；囊群盖小，不甚发育。

【生境与分布】生于海拔900~1050 m的山谷林下湿地。分布于浙江、云南、贵州等地。

细裂针毛蕨

针毛蕨

Macrothelypteris oligophlebia (Baker) Ching

【形态特征】植株高50~90 cm。根状茎短而横卧至斜升，连同叶柄基部被鳞片；鳞片褐色，披针形，有缘毛。叶柄达41 cm，禾秆色，基部以上光滑；叶片三角状卵形，（32~50）cm×（18~32）cm，三回羽裂至三回羽状；羽片10~12对，基部羽片不缩短或略缩短，长圆披针形，（11~21）cm×（2.5~6）cm，柄长5~12 mm，二回羽裂至二回羽状；小羽片10~18对，披针形，基部圆截形，无柄，上部彼此以狭翅相连；末回小羽片或裂片长圆形，先端钝，边缘全缘或具圆齿。叶草质，两面光滑；叶轴、羽轴及小羽轴干后多少泛红色。叶脉分离，可见，小脉不达叶边。孢子囊群小，圆形，着生于小脉近先端；囊群盖小，圆肾形，成熟时早落。

【生境与分布】生于海拔400~1500 m的山谷溪边、林缘及灌丛旁。分布于贵州、广西、湖南、江西、浙江、江苏、安徽、河南、河北等地；日本亦有。

【药用价值】根状茎入药，清热解毒，止血，消肿，杀虫。主治烧烫伤，外伤出血，疖肿，蛔虫病。

针毛蕨

桫椤针毛蕨
Macrothelypteris polypodioides (Hooker) Holttum

【形态特征】高大蕨类植物，形体大而粗壮如桫椤，根状茎短而横卧，圆柱状，粗约20 cm，密被浅棕色、边缘具疏睫毛、长钻状的厚质鳞片。叶簇生；叶柄长1.5 cm，遍生鳞片，鳞片线形，具毛；叶轴上的鳞片稀疏，或有时近光滑，羽轴上的鳞片边缘具较密的缘毛；叶片大，三角状卵形，先端渐尖并羽裂，向基部不变狭，四回羽裂；孢子囊群小，圆形，每一裂片1对，生于基部上侧小脉的近顶端；囊群盖宿存。

【生境与分布】生于海拔约700 m的林缘。分布于台湾等地；泰国、菲律宾、新西兰、巴布亚新几内亚、澳大利亚、太平洋诸岛屿亦有。

桫椤针毛蕨

普通针毛蕨

普通针毛蕨
Macrothelypteris torresiana (Gaudichaud) Ching

【形态特征】植株高45~100 cm或过之。根状茎短，直立至斜升，连同叶柄基部被鳞片；鳞片褐色，线状披针形，先端细长。叶柄28~56 cm，禾秆色，基部有短毛，向上光滑；叶片三角状卵形，（28~60）cm×（18~40）cm，基部不狭缩，三回羽状；羽片10~16对，下部羽片最大，长圆披针形，（10~25）cm×（3~7）cm，具短柄，先端长渐尖；一回小羽片10~20对，下部披针形，无柄或有短柄；末回小羽片或裂片长圆形，常多少呈镰状，先端钝，全缘或浅裂。叶草质，下面有较密的长针毛。叶脉分离，小脉不达叶边。孢子囊群小，着生于小脉近先端；囊群盖小，圆肾形，早落。

【生境与分布】生于海拔1300 m以下的林下、林缘、溪边。分布于我国长江以南各地；热带亚洲，北达日本、澳大利亚、太平洋岛屿、美洲热带、亚热带亦有。

【药用价值】全草入药，主治水肿，痈毒。

卵果蕨属 *Phegopteris* (C. Presl) Fée

中、小型夏绿性陆生植物。根状茎长而横走或短而直立，密被棕色鳞片和近白色针毛。叶远生或簇生；叶柄禾秆色，基部有鳞片；鳞片披针形，边缘疏生长毛；叶片二回羽裂，卵状三角形或狭披针形；羽片沿叶轴以狭翅彼此相连，或下部1~3对分离，不缩短，或下部数对渐缩小成耳状；叶脉羽状，侧脉单一或分叉，小脉达于叶边；叶片草质或软纸质，两面有白色针毛，羽轴、小羽轴及主脉两面隆起，并密被白色针毛，有时混生少数分叉毛。孢子囊群近圆形或卵形，生小脉中部以上，无盖。孢子二面体形。

4种，广布于北温带地区；我国3种。

延羽卵果蕨
Phegopteris decursive-pinnata (van Hall) Fée

【形态特征】植株高30~70 cm。根状茎短而直立，连同叶柄基部密被棕色、具缘毛的狭披针形鳞片。叶簇生；叶柄禾秆色，7~16 cm；叶片狭披针形，（21~54）cm×（4~12）cm，向基部渐缩小，二回羽裂或一回羽状而边缘有齿，先端渐尖并羽裂；羽片20~30对，互生，斜展，中部羽片最大，狭披针形，（2~6.5）cm×（0.5~1.2）cm，基部宽而下延，羽片之间以圆耳状或三角状的翅相连，先端渐尖；裂片斜展，卵状三角形，全缘，先端钝；羽片向两端渐缩短，基部1对常缩成小耳。叶草质，沿叶轴、羽轴及小脉两面有针毛及分叉的毛和星状毛，叶轴和羽轴下面有棕色小鳞片。叶脉羽状，侧脉单一。孢子囊群近圆形或卵形，生小脉先端。

【生境与分布】生于海拔2000 m以下的疏林及灌丛下、路边、林缘。分布于长江以南各地，北达山东、河南、陕西；日本、韩国、越南亦有。

【药用价值】根状茎入药，利湿消肿，收敛解毒。主治水湿胀满，痈毒溃烂久不收口。

延羽卵果蕨

紫柄蕨属 *Pseudophegopteris* Ching

中型陆生植物。根状茎短而横卧或长而横走，疏被鳞片。叶近生或远生；叶柄栗褐色或红棕色，少有禾秆色或棕禾秆色，有光泽，基部具阔披针形鳞片；鳞片边缘短睫状；叶片二至三回羽裂；羽片对生，无柄，不下延；羽轴两面隆起，通常与叶柄、叶轴同色或为淡色，下面光滑或有白色针毛，上面具毛；叶脉分离，侧脉单一或分叉，不达叶边。孢子囊群椭圆形或卵形，生叶脉中部以上，无囊群盖。孢子二面体形。

约25种，主产于亚洲热带、亚热带地区，东达太平洋岛屿，西至非洲；我国12种。

耳状紫柄蕨
Pseudophegopteris aurita (Hooker) Ching

【形态特征】植株高70~96 cm。根状茎长而横走。叶远生；叶柄23~48 cm，基部具鳞片和灰白色毛，向上光滑，至少到叶轴下部为栗红色或棕红色，有光泽；叶片长圆形至披针形，(43~48) cm × (15~24) cm，二回羽裂；羽片7~11对，对生，平展，无柄；中部羽片(9~13) cm × (2~2.5) cm，基部宽楔形，或上侧截形，先端长渐尖，羽状分裂几达羽轴；一些下部羽片的下侧裂片比上侧长，基部1对最大，其下侧的尤其伸长，披针形，长3.5~5 cm，边缘羽裂；其余裂片边缘波状或具圆齿；叶草质或纸质，光滑；叶轴、羽轴上面密被毛，下面疏被灰白色针毛；叶脉羽状，侧脉单一或分叉。孢子囊群生末回小脉中上部。

【生境与分布】生于海拔1700~2600 m的林缘、溪边、路边及湿地。分布于云南、四川、贵州、重庆、西藏、湖南、江西、福建等地；印度、尼泊尔、缅甸、越南、马来西亚、印度尼西亚、菲律宾、巴布亚新几内亚、日本亦有。

耳状紫柄蕨

紫柄蕨

紫柄蕨

紫柄蕨
Pseudophegopteris pyrrhorhachis (Kunze) Ching

【形态特征】植株高70~140 cm。根状茎长而横走,先端有鳞片。叶近生或远生;叶柄栗红色或栗紫色,有光泽,34~51 cm,基部具短毛及少数披针形鳞片,向上光滑;叶片椭圆披针形,(48~96)×(20~36)cm,基部多少狭缩,二至三回羽裂,先端渐尖;羽片13~20对,对生,无柄;中部羽片较大,(13~20)×(3~6)cm,基部圆楔形至近截形,先端渐尖或长渐尖;小羽片或裂片长圆形至长圆披针形,互生,平展,贴生羽轴,彼此以狭翅相连,分裂而形成小裂片;小裂片卵状三角形至长圆形。叶草质,叶面光滑,背面有少数灰白色针毛或几光滑;羽轴、小羽轴上面密被短针毛;叶脉分离,裂片上的侧脉通常单一。孢子囊群卵形或近圆形,生侧脉中部,孢子囊上无针毛。

【生境与分布】生于海拔500~2200 m的林下、林缘,山谷溪边。分布于云南、四川、贵州、重庆、广西、广东、台湾、福建、浙江、江西、湖南、湖北、河南、陕西、甘肃等地;印度、尼泊尔、不丹、巴基斯坦、斯里兰卡、缅甸、越南亦有。

【药用价值】全草入药,祛风利湿,清热消肿,止血。主治风湿,疮疡肿毒,吐血便血。

云贵紫柄蕨

云贵紫柄蕨
Pseudophegopteris yunkweiensis (Ching) Ching

　　【形态特征】植株高达1.5 m。根状茎粗壮横卧。叶近生；叶柄栗红色，有光泽，40~66 cm，基部密被鳞片；鳞片棕色，有毛，卵状披针形，脱落后在叶柄上留下粗糙疤痕，向上光滑；叶片卵形，(60~100) cm ×(40~60) cm，三回羽裂，先端羽裂渐尖；羽片12~20对，对生，无柄或下部有短柄；基部1对最大，(22~35) cm ×(10~12) cm，长圆披针形，二回羽裂，先端渐尖；小羽片对生或互生，平展，披针形或镰状披针形，贴生羽轴，先端渐尖，羽裂；裂片镰状，边缘全缘至具圆齿，先端短尖或钝。叶草质，两面光滑；叶轴、羽轴呈红色，小羽轴禾秆色，上面都被毛；叶脉可见，侧脉单一或分叉。孢子囊群卵形或椭圆形。

　　【生境与分布】生于海拔600~900 m的林下、河谷溪边。分布于云南、贵州、广西等地；越南亦有。

金星蕨亚科 Subfam. THELYPTERIDOIDEAE

星毛蕨属 *Ampelopteris* Kunze

蔓生植物。根状茎长而横走，连同叶柄基部疏具带有星状毛的披针形鳞片。叶簇生或近生；叶柄禾秆色；叶片奇数一回羽状；羽片平展，披针形，边缘波状或具圆齿，叶腋常具芽孢。叶坚草质或纸质。叶脉网状，小脉彼此以末端相接；叶轴通常伸长，着地生根，产生新株。孢子囊群生小脉中部，成熟时常汇生，无囊群盖；孢子单裂缝。

单种属，产于旧热带、亚热带地区。

星毛蕨
Ampelopteris prolifera (Retzius) Copeland

【形态特征】植株高约1 m。根状茎长而横走，连同叶柄基部疏具深棕色、有星状毛的披针形鳞片。叶簇生或近生；叶柄禾秆色，15~40 cm；叶片披针形，（30~90）cm×（10~20）cm，一回羽状；羽片平展，披针形，（4~12）cm×（1~2）cm，基部圆截形或浅心形，边缘波状或具圆齿，先端钝或短尖，叶腋常具芽孢。叶坚草质或纸质，两面光滑或近光滑。叶脉网状，小脉彼此以末端相接；叶轴通常伸长，着地生根，产生新株。孢子囊群生小脉中部，成熟时常汇生。

【生境与分布】生于海拔150~1000 m的溪边、沟边滩地。分布于云南、四川、贵州、湖南、广西、广东、海南、台湾、福建、江西等地；旧热带、亚热带地区亦有。

【药用价值】全草入药，清热利尿。

星毛蕨

钩毛蕨属 *Cyclogramma* Tagawa

中型陆生植物。根状茎短而直立或长而横走，具灰白色单细胞短毛和鳞片；鳞片卵形至披针形，背面或边缘有毛。叶簇生或疏生；叶柄基部多少有毛和鳞片，向上光滑或几光滑；叶片椭圆形或阔披针形，先端渐尖，羽裂；羽片多数，互生或对生，披针形，下部数对有时缩小成耳状，无柄，中部羽片羽裂；裂片近长圆形，边缘全缘，先端钝圆或钝尖。叶草质或纸质，干后绿色或几为棕色，两面多少具灰白色单细胞短毛和少数钩状粗长毛，羽片基部下面有气囊体。叶脉羽状，侧脉单一，伸达缺刻以上的边缘。孢子囊群圆形，背生小脉中部，无囊群盖；孢子囊近顶部有1~4枚钩毛。孢子二面体形。

约10种，主要分布于亚洲亚热带地区；我国9种。

焕镛钩毛蕨
Cyclogramma chunii (Ching) Tagawa

【形态特征】植株高70~105 cm。根状茎粗壮，长而横走，粗5~8 mm，近黑色，连同叶柄基部被有褐棕色的三角状披针形鳞片和灰白色短毛。叶近生；叶柄长30~50 cm，基部褐棕色，向上为深禾秆色，近光滑；叶片（40~55）cm×（20~25）cm，长圆披针形，二回羽状深裂；羽片12~18对，无柄，（10~15）cm×（2~3）cm，羽状深裂达3/4；裂片16~20对，长圆状披针形。叶薄草质，干后褐绿色，背面沿羽轴和主脉被针状短毛，叶面仅沿羽轴的纵沟被短毛，叶轴两面被较密的、先端弯钩状的毛，在羽片着生处下面具气囊体。孢子囊群小，圆形，生于侧脉中部以下，稍近主脉，每裂片7~10对；孢子囊体近顶部有1~2根短刚毛。

【生境与分布】生于600~1100 m山谷林下石上。分布于广东、广西、贵州等地。

焕镛钩毛蕨

小叶钩毛蕨

小叶钩毛蕨

Cyclogramma flexilis (Christ) Tagawa

【形态特征】植株高25~56(~73) cm。根状茎长而横走,连同叶柄基部有毛及卵形或阔披针形鳞片。叶近生;叶柄13~28(~37) cm,基部褐黑色,向上深禾秆色;叶片长圆披针形,与叶柄等长,宽7~18 cm,基部不变狭,二回羽裂;羽片多数,略斜展,无柄,先端渐尖;基部1对羽片不缩短;裂片邻接,长圆形,边缘全缘,先端圆钝。叶纸质,干后深绿色,下面具毛;叶轴、羽轴两面有灰白色短针毛,羽轴和主脉下面混有少数粗长针毛。叶脉分离,小脉单一。孢子囊群小,圆形,生小脉中部以下,略近主脉;每个孢子囊近顶部有1~3枚钩毛。

【生境与分布】生于海拔300~1500 m的石灰岩地区山坡及山谷林下。分布于四川、贵州、湖南、广西等地;越南、日本亦有。

【药用价值】草入药,清热利尿。主治膀胱炎,尿路不畅。

狭基钩毛蕨

狭基钩毛蕨

Cyclogramma leveillei (Christ) Ching

【形态特征】植株高46~90 cm。根状茎长而横走，连同叶柄基部有披针形、被毛的棕色厚鳞片及灰白色针毛。叶近生；叶柄15~45 cm，基部褐色，向上禾秆色；叶片阔披针形，（23~50）cm ×（12~22）cm，基部突然狭缩，二回羽裂；羽片10~15对；基部1对明显缩短，（2~4）cm ×（1~1.5）cm；中部羽片长圆披针形，（7~12）cm ×（1.5~2.2）cm，羽状深裂；裂片长圆形，全缘，先端圆。叶草质，干后淡绿色或褐绿色，叶面混生长针毛和短柔毛，背面沿羽轴和主脉密生张开的灰白色针毛。叶脉分离，小脉单一。孢子囊群小，圆形，背生小脉中部；每个孢子囊近顶部有1~3枚针毛。

【生境与分布】生于海拔500~1600 m的河谷林下，偶见于山洞内。分布于云南、四川、贵州、湖南、广西、广东、台湾、福建、江西、浙江等地；日本亦有。

【药用价值】全草入药，用于清热利尿。

峨眉钩毛蕨

Cyclogramma omeiensis (Baker) Tagawa

【形态特征】本种与狭基钩毛蕨相似，但其基部有1或2对羽片耳状，长不及1 cm；孢子囊光滑，近顶部无针毛而不同。

【生境与分布】生于海拔700 m的河谷林下石上。分布于云南、四川等地。

峨眉钩毛蕨

毛蕨属 *Cyclosorus* Link

大、中型陆生植物。根状茎长而横走，稀直立，有鳞片及针毛。叶远生至簇生；叶柄禾秆色至灰褐色；叶片通常为长圆披针形，二回羽裂，有时为奇数一回羽状；羽片一般羽状深裂，基部下面无疣状气囊体；裂片多数。叶片干后草质至厚纸质，两面有毛或光滑；叶轴、羽轴及中肋常具灰白色针毛，至少羽轴和中肋上面有针毛。叶脉部分网状，星毛蕨型，即相邻裂片的下部小脉交接，形成三角形网眼，并从交接点上产生外行小脉；在裂片间的缺刻下还有一条连接外行小脉的透明膜。孢子囊群圆形，有囊群盖。孢子二面体形。

约250种，分布于泛热带地区；我国40种。

渐尖毛蕨
Cyclosorus acuminatus (Houttuyn) Nakai

【形态特征】根状茎长而横走，先端及叶柄基部生棕色披针形鳞片。叶远生；叶柄10~50 cm，棕禾秆色；叶片披针形，（30~60）cm×（8~15）cm，二回羽裂，基部不狭缩或略狭缩，先端渐尖至尾状；侧生羽片10~20对，线状披针形，（5~10）cm×（1~1.7）cm，基部截形，有短柄，向羽轴分裂达1/2~2/3，先端渐尖；裂片顶端锐尖，边缘全缘或具齿；羽片基部上侧裂片总是伸长。叶纸质或近革质，两面近光滑。叶脉下面凸起；小脉单一，基部1对在顶端相接，有较短的外行小脉。孢子囊群圆形，稍近叶缘；囊群盖圆肾形，棕色。

【生境与分布】生于海拔150~1900 m的林缘、荒坡、田边、路边及溪边。分布于黄河以南各省区；日本、韩国、菲律宾亦有。

【药用价值】全草、根茎入药，泻火解毒，健脾，镇惊。主治消化不良，烧烫伤，狂犬咬伤。

渐尖毛蕨

干旱毛蕨

干旱毛蕨
Cyclosorus aridus (D. Don) Tagawa

【形态特征】植株高70~130 cm。根状茎长而横走，连同叶柄基部疏被棕色披针形鳞片。叶远生；叶柄15~30 cm；叶片披针形，（60~115）cm×（15~25）cm，基部渐狭缩，先端短渐尖，二回羽裂；羽片20~30对，中部羽片线状披针形，（8~13）cm×（1.5~2）cm，基部截形，浅裂，先端渐尖至尾状；裂片三角形，全缘，短尖；下部2~10对羽片缩短。叶纸质至近革质，干后淡棕色，叶面近光滑，仅沿羽轴有少数短针毛，背面沿羽轴、叶脉被短针毛，同时沿叶脉有黄色或橙色棒状腺体；小脉6~12对，基部2对网结，其上的1或2对伸达缺刻膜。孢子囊群圆形，中生；囊群盖圆肾形，棕色，具腺体。

【生境与分布】生于海拔800 m以下的林缘、溪边、路边。分布于云南、四川、贵州、重庆、西藏、湖南、广西、广东、海南、台湾、福建、浙江、安徽、江西等地；印度、尼泊尔、不丹、越南、马来西亚、印度尼西亚、菲律宾、澳大利亚、太平洋岛屿亦有。

【药用价值】全草入药，止痢，清热解毒。主治细菌性痢疾，乳蛾，狂犬咬伤，扁桃体炎，弹伤。

光羽毛蕨
Cyclosorus calvescens Ching

【形态特征】植株高0.9~1.6 m。根状茎横走,连同叶柄基部具深棕色披针形鳞片。叶近生或远生;叶柄40~80 cm,棕禾秆色;叶片长圆形,(50~80) cm×40 cm,具有长顶生羽片;侧生羽片达15对,中部羽片(15~27) cm×(2.5~3.6) cm,基部宽楔形,有短柄,向羽轴分裂达1/4~1/3,先端尾状;基部1或2对缩短到不及中部羽片之半,或有时稍长;裂片三角形,前倾,全缘,先端钝或短尖;小脉8~10对,下部1.5~2对网结,接着1.5~2.5对小脉连着缺刻膜。叶纸质,干后灰绿色或褐绿色,叶面沿羽轴和叶脉疏被针毛,背面近光滑。孢子囊群圆形,中生;囊群盖棕色,宿存。

【生境与分布】生于海拔300~700 m的河谷林下。分布于云南、贵州、广西等地;越南亦有。

光羽毛蕨

光羽毛蕨

齿牙毛蕨

齿牙毛蕨
Cyclosorus dentatus (Forsskål) Ching

【形态特征】植株高40~90 cm。根状茎直立至横卧，先端连同叶柄基部密被鳞片；鳞片棕色，狭披针形。叶簇生或近生；叶柄15~28 cm，基部黑褐色，上部禾秆色；叶片（25~60）cm×（9~20）cm，基部狭缩，先端渐尖，二回羽裂；侧生羽片12~20对，下部数对稍缩短；中部羽片披针形至倒披针形，（5~10）cm×（1~2）cm，基部截形，向羽轴分裂达1/2~2/3，先端渐尖；裂片长圆形，先端圆。叶草质至纸质，两面有毛，沿叶脉有少数针毛；每裂片有小脉约7对；基部1对网结，接着的0.5~1对伸向缺刻膜。孢子囊群圆形，中生；囊群盖上有密毛。

【生境与分布】生于海拔300~1400 m的林下、溪边，土生、石隙生。分布于云南、四川、贵州、西藏、重庆、湖南、广西、广东、海南、台湾、福建、江西、浙江等地；热带亚洲、非洲和美洲亦有。

【药用价值】根状茎入药，舒筋活络，散瘀。主治风湿筋骨痛，手足麻木，瘰疬，痞块，痢疾，跌打损伤。

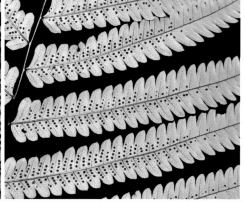

闽台毛蕨

闽台毛蕨
Cyclosorus jaculosus (Christ) H. Itô

【形态特征】植株高60~72 cm。根状茎长而横走。叶远生；叶柄13~21 cm，棕禾秆色；叶片披针形，(60~67) cm × (16~20) cm，基部渐狭，先端渐尖至尾状；羽片20对以上，下部3~8对渐缩小，基部1对仅约1.5 cm × 1.5 cm，甚至还要小；中部羽片披针形，(9~12) cm × (1~2) cm，基部圆截形，向羽轴分裂达1/3~1/2，先端长渐尖；裂片三角状长圆形，全缘，先端圆钝至近短尖。叶纸质，干后褐绿色至灰绿色，上面沿羽轴和叶脉上面有少数针毛，脉间具细毛，下面遍布橙色腺体。小脉6~8对，基部1~1.5对网结，接着的1~1.5对伸达缺刻膜。孢子囊群圆形，生小脉中部；囊群盖光滑或疏具细毛。

【生境与分布】生于海拔700~1000 m的林下、溪边。分布于云南、贵州、湖南、广西、广东、江西、福建、台湾、浙江等地；印度、尼泊尔、不丹、越南、日本亦有。

宽羽毛蕨
Cyclosorus latipinnus (Bentham) Tardieu

【形态特征】植株高20~36 cm。根状茎横卧至斜升，先端及叶柄基部疏被棕色卵状披针形鳞片。叶近生；叶柄8~10 cm；叶片（12~26）cm×（6~11）cm，基部狭缩，先端有一大而分裂的羽片，长达12 cm；侧生羽片4~7(~12)对，下部2~3对缩小，基部1对约1 cm×0.5 cm，三角状耳片形；中部羽片披针形或倒披针形，（3.5~6）cm×（1~1.5）cm，基部圆截形，向羽轴分裂达1/4~1/3，先端短尖；裂片全缘，先端圆钝。叶草质，干后黄绿色，上面沿羽轴和叶脉有短毛。小脉4~6对，基部1对网结，接着的0.5~1对伸达缺刻膜，外行小脉通常断开。孢子囊群圆形，生小脉中部；囊群盖具短毛。

【生境与分布】生于海拔150~900 m的河谷溪边。分布于云南、贵州、湖南、广西、广东、海南、台湾、福建、浙江等地；南亚和东南亚、澳大利亚、太平洋岛屿亦有。

宽羽毛蕨

华南毛蕨

华南毛蕨

Cyclosorus parasiticus (Linnaeus) Farwell

【形态特征】植株高40~90 cm。根状茎横走，连同叶柄基部具棕色披针形鳞片。叶近生；叶柄14~40 cm，禾秆色；叶片（30~50）cm×（11~18）cm，披针形，先端渐尖，基部略狭缩；侧生羽片15~20对，下部1或2对反折；中部羽片线状披针形，（6~15）cm×（1~1.5）cm，基部截形，向羽轴分裂达1/2~3/4，先端长渐尖；裂片长圆形或镰状，全缘，先端钝或圆。叶草质，干后绿色或黄绿色，两面遍布细针毛，下面各处有橙红色腺体。小脉6~8对，基部1对网结，其余伸达缺刻之上。孢子囊群圆形，生小脉中部；囊群盖被密毛。

【生境与分布】生于海拔300~1200 m的山坡林缘、路边、溪边。分布于云南、四川、贵州、重庆、湖南、广西、广东、海南、台湾、福建、浙江、江西等地；印度、尼泊尔、斯里兰卡、缅甸、泰国、老挝、越南、印度尼西亚、菲律宾、日本、韩国亦有。

【药用价值】全草入药，祛风除湿，清热，止痢。主治风湿筋骨痛，感冒，痢疾。

无腺毛蕨
Cyclosorus procurrens (Mettenius) Ching

【形态特征】植株高35~100 cm。根状茎横走，连同叶柄基部疏具棕色披针形鳞片。叶近生；叶柄15~40 cm，基部棕色，向上深禾秆色；叶片（20~60）cm×（12~24）cm，基本不变狭或略变狭，先端长渐尖；羽片15~25对，无柄，下部1~3对略缩短并反折；中部羽片线状披针形，（5~15）cm×（0.8~2）cm，基部截形，向羽轴分裂约达2/3，先端长渐尖；裂片镰状长圆形，先端钝。叶草质，干后黄绿色，两面被针毛。小脉6~10对，基部1对网结，接着的0.5~1对伸达缺刻膜。孢子囊群圆形，生小脉中部；囊群盖密被毛。

【生境与分布】生于海拔400~1000 m的山坡林缘、路边、溪边。分布于云南、贵州、广东、广西、海南、台湾等地；印度、缅甸、马来西亚、印度尼西亚、菲律宾亦有。

无腺毛蕨

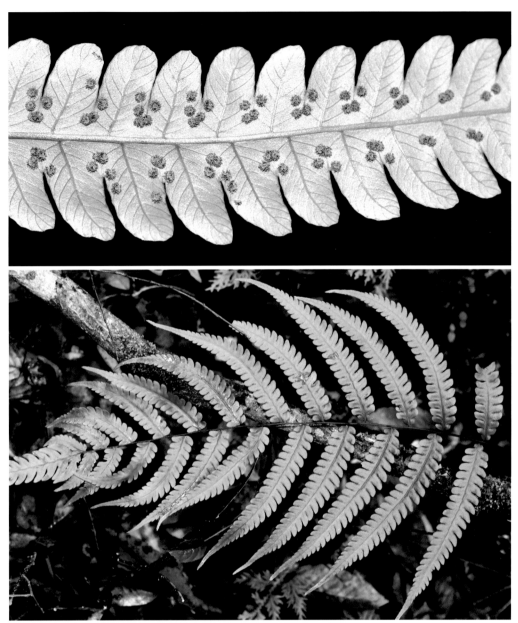

石门毛蕨

石门毛蕨

Cyclosorus shimenensis K. H. Shing & C. M. Zhang

【形态特征】植株高80~100 cm。根状茎横走，具深棕色披针形鳞片和刚毛。叶远生；叶柄40~56 cm，褐色；叶片（40~52）cm×（14~25）cm，基部稍变狭，先端尾状；侧生羽片10~16对，有短柄，基部1或2对稍缩短；中部羽片镰状披针形，（10~17）cm×（1.5~2）cm，基部圆楔形，向羽轴分裂达2/3~3/4，先端长渐尖；中部羽片的裂片20~30对，基部裂片缩短；中部裂片镰状，先端钝；小脉6~12对，基部1对网结，接着的0.5~1对伸达缺刻膜。叶纸质，干后灰绿色，沿羽轴和叶脉两面有短针毛，脉间有细毛。孢子囊群小，中生；囊群盖有短毛。

【生境与分布】生于海拔500~800 m的山谷林下，石灰岩洞旁。分布于重庆、贵州、湖南等地。

載裂毛蕨

截裂毛蕨

截裂毛蕨
Cyclosorus truncatus (Poiret) Farwell

【形态特征】植株高达2 m。根状茎直立，木质，鳞片棕色，披针形。叶簇生；叶柄50~75 cm，棕禾秆色；叶片长圆披针形，达130 cm×（30~40）cm或更宽，基部突然狭缩，先端渐尖；羽片30~40对，下部2~6对突然缩短，中部羽片线形，（15~25）cm×2.5 cm，基部圆楔形，在下部羽片的基部通常变狭，羽片向羽轴分裂达1/4~1/2，先端长渐尖，基部有气囊体；裂片长方形，先端截形或圆截形，全缘或有钝齿。叶纸质，干后绿色至褐绿色，脉间有泡状突起，两面光滑；小脉6~9对，下部1.5或2对网结，接着的约1对伸达缺刻膜。孢子囊群圆形，中生；囊群盖棕色，光滑，宿存。

【生境与分布】生于海拔600~1400 m的溪边林下。分布于华南、西南等地；南亚和东南亚、澳大利亚、太平洋岛屿亦有。

方秆蕨属 *Glaphyropteridopsis* Ching

大、中型陆生植物。根状茎粗短，横卧或斜升，略被鳞片或光裸。叶簇生至近生；叶柄光滑；叶片长圆形或椭圆形，二回深羽裂；羽片多数，线状披针形，无柄，分离，对生或近对生，基部下面无疣状气囊体，羽裂几达羽轴；裂片披针形或镰形。叶草质或纸质，干后绿色或黄绿色，两面多少被白色长针毛；叶轴方形。叶脉在裂片上羽状，单一。孢子囊群圆形，生小脉基部，靠近裂片主脉，每侧1列，成熟时常汇生成线形，无囊群盖或囊群盖发育不良。孢子二面体形。

12种，分布于亚洲热带、亚热带地区；我国11种。

方秆蕨

Glaphyropteridopsis erubescens (Wallich ex Hooker) Ching

【形态特征】植株高达2 m或过之。根状茎粗壮，斜升，木质，光滑。叶簇生；叶柄长约1 m，粗过1 cm，有棱，光滑，禾秆色；叶片通常与叶柄等长，宽达60 cm，向基部稍狭，二回羽状深裂；羽片多数，（20~35）cm×（2.5~4.5）cm，线状披针形，下部数对略缩短并反折；裂片多，篦齿状排列，镰状披针形，全缘，先端短尖。叶纸质，干后绿色，两面光滑；叶轴常呈红色，横切面方形，羽轴上面沟内具针毛。叶脉明显，裂片上的小脉单一。孢子囊群圆形，生小脉基部，紧靠主脉两侧，每侧1列，成熟时汇成线状，无囊群盖。

【生境与分布】生于海拔500~1400 m的河谷溪边。分布于云南、四川、贵州、西藏、台湾等地；印度、尼泊尔、不丹、巴基斯坦、缅甸、越南、菲律宾、日本亦有。

【药用价值】全草入药，祛风除湿，杀虫。主治风湿性关节炎，蛔虫病，蛲虫病。

方秆蕨

粉红方秆蕨

Glaphyropteridopsis rufostraminea (Christ) Ching

【形态特征】植株高53~93 cm。根状茎横卧，光滑。叶近生；叶柄26~48 cm，禾秆色或常呈红色，光滑；叶片长圆形，(40~50) cm×(14~24) cm，二回羽裂，先端渐尖；羽片16~24对，无柄，平展或先端略上弯，线状披针形；下部1或2对略缩短并反折，向基部变狭；中部羽片(7~13) cm×(1.2~2) cm，基部较宽，截形，羽裂几达羽轴；裂片平展，披针状镰形，全缘，先端钝尖或短尖。叶纸质，干后黄绿色或常泛棕色，叶轴、羽轴、叶脉和脉间在下面密被长针毛。叶脉分离，小脉均伸达缺刻以上的边缘。孢子囊群圆形，生小脉基部，靠近中肋；囊群盖发育不良；每个孢子囊近顶部有3~5枚针毛。

【生境与分布】生于海拔500~1700 m的石灰岩洞壁上，山谷溪边石隙。分布于云南、四川、贵州、重庆、湖北等地。

粉红方秆蕨

凸轴蕨属 *Metathelypteris* (H. Itô) Ching

中、小型陆生植物。根状茎短而直立至横卧，疏被鳞片。叶近生或簇生；叶柄禾秆色至淡绿色，被柔毛或光滑；叶片卵形、长圆披针形或卵状三角形，二回羽裂至三回羽状。叶草质，通常两面有灰白色单细胞针毛，叶轴、羽轴上的毛较密；羽片下面多半无腺体；羽轴上面圆而隆起，绝无沟槽。叶脉羽状，单一或分叉，不达叶缘。孢子囊群小，圆形，生于小脉中部以上；囊群盖圆肾形，膜质，绿色，宿存。孢子二面体形。

约12种，分布于亚洲热带、亚热带地区，马达加斯加；我国12种。

林下凸轴蕨
Metathelypteris hattorii (H. Itô) Ching

【形态特征】植株高达73 cm。根状茎短而横卧，先端及叶柄基部被鳞片和灰白色刚毛。叶近生；叶柄16~32 cm，基部暗棕色，向上禾秆色，近光滑；叶片卵状三角形，(20~45) cm×(16~34) cm，基部最宽，三回羽裂；羽片约12对，无柄，披针形，基部羽片(8~18) cm×(2~4) cm，向基部狭缩，基部圆截形，先端渐尖，二回羽状深裂；小羽片12~18对，互生，无柄，长圆形至披针形，先端钝或短尖，羽裂达2/3；裂片长圆形，全缘，先端圆钝。叶草质，干后淡绿色，两面被柔毛。叶脉分离，小脉不达叶缘。孢子囊群小，圆形，生于小脉末端；囊群盖小，圆肾形，黄绿色，边缘有毛，宿存。

【生境与分布】生于海拔1500~1900 m的林缘、路边、溪边。分布于云南、四川、贵州、湖南、广西、江西、福建、安徽等地；日本亦有。

林下凸轴蕨

疏羽凸轴蕨

Metathelypteris laxa (Franchet & Savatier) Ching

【形态特征】植株高38~62 cm。根状茎横卧或横走，先端连同叶柄基部疏被灰白色短毛和棕色披针形鳞片。叶近生；叶柄18~28 cm，淡绿色，基部以上近光滑；叶片长圆形至长圆披针形，（15~34）cm×（7~14）cm，基部不缩小，二回羽裂；羽片10~15对，狭披针形，无柄，中部最宽；下部羽片向基部明显狭缩，（5~10）cm×（1.5~2.5）cm，先端长渐尖，羽状深裂达羽轴两侧的狭翅；裂片长圆形或镰状长圆形，边缘全缘或具圆齿，先端钝或短尖。叶草质，干后草绿色，两面被短针毛。叶脉分离，侧脉分叉，不达叶缘。孢子囊群小，圆形，着生小脉末端；囊群盖小，圆肾形，边缘疏睫状。

【生境与分布】生于海拔600~1900 m的林下、林缘、路边。分布于我国华东、华中、华南和西南地区；日本、韩国亦有。

【药用价值】全草入药，清热解毒。

疏羽凸轴蕨

金星蕨属 *Parathelypteris* (H. Itô) Ching

中型陆生植物。根状茎长而横走或短而直立，光滑或疏被鳞片。叶远生、近生或簇生；叶柄禾秆色或栗褐色，基部近光滑或具长毛，向上光滑或有柔毛；叶片长圆披针形至披针形；羽片多数，无柄或几无柄，羽状分裂；裂片多为长圆形或近方形，边缘全缘或有齿，先端圆或截状。叶草质或纸质，下面常有橙色腺体；叶轴、羽轴上面具沟，密被短刚毛，下面圆而凸起，通常被针毛，稀光滑。叶脉羽状，分离，单一，均伸达叶缘。孢子囊群圆形，背生小脉中部或近先端；囊群盖较大，圆肾形，光滑或具毛，通常宿存，孢子二面体形。

约60种，分布于东亚的热带、亚热带、东南亚至太平洋岛屿；我国20余种。

长根金星蕨
Parathelypteris beddomei (Baker) Ching

【形态特征】植株高40~76 cm。根状茎细长横走。叶柄4~25 cm，淡禾秆色，基部疏被卵形至卵状披针形鳞片，向上光滑；叶片披针形，（26~68）cm×（7~14）cm，向基部渐缩小，二回羽裂，先端渐尖且羽裂；羽片25~32对，互生，无柄，几平展，下部数对渐缩小成耳状，中部羽片最大，狭披针形，（4~8）cm×（0.8~1.6）cm，羽状深裂；裂片10~20对，长圆形，全缘，先端钝或圆。叶草质，干后淡绿色，有时下面有橙色球状腺体。叶脉分离，羽状，侧脉单一，两面疏被淡灰色针毛。孢子囊群小，生于小脉近末端处，紧靠叶边；囊群盖小，圆肾形。

【生境与分布】生于海拔500~2500 m的路边、疏林下、林缘、湿地。分布于云南、四川、贵州、台湾、浙江等地；印度、印度尼西亚、马来西亚、菲律宾、日本亦有。

【药用价值】叶、全草入药，消炎止血。主治外伤出血。

长根金星蕨

长根金星蕨

光脚金星蕨

光脚金星蕨

Parathelypteris japonica (Baker) Ching

【形态特征】植株高达73 cm。根状茎短,横卧或斜升。叶近生或几簇生;叶柄24~46 cm,栗褐色,基部疏被鳞片,鳞片褐色,披针形,向上光滑;叶片长圆形,(25~45)cm×(15~20)cm,基部不变狭,二回羽裂,先端渐尖并羽裂;羽片15~20对,平展,无柄;中部羽片披针形,(8~10)cm×(1.3~1.6)cm,基部近截形,对称,羽裂,先端渐尖;裂片长圆形,有时略呈镰状,全缘,先端圆或钝。叶草质,干后暗绿色,下面有橙红色球状腺体;叶轴、羽轴两面有针毛。叶脉明显,侧脉单一,每裂片上有(6~)8~10对。孢子囊群圆形,背生于侧脉中部稍上处;囊群盖大,圆肾形,被毛。

【生境与分布】生于海拔600~2100 m的疏林下、林缘、溪边。分布于云南、四川、贵州、湖南、江西、福建、台湾、浙江、安徽、江苏等地;日本、韩国亦有。

【药用价值】叶入药,清热解毒,利尿止血。主治烧烫伤,吐血,外伤出血,痢疾,小便不利。

黑叶金星蕨

Parathelypteris nigrescens Ching ex K. H. Shing

【形态特征】植株高50~70 cm。根状茎黑色。叶簇生；叶柄长20~35 cm，下部近黑色，被开展的、灰白色、多细胞长针毛，向上为栗棕色，疏被短柔毛；叶片（30~38）cm×（12~15）cm，基部不变狭，二回羽状深裂；羽片15~18对，基部1对羽片不缩短，羽状深裂达羽轴两侧的狭翅，翅宽2~2.5 mm；裂片15~20对，长舌形，两侧全缘。叶脉可见，侧脉斜上，单一，每裂片5~6对。叶片草质，干后褐绿色或黑褐色，下面疏被短毛，沿羽轴密生短柔毛，上面仅沿羽轴密生短针毛，有时沿主脉略被疏柔毛；叶轴密被短针毛。孢子囊群圆形，背生于侧脉中部；囊群盖中等大，圆肾形，棕色，膜质，彼此远分开。

【生境与分布】生于海拔1000~1200 m的山谷林下沟边。分布于广西、云南、贵州等地。

黑叶金星蕨

新月蕨属 *Pronephrium* C. Presl

大、中型陆生植物。根状茎长而横走，连同叶柄基部疏被鳞片；鳞片有毛。叶远生或近生；叶柄近光滑；叶片长圆形至长圆披针形，奇数一回羽状，少为三出或单叶；顶生羽片与侧生羽片相似，侧生羽片无柄或有短柄，全缘或具齿，基部下面无气囊体。叶草质或纸质，下面无腺体，两面或至少叶轴、羽轴上面有针毛。叶脉新月蕨型，即所有小脉联结成斜方形网眼，由小脉联结点伸出外行小脉；外行小脉连续或断开。孢子囊群圆形，常无盖，成熟时2个相对的孢子囊群常汇合，变成新月形；孢子二面体形。

61种，分布于亚洲热带、亚热带地区；我国18种。

红色新月蕨
Pronephrium lakhimpurense (Rosenstock) Holttum

【形态特征】植株高达2 m或更高。根状茎长而横走。叶远生；叶柄53~128 cm，基部被少数卵形鳞片；叶片长圆形，(62~108) cm × (34~48) cm，奇数一回羽状；侧生羽片7~11对，斜展，具短柄或几无柄，狭长披针形，(23~30) cm × (3.6~6.5) cm，基部圆形或阔楔形，边缘全缘或波状，先端尾状。叶草质至薄纸质，干后呈红色，两面光滑。叶脉明显，小脉13~17对，外行小脉不伸达上一对小脉的交接点。孢子囊群圆形，中生或在小脉中部以上，在侧脉间排成2行，成熟时常汇生；无囊群盖。

【生境与分布】生于海拔1000 m以下的山谷林下。分布于云南、四川、贵州、广西、广东、江西、福建等地；印度、尼泊尔、不丹、泰国、越南亦有。

【药用价值】根茎入药，清热解毒，祛瘀止血，去腐生肌。主治疔疮疖肿，跌打损伤，外伤出血。

红色新月蕨

披针新月蕨

Pronephrium penangianum (Hooker) Holttum

【形态特征】植株高68~170 cm。根状茎长而横走，具少数棕色披针形鳞片。叶近生或远生；叶柄33~80 cm，基部深棕色，向上淡棕色或禾秆色，光滑；叶片长圆披针形，（35~90）cm×（22~42）cm，奇数一回羽状；侧生羽片9~17对，互生，有短柄或无柄，狭披针形，（13~24）cm×（1.5~4）cm，基部阔楔形，边缘具锐齿，先端渐尖。叶干后纸质，常呈红棕色，两面光滑。小脉下面明显，6~10对，外行小脉由小脉的交接点伸出，与上面的小脉连接或断开。孢子囊群圆形，生小脉中部或近中部，在侧脉间排成2列；无囊群盖。

【生境与分布】生于海拔1900 m以下的路边、沟边、林缘及河谷内。分布于云南、四川、贵州、重庆、广西、广东、湖南、湖北、河南、江西、浙江等地；印度、尼泊尔、不丹、巴基斯坦亦有。

【药用价值】根状茎、叶入药，活血散瘀，利湿。主治风湿麻痹，痢疾，跌打腰痛。

披针新月蕨

单叶新月蕨

单叶新月蕨

Pronephrium simplex (Hooker) Holttum

【形态特征】植株高30~40 cm。根状茎细长横走,先端疏被深棕色的披针形鳞片和钩状短毛。叶远生,单叶,二型;不育叶的柄长14~18 cm,禾秆色,基部偶有1~2枚鳞片,向上密被钩状短毛,间有针状长毛;叶片(15~20)cm×(4~5)cm,椭圆状披针形,基部深心脏形,两侧呈圆耳状。叶脉上面可见,具网眼。叶干后厚纸质,两面均被钩状短毛,叶轴和叶脉上的毛更密,间有长的针状毛。能育叶远高于不育叶,柄长30~35 cm,叶片(5~10)cm×(8~15)mm,披针形,基部心脏形,全缘,叶脉同不育叶,被同样的毛。孢子囊群生于小脉上,初为圆形,无盖,成熟时布满整个羽片下面。

【生境与分布】生于海拔20~1500 m的溪边林下或山谷林下。分布于台湾、福建、广东、香港、海南、云南等地;越南、日本亦有。

【药用价值】全草入药,清热解毒,利咽消肿。

三羽新月蕨

Pronephrium triphyllum (Swartz) Holttum

【形态特征】植株高达36 cm。根状茎长而横走，连同叶柄基部疏具鳞片和毛。叶近二型；叶柄13~24 cm，细弱，禾秆色；叶片卵状三角形，(11~15) cm ×(7~10) cm，基部圆，三出，先端长渐尖；侧生羽片1对，椭圆形，(5~6) cm ×(1.5~3) cm，基部圆形或圆楔形，羽柄1~2 mm，边缘全缘或波状，先端短渐尖；顶生羽片大，披针形，(11~14) cm ×(3~3.5) cm，柄长6~10 mm，先端渐尖或短尾状。叶草质，干后暗绿色，除羽轴上面沟内密生针毛、羽轴和叶脉下面疏被针毛外，两面光滑。叶脉网结，小脉彼此以末端相接。能育叶与不育叶相似，但叶柄较长，羽片较狭。孢子囊群生小脉上，无盖；每个孢子囊上有钩毛2枚。

【生境与分布】生于海拔600 m的林下。分布于云南、贵州、广东、广西、福建、台湾等地；印度、斯里兰卡、缅甸、马来西亚、印度尼西亚、日本、韩国、澳大利亚亦有。

【药用价值】全草入药，解毒，消肿，止痒。主治疮痈肿毒，跌打损伤，水肿，湿疹，皮肤瘙痒。

三羽新月蕨

假毛蕨属 *Pseudocyclosorus* Ching

中型陆生植物。根状茎横走或横卧，稀直立，连同叶柄基部疏被鳞片。叶通常远生或近生；叶柄禾秆色，光滑或疏被毛；叶片长圆披针形或披针形，二回羽裂；羽片狭披针形，基部下面有深棕色疣状气囊体；下部羽片不缩短或渐缩成耳片，或突然收缩成小状；裂片多数。叶纸质，有时草质或革质，两面多少具针毛，下面无球状腺体。叶脉分离，相邻裂片基部1对小脉偶尔伸达软骨状缺刻处，但通常彼此并不相交。孢子囊群圆形；囊群盖圆肾形，光滑或有毛；孢子二面体形。

约50种，分布于泛热带地区；我国38种。

西南假毛蕨
Pseudocyclosorus esquirolii (Christ) Ching

【形态特征】植株高达2 m。根状茎横走。叶近生或远生；叶柄20~52 cm，基部疏被鳞片，向上被毛至近光滑，禾秆色；叶片披针形，（80~150）cm×（24~46）cm，基部渐狭，二回羽裂，先端羽裂渐尖；羽片23~40对，中部最大，（12~24）cm×（1.5~3.2）cm，线状披针形，基部截形，先端渐尖至长渐尖，羽裂几达羽轴；裂片长圆披针形，多少镰状，（6~15）mm×（2~4）mm，全缘，先端钝或短尖；下部数对羽片渐缩小成三角形耳片。叶纸质，两面光滑，叶轴、羽轴下面有针毛，羽轴上面沟内密生刚毛；叶脉可见，基部1对小脉出自主脉基部，上侧的达于缺刻底部，下侧的伸达缺刻以上的边缘。孢子囊群圆形，生小脉中部；囊群盖圆肾形，光滑，宿存。

【生境与分布】生于海拔1500 m以下的林下、溪沟边石隙及砾石中。分布于云南、四川、贵州、湖南、广西、江西、福建、台湾等地；印度、尼泊尔、缅甸、泰国、越南亦有。

【药用价值】全草入药，清热解毒。

西南假毛蕨

普通假毛蕨
Pseudocyclosorus subochthodes (Ching) Ching

【形态特征】根状茎短而横卧, 疏被鳞片; 鳞片薄, 棕色, 卵形。叶近生; 叶柄10~20 cm, 基部深棕色, 疏被鳞片, 上部禾秆色, 多少被毛; 叶片披针形, (22~70)cm×(7~20)cm, 先端突然狭缩, 基部渐缩小或有时突狭缩, 二回羽裂; 羽片13~31对, 互生, 斜展, 无柄, 披针形; 下部2~4对羽片渐缩成三角状耳片; 中部羽片[5~11(~16)]cm×(0.9~2)cm, 基部阔楔形, 先端长渐尖, 羽裂几达羽轴; 裂片斜展, 披针形, 全缘, 先端短尖。叶干后灰绿色, 纸质, 沿叶脉两面多少有毛; 叶轴、羽轴有较密的白色柔毛或针毛。叶脉分离, 基部1对小脉出自主脉基部之上, 上侧的达于缺刻底部, 下侧的伸达缺刻以上的边缘。孢子囊群圆形, 生小脉中部以上, 稍近叶缘; 囊群盖圆肾形, 光滑, 宿存。

【生境与分布】生于海拔300~1400 m的山谷溪沟边石隙或砾石间。分布于四川、贵州、湖南、广西、广东、福建、江西、浙江、安徽等地; 日本、朝鲜半岛亦有。

【药用价值】全草入药, 清热解毒。

普通假毛蕨

溪边蕨属 *Stegnogramma* Blume

中、小型植物。根状茎短而直立至斜升；鳞片沿边缘及两面有毛。叶柄常有长、短针毛，多少具鳞片；叶片羽裂至二回羽裂，稀单一，若为羽状，则羽片基部无气囊体；裂片全缘，最多有矮齿。叶草质，有时纸质；叶轴、羽轴具针毛。叶脉分离或网状；孢子囊群不为卵形或椭圆形，而是伸长或为线形，沿小脉着生，或沿网眼着生，无囊群盖；孢子囊近顶处有针毛；孢子二面体形。

20余种，主要分布于亚洲热带、亚热带地区；我国约17种。

贯众叶溪边蕨 波叶溪边蕨
Stegnogramma cyrtomioides (C. Christensen) Ching

【形态特征】植株高达51 cm。根状茎直立或斜升，连同叶柄基部疏被鳞片；鳞片棕色，披针形。叶柄11~26 cm，深禾秆色，下部密被毛；毛白色，多细胞，2~3 mm，向上变短而稀疏至近光滑。叶片披针形，（20~25）cm×（6~8.5）cm，基部略狭缩，先端渐尖，一回羽状；羽片6~10对，中部羽片较大，卵状长圆形至阔披针形，（3~4.5）cm×（1.3~1.7）cm，边缘全缘或波状，先端钝或短尖。叶草质，粗糙，两面具针毛，叶轴上面密被短针毛，下面有多细胞长毛。叶脉明显；每一羽片有侧脉约10对，小脉3~4对，常仅基部1对连接，形成一三角形网眼。孢子囊群线形；每个孢子囊近顶部有针毛多达6枚。

【生境与分布】生于海拔800~1200 m的林下、林缘、沟边及湿地。分布于云南、四川、贵州、重庆、湖南、湖北等地。

【药用价值】根茎入药，平肝潜阳。主治眩晕，心烦失眠，盗汗。

贯众叶溪边蕨

圣蕨

Stegnogramma griffithii (T. Moore) K. Iwatsuki

【形态特征】植株高达1.1 m。根状茎短而斜升,连同叶柄基部疏被鳞片;鳞片褐色,披针形,边缘睫状。叶柄28~60 cm,下部棕色,上部禾秆色,密被开展的长针毛。叶片长圆形,(23~50)cm×(17~28)cm,基部心形,先端渐尖,奇数一回羽状;侧生羽片2~4对,对生,斜展,长圆披针形,基部圆楔形,有短柄,先端渐尖至短尾尖,(10~16)cm×(3~4)cm,边缘全缘或波状;顶生羽片大,三叉。叶草质至纸质,干后绿色或褐绿色;叶轴、羽轴和叶脉两面被灰色长针毛。叶脉网状,侧脉明显,侧脉间有2~3行网眼;网眼斜方形至五角形。孢子囊沿网眼着生,成熟时布满整个叶下面,每个孢子囊近顶部有数枚针毛。

【生境与分布】生于海拔800~1100 m的密林下及溪边湿地。分布于云南、四川、贵州、湖南、广西、江西、福建、台湾、浙江等地;日本、越南、缅甸、印度亦有。

【药用价值】根状茎入药,理气活血。主治小儿惊风,虚痨内伤。

圣蕨

毛叶茯蕨

毛叶茯蕨

Stegnogramma pozoi (Lagasca) K. Iwatsuki

【形态特征】植株高37~44 cm。根状茎短而斜升。叶簇生；叶柄11~19 cm，禾秆色，基部有具毛的棕色鳞片，鳞片先端尾状，连同叶轴疏被灰白色长针毛，并密生短毛；叶片长圆形或卵状长圆形，（15~25）cm×（10~14）cm，二回羽裂，先端渐尖；侧生羽片8~10对，基部不缩短，披针形，（3~8）cm×（0.9~1.8）cm，基部圆楔形至近截形，羽状深裂，先端渐尖；裂片长圆形，全缘或波状，先端钝圆。叶草质，干后绿色或灰绿色；羽轴和叶脉具针毛，脉间两面也有短毛。叶脉明显，侧脉单一。孢子囊群长圆形至短线形，沿侧脉着生，稍近裂片主脉。每个孢子囊上有少数针毛。

【生境与分布】生于海拔1600 m的竹林下。分布于贵州、台湾等地；印度、斯里兰卡、印度尼西亚、日本、非洲亦有。

戟叶圣蕨

Stegnogramma sagittifolia (Ching) L. J. He & X. C. Zhang

【形态特征】植株高30~50 cm。根状茎短而斜升，疏被鳞片；鳞片褐色，线状披针形，边缘睫状。叶簇生；叶柄15~32 cm，灰禾秆色，基部有鳞片，通体密被短刚毛。叶片戟形，（15~22）cm×（9~17）cm，基部深心形，全缘或波状，有时有圆齿或三角形粗齿，先端短渐尖。叶纸质，粗糙，干后深褐色；上面有贴伏的短刚毛，中肋和叶脉两面被短毛。叶脉网状，侧脉明显，斜展，侧脉间有大小近方形或五角形的网眼，一些网眼内有内藏小脉。孢子囊沿网眼着生，每个孢子囊近顶部有2~3枚针毛。

【生境与分布】生于海拔600~1100 m溪边林下。分布于贵州、湖南、广西、广东、江西等地。

【药用价值】根茎入药，主治小儿惊风。

戟叶圣蕨

峨眉茯蕨

Stegnogramma scallanii K. Iwatsuki

【形态特征】植株高20~45 cm。根状茎短而直立或斜升。叶簇生；叶柄6~20 cm，暗禾秆色，遍生针毛，下部有鳞片，鳞片有毛，棕色，披针形；叶片长圆形或长圆披针形，（10~25）cm×（5~12）cm，二回羽裂，基部不狭缩，先端羽裂渐尖；侧生羽片8~10对，下部有短柄，披针形或长圆披针形，（3~7）cm×（0.8~1.6）cm，基部圆楔形至截形，向羽轴分裂达2/3，先端短尖至渐尖；裂片斜展，三角状卵形，全缘，先端钝。叶草质至纸质，干后褐绿色；叶轴、羽轴和主脉两面具灰白色针毛。叶脉分离。孢子囊群长圆形或线形，沿侧脉下侧着生，每裂片上1或2对。每个孢子囊上近顶端有2或3枚针毛。

【生境与分布】生于海拔500~1900 m的林下、溪边、路边。分布于长江以南各省区；越南亦有。

峨眉茯蕨

小叶茯蕨

小叶茯蕨

Stegnogramma tottoides (H. Itô) K. Iwatsuki

【形态特征】植株高16~43 cm。根状茎直立或斜升，连同叶柄基部疏被棕色、卵形至卵状披针形鳞片和灰白色针毛。叶簇生；叶柄细弱，5~20 cm，暗禾秆色，遍生长针毛；叶片戟状披针形，（9~23）cm×（2.5~7.4）cm，基部戟形，最宽，先端渐尖，一回羽状；羽片无柄，下部2~3对分离，上部与叶轴贴生，基部1对最大，长圆形或披针形，先端钝或短尖，边缘波状至羽状分裂；裂片钝三角形，全缘；从第二对羽片起突然缩短。叶薄草质，干后暗褐绿色，两面具灰白色针毛。叶脉分离，侧脉单一。孢子囊群长圆形或短线形，沿侧脉下侧着生。每个孢子囊上近顶端有2或3枚针毛。

【生境与分布】生于海拔700~2100 m的溪边林下。分布于贵州、湖南、江西、浙江、福建、台湾等地。

【药用价值】全草入药，清热解毒，利尿。主治流行性感冒，肺炎，小便不利。

羽裂圣蕨

Stegnogramma wilfordii (Hooker) Serizawa

【形态特征】根状茎粗短,斜升,被黑褐色披针形鳞片;叶柄密被长针状毛;叶片三角形,一回深羽裂,顶端渐尖;下面被针状毛;侧生裂片常3对;裂片侧脉明显;侧脉间小脉为网状;孢子囊群无盖,沿网状脉散生。

【生境与分布】生于海拔800~1100 m的溪边湿地。分布于云南、四川、贵州、湖南、广西、广东、台湾、福建、江西、浙江等地;日本、越南亦有。

【药用价值】根状茎入药,主治小儿惊风,虚劳内伤。

羽裂圣蕨

岩蕨科 WOODSIACEAE

小型或中型植物，附生或岩生，少为土生。根状茎短而直立或斜升，网状中柱，密被披针形鳞片，棕色，膜质。叶簇生；叶柄多少被鳞片及节状长柔毛，具关节或无关节；叶长圆披针形至披针形，一回羽状或二回羽裂，草质或纸质；叶轴和羽片多少被节状毛或粗毛，有时被腺毛；叶脉羽状分裂，小脉先端有一水囊，不达叶边。孢子囊群圆形，着生于囊群托上，顶生或背生小脉上；囊群盖下位，膜质，碟形至杯形，边缘有流苏状睫毛，或为球形或膀胱形，顶端有一开口。

1属约39种，广布于北温带和寒带地区，极少到中南美洲和非洲；我国1属27种，产于东北、西北、华北和西南山区。

岩蕨属 *Woodsia* R. Brown

小型石生植物。根状茎短而直立或斜升；鳞片披针形至线状披针形，膜质。叶簇生；叶柄短于叶片，常具关节；叶片一回羽状或二回羽裂，草质或近纸质，有毛和鳞片，稀光滑，向基部渐缩小。叶脉分离，羽状，不达叶边。孢子囊群小，圆形，生小脉上或小脉顶端；囊群盖下位，碟形、杯形或球形。孢子二面体形，周壁具褶皱，并常连接形成规则的网状纹饰。

约39种，广布于北温带及热带美洲和非洲高海拔地区；我国27种。

蜘蛛岩蕨
Woodsia andersonii (Beddome) Christ

【形态特征】植株高10~20 cm。根状茎粗短，先端被鳞片；鳞片线状披针形，长约3 mm，深棕色，膜质，先端纤维状，边缘近全缘。叶密集簇生；柄长5~10 cm，禾秆色至棕禾秆色，有光泽，无关节；叶片披针形，（5~10）cm×（1~2）cm，基部不变狭或略变狭，二回羽状深裂；羽片6~9对，无柄，阔三角形，先端急尖，羽状半裂。叶脉不明显，在裂片上为简单的羽状，侧脉分叉，小脉不达叶边。叶草质，两面密被锈色节状长毛，尤以幼时最密。孢子囊群圆形，着生于小脉上侧分叉的中部或上部，每裂片有1~3枚；囊群盖由8~10条卷曲的长毛组成。

【生境与分布】生于海拔2500~4500 m的山地暗针叶林下或高山灌丛中，生岩石隙间。分布于西藏、云南、四川、青海、甘肃、陕西等地；印度亦有。

蜘蛛岩蕨

耳羽岩蕨

耳羽岩蕨

Woodsia polystichoides D. C. Eaton

【形态特征】植株高10~30 cm。根状茎短而直立，顶端密生鳞片；鳞片棕色，卵状披针形，膜质，边缘略呈流苏状。叶簇生；叶柄深禾秆色至栗褐色，1.5~7 cm，在顶端或近顶端有关节，具线形或线状披针形鳞片及长毛；叶片一回羽状，狭披针形，（7~23）cm×（1.5~3.2）cm，向基部狭缩，先端渐尖；羽片15~28对，中部较大，（8~18）mm×（3~7）mm，基部不对称，上侧耳状，截形，下侧楔形，先端钝，全缘或波状；下部数对羽片缩小并多少向下反折。叶纸质，两面有长毛，沿中肋和侧脉下面有小鳞片。叶脉羽状，小脉先端在近叶缘处成水囊体。孢子囊群圆形，生上侧小脉顶端，近叶缘生；囊群盖碗形。

【生境与分布】生于海拔1400~2400 m的河谷及山顶石隙。分布于华中、华东（不包括福建）、华北、西北、西南地区；日本、朝鲜、俄罗斯亦有。

【药用价值】根茎入药，舒筋活络。主治筋伤疼痛，活动不利。

耳羽岩蕨

密毛岩蕨
Woodsia rosthorniana Diels

【形态特征】植株高达9 cm。根状茎短而直立；鳞片棕色，线状披针形，膜质，边缘全缘。叶柄黄棕色，无关节，1.2~2 cm，密被线形鳞片和多细胞长毛，叶柄、叶轴通常弯曲或呈S形；叶片二回羽裂，披针形，(6.5~8) cm×(1.5~1.7) cm，中部最宽，向基部渐狭缩，先端羽裂；叶轴鳞片和毛与叶柄相似；羽片10~13对，中部羽片最大，长圆形或狭卵形，(7~9) mm×(4~6) mm，无柄或几无柄，基部宽楔形，边缘羽裂，先端钝或圆；裂片4~5对，长圆形；下部羽片向下渐缩小。叶草质，两面密生棕色多细胞长毛；叶脉不显。孢子囊群圆形，成熟时满铺叶下；囊群盖浅碟形，下位，膜质，3~5裂，裂片顶部有单细胞毛。

【生境与分布】生于海拔2700 m的路边林缘。分布于云南、四川、贵州等地。

密毛岩蕨

轴果蕨科 RHACHIDOSORACEAE

中型至大型土生植物。根状茎粗壮，长而横走，疏被棕色全缘披针形鳞片。叶远生或近生；叶柄长，基部疏被鳞片，向上光滑；叶阔三角形或卵状三角形，草质，淡绿色，无毛，三回羽状分裂至四回羽裂，先端尾状渐尖，羽片互生，有柄，小羽片渐尖，基部不对称，边缘有小锯齿；叶脉明显，羽状分裂，侧脉在末回裂片上单一或多少二叉；羽轴具浅纵沟，两侧边稍隆起。孢子囊群线形，或略呈新月形，单生于末回小羽片基部上侧一小脉上，紧靠小羽轴，彼此几并行；囊群盖新月形，厚膜质，全缘，成熟时宿存。

1属约8种，分布于亚洲热带和亚热带地区；我国1属5种，产于西南和华南地区。

轴果蕨属 *Rhachidosorus* Ching

大、中型植物。根状茎粗，直立至横卧，先端及叶柄基部密被鳞片；鳞片棕色，披针形至线状披针形。叶近生；叶柄禾秆色，稀红棕色，基部以上光滑；叶片阔三角形或卵状三角形，先端渐尖，二至三回羽状；小羽片或末回裂片上先出；草质或薄草质，光滑。叶脉分离，末回裂片上的侧脉单一或分叉。孢子囊群线形，多少弯曲；囊群盖新月形；孢子二面体形。

约7种，分布于东亚和东南亚地区；我国5种。

喜钙轴果蕨　峨眉轴果蕨
Rhachidosorus consimilis Ching

【形态特征】植株高达2 m。根状茎横卧。叶近生；叶柄40~90 cm，基部黄棕色，密生棕色线状披针形鳞片，向上禾秆色，光滑；叶片三角形，(40~80) cm×(35~60) cm，先端渐尖，三回羽裂至三回羽状；羽片10~13对，互生，略斜展，有柄；基部羽片与其上部羽片相似但较大，(20~40) cm×(8~13) cm，有长 1.2~2 cm的柄，阔披针形或披针形，基部近圆形，先端长渐尖至尾尖，二回深羽裂至二回羽状；小羽片10~15对，疏离，有具翅短柄或无柄；末回小羽片或裂片长圆形，先端圆截形，具圆齿。叶薄草质，干后褐绿色，两面光滑。叶脉羽状，侧脉单一或分叉。孢子囊群和囊群盖新月形，每一末回小羽片或裂片上1~4枚，近中肋着生。

【生境与分布】生于海拔600~1500 m的溪边林下及石灰岩洞内。分布于云南、贵州、广西等地。

喜钙轴果蕨

云贵轴果蕨

云贵轴果蕨

Rhachidosorus truncatus Ching

【形态特征】植株高达1.9 m。根状茎横卧。叶近生；叶柄61~105 cm，基部栗棕色，具深棕色线状披针形鳞片，向上禾秆色，光滑；叶片三角形，(65~85) cm×(40~60) cm，基部不变狭，先端渐尖，三回羽状；羽片12~18对，互生，略斜展，有柄；下部羽片较大，近对生，长圆形至长圆披针形，(25~40) cm×(8~18) cm，有长达1.5 cm的柄，二回羽状；小羽片10~15对，密接，下部小羽片有长 2~6 mm具翅的柄，一回羽状，或在小型植株为羽状分裂；末回小羽片三角状卵形，羽状分裂；裂片长圆形，先端截形，全缘或具浅圆齿。叶薄草质，干后褐绿色，两面光滑。叶脉羽状，小脉单一或分叉。孢子囊群和囊群盖新月形，每一末回小羽片或裂片上1~4枚，近中肋着生。

【生境与分布】生于海拔600~1500 m的溪边林下及石灰岩洞内。分布于云南、贵州、广西等地。

球子蕨科 ONOCLEACEAE

中型土生植物。根状茎短，斜卧或直立，少长而横走，网状中柱，密被卵状披针形至披针形鳞片。叶簇生或近生，有叶柄，二型；营养叶长圆披针形至卵状三角形，一回羽状分裂至二回羽裂；羽片线状披针形至阔披针形，互生，无柄；叶脉羽状，分离或联结成网状，无内藏小脉；能育叶长圆形至线形，一回羽状，羽片强度反卷成荚果状或呈分离的小球形，深紫色或黑褐色；叶脉分离，羽状或叉状分枝，小脉先端凸起成囊托。孢子囊群多为圆形，着生于囊托上；囊群盖下位或无盖，外被反卷的变质叶包被。

4属约5种，广布于北半球温带或亚热带山区；我国3属4种，南北均产，西南部尤盛。

荚果蕨属 *Matteuccia* Todaro

中型土生植物。根状茎短而直立，网状中柱，密被卵状披针形至披针形鳞片。叶簇生，有叶柄，二型；营养叶长圆披针形至卵状三角形，二回羽裂；羽片线状披针形至阔披针形，互生，无柄，下部羽片缩短呈小耳形；叶脉羽状分裂，无内藏小脉；能育叶长圆形至线形，一回羽状，羽片强度反卷成荚果状，深紫色或黑褐色；叶脉分离，羽状或叉状分枝，小脉先端凸起成囊托。孢子囊群多为圆形，着生于囊托上；囊群盖下位或无盖，外被反卷的变质叶包被。

单种属，分布于北半球亚热带和温带；我国亦产，分布于东北、华北、西北和西南地区。

荚果蕨
Matteuccia struthiopteris (Linnaeus) Todaro

【形态特征】物种特征同属特征。

【生境与分布】生于海拔800~3000 m的山坡阴处或草丛中。分布于黑龙江、吉林、辽宁、河北、陕西、河南、湖北、甘肃、四川、新疆、西藏等地；朝鲜半岛、日本、俄罗斯、欧洲和北美洲亦有。

【药用价值】根状茎入药，清热解毒，凉血止血，杀虫。

荚果蕨

球子蕨属 *Onoclea* Linnaeus

中型土生植物。根状茎长而横走，黑褐色，密被棕色鳞片。叶疏生，有叶柄，二型；营养叶卵状三角形，草质，一回状分裂，先端为羽状半裂，两面光滑；羽片阔披针形，边缘浅裂，基部1~2对具短柄，向上无柄并与叶轴合生；叶脉网状，联结成长六角形网眼，无内藏小脉；能育叶强度狭缩，二回羽状，羽片线形，有短柄，与叶轴成锐角而极斜向上，小羽片强度反卷呈分离的小球形，近对生，彼此分离。孢子囊群为圆形，背生囊托上；囊群盖下位，外被反卷的变质叶包被。

单种属，东亚-北美间断分布；我国亦产，分布于东北和华北地区。

球子蕨

Onoclea sensibilis Linnaeus var. *interrupta* Maximowicz

【形态特征】物种特征同属特征。

【生境与分布】生于海拔250~900 m的潮湿草甸或林区河谷湿地上。分布于华北和东北地区；俄罗斯、朝鲜半岛、日本和北美洲亦有。

球子蕨

东方荚果蕨属 *Pentarhizidium* Hayata

中型植物。根状茎粗壮,直立或斜升,先端及叶柄基部密生鳞片;鳞片棕色,披针形或阔披针形,膜质,全缘。叶近生或簇生,强度二型。不育叶二回羽裂,卵状三角形,椭圆形或倒披针形,基部不狭缩或略狭缩,草质或纸质,叶轴疏被纤维状鳞片;羽片狭披针形,无柄;裂片长圆形至镰状披针形,全缘或具齿,先端钝,短尖或截形;叶脉羽状。生殖叶通常位于植株中央;叶片一回羽状,椭圆形至倒披针形;羽片密接,深紫色,荚果状。孢子囊群包在反卷的羽片边缘,圆球形,成熟时融成线形的汇生囊群,有或无囊群盖。孢子二面体形。

2种,东亚分布;我国2种。

东方荚果蕨
Pentarhizidium orientale (Hooker) Hayata

【形态特征】植株高达1.1 m。根状茎直立或斜升,先端及叶柄基部密被鳞片;鳞片褐棕色,披针形,长达2 cm,膜质,全缘,先端长渐尖。叶近生至簇生,二型:不育叶柄19~32 cm,禾秆色;叶片卵状长圆形,(44~73) cm × (24~50) cm,基部通常不变狭,二回羽裂;羽片平展,狭披针形,中下部(12~26) cm × (2~4) cm,羽状半裂至深裂;裂片长圆形,多少呈镰状,先端钝或短尖,边缘具齿。叶草质至纸质,两面光滑;叶轴、羽轴、中肋下面疏被狭披针形小鳞片或几光滑;叶脉羽状,侧脉单一,稀二叉。生殖叶一回羽状;羽片荚果状,有光泽。孢子囊群圆;囊群盖膜质。

【生境与分布】生于海拔900~2200 m的阴湿林下、林缘。分布于长江以南各省区(海南除外),北达河南、陕西、甘肃;印度、日本、朝鲜、俄罗斯亦有。

【药用价值】根状茎、茎叶入药,祛风,止血。主治风湿骨痛,创伤出血。

东方荚果蕨

乌毛蕨科 BLECHNACEAE

中型或大型土生植物，少攀援。根状茎粗短，直立或偶细而横走，网状中柱，密被鳞片。叶簇生或远生，一型或二型；具叶柄，不具关节；营养叶一回羽状分裂至二回羽裂，厚纸质至厚革质，无毛或被鳞片，顶端具芽孢或无；羽片线状披针形至阔披针形或三角状，全缘或具锯齿；叶脉羽状分裂或联结成网状，无内藏小脉，外侧的叶脉分离达羽片或裂片边缘；二型叶类型的能育叶长线形，一回羽状，边缘稍反折，孢子囊布满羽片下面。孢子囊群多汇生成线形或椭圆形，着生于小脉上或网眼外侧的小脉上，紧近中肋；囊群盖同形，开向中肋，少数无囊群盖。

24属约265种，世界广布，主产于南半球热带；我国8属14种。

乌木蕨属 *Blechnidum* T. Moore

附生中、小型草本。根状茎细长而横走，黑褐色，密被鳞片；鳞片披针形，红棕色，覆瓦状排列。叶疏生至近生；叶柄长，乌木色，无光泽，上面有纵沟，叶披针形至阔披针形，两端变狭，一回羽裂深达叶轴，羽片平展或斜展，近篦齿状排列，全缘并有软骨质狭边，干后常反卷；小脉不明显，沿主脉两侧各有1~3行多形的网眼；叶厚纸质至革质。孢子囊群线形，沿主脉两侧各有1条；囊群盖线形。

单种属，产印度、缅甸、中国等地；我国分布于西南和台湾等地。

乌木蕨
Blechnidum melanopus (Hooker) T. Moore

【形态特征】物种特征同属特征。

【生境与分布】生于海拔1200 m的瀑布旁湿石壁上。分布于云南、贵州、台湾等地；印度、缅甸亦有。

乌木蕨

乌木蕨

乌毛蕨属 *Blechnum* Linnaeus

大、中型陆生植物。根状茎粗壮,直立或斜升,连同叶柄基部密被鳞片;鳞片披针形至线形,全缘,坚挺而有光泽。叶簇生;叶柄坚硬,光滑;叶片一回羽状;羽片线形,下部的收缩成耳片状,顶生羽片与其下的侧生羽片相似。叶革质,光滑而有光泽;叶脉分离,平行,单一或分叉。孢子囊群线形;囊群盖同形,靠近并开向羽轴;孢子二面体形,具周壁。

30种,泛热带分布;我国1种。

乌毛蕨
Blechnum orientale Linnaeus

【形态特征】植株高达2 m或更高。根状茎粗壮,直立,连同叶柄基部密被鳞片;鳞片中央深棕色,边缘棕色,线形,坚挺而有光泽。叶簇生;叶柄10~60 cm,棕禾秆色,坚硬;叶片奇数一回羽状,卵状披针形,(60~180)cm×(20~50)cm;羽片多数,无柄,互生,斜展;下部羽片突然收缩成小圆耳片;向上的线形至线状披针形;(10~40)cm×(0.8~2)cm,基部圆或近截形,或贴生,基部下侧下延于叶轴,先端渐尖,顶生羽片与中部羽片相似。叶革质,光滑而有光泽。叶脉分离,单一或分叉。

【生境与分布】生于海拔200~1000 m的林下及山谷溪边林缘。分布于华南、西南及华东南部;日本、亚洲热带、澳大利亚、太平洋岛屿亦有。

【药用价值】根状茎入药,清热解毒,杀虫,止血。主治流感,乙型脑炎,斑疹伤寒,肠道寄生虫,衄血,吐血,血崩。

乌毛蕨

苏铁蕨属 *Brainea* J. Smith

　　植株像树蕨。茎直立，木质，高达50 cm，直径5~10 cm，先端有鳞片；鳞片红棕色，线形，长达3 mm。叶簇生成顶部树冠；叶柄10~30 cm，禾秆色，基部密生鳞片；叶片椭圆状披针形，（60~100）cm×（20~30）cm，厚纸质至革质，下面沿叶轴和叶脉有小鳞片；羽片多数，对生或互生，近无柄，线形；中部羽片（10~15）cm×（0.8~1.3）cm，基部浅心形，先端渐尖，边缘有细密小齿；基部羽片略缩短；叶脉除羽轴旁一列近三角形网眼外均分离，单一或分叉。孢子囊群沿网眼着生，成熟时满铺羽片下面，无囊群盖。孢子二面体形。

　　单种属，广布于热带亚洲。

苏铁蕨
Brainea insignis (Hooker) J. Smith

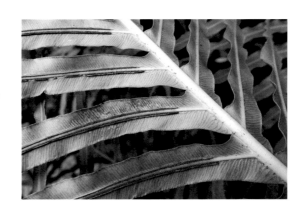

　　【形态特征】物种特征同属特征。

　　【生境与分布】生于海拔300~800 m的山坡灌丛旁。分布于云南、贵州、广西、广东、海南、福建、台湾等地；亚洲热带亦有。

　　【附注】国家珍稀濒危二级保护植物。

　　【药用价值】根状茎入药，清热解毒，活血散瘀，收敛止血，杀虫。主治烧烫伤，外伤出血，感冒，蛔虫病。

苏铁蕨

荚囊蕨属 *Struthiopteris* Scopoli

中、小型石生植物。根状茎直立或斜升，密被鳞片；鳞片披针形，质厚。叶簇生，近二型，具短柄；叶片披针形或倒披针形，篦齿状羽状深裂几达叶轴；羽片（裂片）镰状披针形，下部的渐缩小。叶革质；叶脉分离，通常二叉，不显，不达叶边。孢子囊群线形，生中肋与叶缘间，囊群盖与孢子囊群同形，薄纸质；孢子二面体形，具周壁。

5种，主产于北温带，南达澳大利亚；我国2种。

荚囊蕨
Struthiopteris eburnea (Christ) Ching

【形态特征】植株高20~50 cm。根状茎短而直立或长而斜升，密被鳞片；鳞片棕色，披针形，全缘，先端纤维状。叶簇生，近二型；叶柄禾秆色或棕禾秆色，3~18 cm，疏被鳞片至光滑；叶片狭披针形，（16~45）cm×（2~6）cm，下部渐狭缩，先端渐尖，篦齿状羽状深裂几达叶轴；羽片（裂片）多数，略呈镰状披针形，中部的较大，（1~3）cm×（0.4~0.7）cm，先端短尖；下部的渐缩小，基部1对小耳状。叶革质，干后正面灰绿色，背面象牙色。叶脉分离，不显，不达叶边。能育叶与不育叶等长但较狭。孢子囊群及囊群盖线形。

【生境与分布】生于海拔400~1700 m的石灰岩壁，有时蔓生达整个岩壁。分布于云南、四川、贵州、湖南、湖北、广西、广东、福建、安徽等地。

【药用价值】根茎入药，清热利湿，散瘀消肿。主治淋证，跌打损伤，疮痈肿痛。

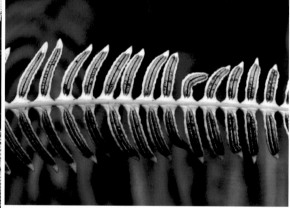

荚囊蕨

狗脊

狗脊蕨属 *Woodwardia* J. E. Smith

　　大、中型陆生植物。根状茎直立，斜升，或横走；鳞片棕色。叶簇生或散生；叶柄禾秆色至棕禾秆色，疏被鳞片；叶片长圆形，二回羽裂，罕为单叶至羽裂，纸质或近革质；羽片通常多数，披针形，深羽裂；裂片钝三角形至披针形，光滑，边缘具细齿；叶脉网状，沿羽轴和中肋形成一系列网眼，到叶缘则分离，单一或分叉。孢子囊群分开，短线形，长圆形或新月形；囊群盖与囊群同形，开向羽轴或中肋，厚纸质。孢子二面体形。

　　约10种，分布于亚洲，中美洲、北美洲及欧洲的温带至热带地区；我国7种。

狗脊

Woodwardia japonica (Linnaeus f.) Smith

　　【形态特征】植株高45~170 cm。根状茎粗壮，直立或斜升，密被鳞片；鳞片红棕色，披针形，膜质，全缘。叶柄深禾秆色，15~70 cm，基部密生鳞片；上部及叶轴疏被鳞片；叶片长圆形，二回羽裂，（30~92）cm×（14~60）cm，纸质至革质，先端渐尖；羽片6~16对，中部以下的（11~34）cm×（2~6）cm，披针形至狭披针形，有短柄，羽状中裂至深裂；裂片通常三角形，最下一对缩短，下侧一片圆耳状，边缘有小齿。叶脉网状，沿羽轴及中肋有2或3行网眼，向外分离，单一或分叉。孢子囊群长圆形与羽轴或中肋平行，不连续，下陷，囊群盖革质。

　　【生境与分布】生于海拔1800 m以下的酸性山地林下、溪边、路边。广布于长江以南；日本、朝鲜、越南亦有。

　　【药用价值】根状茎入药，清热解毒，散瘀，杀虫。主治虫积腹痛，湿热便血，血崩，痢疾，疔疮痈肿。

顶芽狗脊

顶芽狗脊　单芽狗脊

Woodwardia unigemmata (Makino) Nakai

【形态特征】植株多为70~100 cm，最大者高过2 m。根状茎短，粗壮，直立至横卧，密被大的棕色披针形鳞片。叶柄簇生，30~60 cm，禾秆色至棕禾秆色；叶片长圆形，（40~130）cm×（30~70）cm，革质，靠近叶轴先端有一芽孢，二回羽裂；羽片8~15对，无柄或有短柄，长圆披针形，下部羽片最大，（18~38）cm×（5~15）cm，基部对称，宽楔形，先端渐尖至尾状，羽状深裂；裂片15~22对，披针形，边缘具角质齿。叶脉网状，沿羽轴和中肋有2或3行网眼，在边上的分离，单一或分叉。孢子囊群长圆形至短线形，下陷；囊群盖与囊群同形，开向中脉。

【生境与分布】生于海拔2200 m以下的疏林下及灌丛下，路边及溪边。分布于云南、贵州、西藏、四川、重庆、湖南、湖北、广西、广东、台湾、福建、江西、陕西、甘肃等地；印度、尼泊尔、不丹、巴基斯坦、缅甸、越南、菲律宾、日本亦有。

【药用价值】根状茎入药，清热解毒，散瘀，杀虫。主治虫积腹痛，感冒，便血，血崩，痈疮肿毒。

顶芽狗脊

珠芽狗脊

珠芽狗脊

Woodwardia prolifera Hooker & Arnott

【形态特征】植株高70~230 cm。根状茎横卧,黑褐色,与叶柄下部密被蓬松的大鳞片;鳞片狭披针形或线状披针形,长2~4 cm,先端纤维状,红棕色,膜质,全缘或略具一二卷曲的缘毛。叶近生;柄粗壮,长30~110 cm,褐色,向上为棕禾秆色且鳞片逐渐稀疏,鳞片脱落后常留下弯拱短线形的鳞痕,叶柄脱落时基部宿存于根状茎上。叶片长卵形或椭圆形,(35~120)cm×(30~40)cm,先端渐尖,二回深羽裂,被腺毛,下部羽片羽状全裂;羽片上面有时有珠芽;裂片顶端长尾状;孢子囊群粗短,形似新月形。

【生境与分布】生于海拔100~1100 m的山谷溪流边或杂木林缘。分布于广西、广东、湖南、江西、安徽、浙江、福建及台湾等地;菲律宾和日本亦有。

蹄盖蕨科 ATHYRIACEAE

中、小型陆生植物，少有大型。根状茎细长横走，或粗长横卧，或粗短斜升至直立，内有网状中柱。叶簇生、近生或远生；叶柄上面有1~2条纵沟，下端圆，基部有时加厚变尖削呈纺锤形，通常有类似根状茎上的鳞片；基部内有2条扁平维管束，向上会合成V形；叶草质或纸质，稀草质，一至三回羽状，稀为三出复叶或披针形单叶；叶脉分离，羽状或近羽状，侧脉单一或分叉。孢子囊群圆形、椭圆形、线形、新月形，常生于叶脉背部或上侧，有或无囊群盖；囊群盖圆肾形、线形、新月形、弯钩形或马蹄形。

3属约650种，广布于热带至寒温带地区，热带、亚热带山地尤盛；我国3属约278种，各地广布。

蹄盖蕨属 *Athyrium* Roth

中型陆生植物。根状茎多数短而直立，偶有横卧至长而横走者，先端连同叶柄基部被鳞片。叶簇生，少有近生或远生；叶柄上面具沟通向叶轴，基部常膨大，横截面有2条维管束，向上融成1条；叶片一至三回羽状；叶轴的沟与羽轴、小羽轴的相连续；羽轴、小羽轴及中肋基部上面有刺或无刺，或有肉质角状突起。叶脉分离，分叉或羽状。叶通常为草质，光滑，罕有上面具鳞片、毛或短腺毛者。孢子囊群圆形、圆肾形、马蹄形、钩形、长圆形或短线形，生叶脉一侧或横过叶脉，或背生；囊群盖通常与囊群同形，稀无盖或发育不良。孢子二面体形。

约230种，主要分布于温带和亚热带山地；我国约140种。

宿蹄盖蕨
Athyrium anisopterum Christ

【形态特征】植株高20~35 cm。根状茎短，直立或斜升。叶簇生；叶柄禾秆色，8~12 cm长，基部密被鳞片，鳞片褐色，披针形，向上光滑；叶片狭披针形，（12~23）cm×（3.5~7）cm，先端渐尖，基部不缩短或略缩短，一回羽状，或在较大植株上几为二回羽状；羽片10~15对，互生，斜展，有柄，中部以下的羽片斜三角形，基部不对称，上侧耳状，下侧楔形，先端钝或短尖，羽状浅裂至深裂；裂片5~6对，先端圆；基部上侧的裂片最大，常分离而成为一小羽片；叶脉下面可见，在裂片上羽状，单一。叶草质，褐绿色，光滑；叶轴、羽轴下面疏被棕色线状披针形鳞片。孢子囊群大，圆肾形、马蹄形或钩形，在中肋两侧各1行，靠近中肋；囊群盖与囊群同形，膜质，边缘啮蚀状，宿存。

【生境与分布】生于海拔1600~2200 m的林下、溪边石隙及石壁。分布于云南、四川、贵州、西藏、湖南、广西、广东、江西、台湾等地；南亚和东南亚亦有。

宿蹄盖蕨

大叶蹄盖蕨 大叶假冷蕨
Athyrium atkinsonii Beddome

【形态特征】植株高50~140 cm。根状茎横卧，先端和叶柄基部疏被鳞片，鳞片淡棕色至红棕色，卵状披针形。叶近生或远生；叶柄长18~70 cm，基部黑褐色，上部深禾秆色，近光滑；叶片卵状三角形至卵状长圆形，（32~74）cm×（18~40）cm，三至四回羽裂；羽片10~15对，互生，有柄，长圆形至长圆披针形，基部羽片较大，（15~26）cm×（5~10）cm；小羽片8~15对，互生，平展，有柄，中部小羽片较大，（2.5~5）cm×（1.2~2.2）cm；末回小羽片长圆形，先端钝圆，羽状浅裂至深裂；裂片边缘具圆齿。叶脉羽状。叶草质，正面光滑，下面沿叶脉疏被腺毛；叶轴、羽轴、小羽轴常在下面疏被淡棕色小鳞片。孢子囊群圆形，成熟时汇生，几乎铺满裂片背面；囊群盖圆肾形。

【生境与分布】生于海拔1900~2700 m的林下，灌丛下。分布于云南、四川、贵州、重庆、西藏、湖南、湖北、江西、福建、台湾、河南、甘肃、陕西、山西等地；印度、尼泊尔、不丹、缅甸、巴基斯坦、韩国、日本亦有。

大叶蹄盖蕨

苍山蹄盖蕨
Athyrium biserrulatum Christ

【形态特征】根状茎细长横走。叶远生；叶柄长达30 cm，基部深棕色，具膜质棕色披针形鳞片，向上光滑，禾秆色；叶片披针形，二回羽状，（28~40）cm×（10~18）cm，基部变狭，先端渐尖；羽片12~18对，斜展；下部2或3对羽片渐缩短，对生或近对生，远分开，基部1对羽片明显较短，三角形，3~6 cm；中部羽片披针形，（8~12）cm×（2.5~3）cm，基部圆或心形，有短柄，一回羽状，先端渐尖，互生，斜展；小羽片8~12对，卵形或三角状长圆形，基部多少不对称，上侧截形，下侧楔形，先端钝，无柄或有短柄，与羽轴的翅贴生，浅裂；裂片顶端有刺齿。叶脉在小羽片上羽状，侧脉单一或分叉。叶草质，淡绿色或褐绿色，光滑。孢子囊群形形色色：长圆形、钩形或马蹄形；囊群盖同形，边缘撕裂状，宿存。

【生境与分布】生于海拔2000~2200 m的疏林下及溪边。分布于云南、四川、贵州、西藏等地；缅甸、印度、尼泊尔、不丹、巴基斯坦亦有。

苍山蹄盖蕨

拟鳞毛蕨

Athyrium cuspidatum (Beddome) M. Kato

【形态特征】植株高70~120 cm。根状茎短,横卧至斜升,先端密被棕色线形鳞片。叶簇生,呈放射状叶序;叶柄紫色或棕色,达60 cm,基部被鳞片,上部光滑;叶片奇数一回羽状,长圆披针形,(45~80) cm×(16~34) cm;侧生羽片互生,有短柄,斜展,线状披针形,(12~18) cm×(1.5~2) cm,基部圆楔形或不对称的楔形,羽状浅裂或仅具缺刻状锯齿,但锯齿尖锐,先端长渐尖;顶生羽片与侧生羽片相似而稍大。叶脉分离,侧脉羽状。叶纸质,干后暗绿色,两面光滑。孢子囊群多数,小,圆形,生小脉中部以下;囊群盖圆肾形,膜质,边缘撕裂状,早落。

【生境与分布】生于海拔400~1100 m的山坡林下,溪边。分布于云南、贵州、西藏、广西等地;印度、尼泊尔、不丹、缅甸、泰国、西喜马拉雅亦有。

拟鳞毛蕨

拟鳞毛蕨

角蕨

Athyrium decurrenti-alatum (Hooker) Copeland

【形态特征】植株高35~70 cm。根状茎横卧,先端被棕色披针形鳞片。叶近生;叶柄暗绿色,12~40 cm,基部有鳞片,向上近光滑或具节状毛,上面有沟;叶片三回羽裂,卵状长圆形,(23~40) cm × (15~30) cm,先端渐尖;羽片7~10对,斜展,披针形;下部羽片最大,(8~18) cm × (2.5~7) cm,基部近截形,无柄,先端短尖至渐尖,羽状全裂至一回羽状;裂片长圆形,先端圆或近截形,边缘全缘至具圆齿;叶脉羽状。叶草质,干后褐色,有毛或无毛。孢子囊群短线形或狭椭圆形,中生或生中下部。

【生境与分布】生于海拔800~2000 m的阴湿林下、溪边。分布于长江中、下游以南各省区,北达河南、甘肃;印度、尼泊尔、不丹、日本、朝鲜亦有。

【药用价值】根茎入药,清热解毒,利尿消肿,舒筋活络。主治痢疾,乳蛾,疮毒,小便不利,跌打损伤,劳伤。

角蕨

翅轴蹄盖蕨
Athyrium delavayi Christ

【形态特征】植株高约50 cm。根状茎短而直立。叶簇生；叶柄12~24 cm，基部深棕色，密被棕色线状披针形鳞片，向上渐光滑，禾秆色；叶片二回羽状，长圆形，（20~30）cm×（12~18）cm，先端突然变狭，基部略变狭；羽片10~20对，互生，平展而向上弯弓；下部几对羽片稍缩短，强度反折；中部的线状披针形，（7~10）cm×（1~1.4）cm，无柄或几无柄，先端尾状，一回羽状；小羽片15~20对，密接，近长方形，无柄或有短柄，基部不对称，上侧截形，下侧楔形，先端钝，具张开的锐齿，基部1对小羽片较大，通常覆盖叶轴。叶草质，干后褐绿色，光滑；叶轴、羽轴下面有短腺毛，上面有硬刺；叶脉分离。孢子囊群长圆形或新月形，每个小羽片上2~3对，近中肋着生；囊群盖同形，膜质，全缘，宿存。

【生境与分布】生于海拔800~1600 m的阴湿林下、林缘。分布于云南、四川、贵州、重庆、湖北、湖南、广西、台湾等地；缅甸、印度亦有。

【药用价值】全草入药，凉血，止血，清热解毒，消炎。主治水火烫伤，肺热咳嗽。

翅轴蹄盖蕨

薄叶蹄盖蕨

薄叶蹄盖蕨
Athyrium delicatulum Ching et S. K. Wu

【形态特征】植株高达1 m或过之。根状茎短而直立。叶簇生；叶柄长达60 cm，基部深棕色至黑色，密被棕色膜质披针形鳞片，向上光滑，禾秆色；叶片卵形至披针形，（18~50）cm×（8~25）cm，基部略狭缩，先端渐尖，二回羽状；羽片8~12对，基部羽片对生或近对生，上部的互生，略斜展，有短柄，基部1对略缩短，中部羽片披针形，（5~15）cm×（1.5~4）cm，基部阔楔形，先端短尖至渐尖，一回羽状；小羽片10~15对，互生，近平展至斜展，小型个体的小羽片长圆形，无柄，先端钝，具张开的锐齿；大型个体的小羽片长圆披针形，有短柄，羽状深裂，裂片长圆形，先端具张开的锐齿。叶草质至纸质，干后草绿色，两面光滑；叶轴、羽轴上面有刺状突起；叶脉分离。孢子囊群椭圆形、长圆形或圆形；囊群盖长圆形、圆肾形或钩形，膜质，边缘撕裂状，宿存。

【生境与分布】生于海拔1000~2900 m的林下，林缘之溪边。分布于云南、四川、贵州、重庆、西藏、广西、湖南等地；印度、缅甸、泰国、越南等亦有。

薄叶蹄盖蕨

希陶蹄盖蕨

Athyrium dentigerum (Wallich ex C. B. Clarke) Mehra & Bir

【形态特征】植株高50~60 cm。根状茎短而直立。叶簇生；叶柄长14~23 cm，基部褐黑色，密被棕色至深棕色狭卵状披针形鳞片，向上禾秆色，疏被狭披针形小鳞片；叶片椭圆形至披针形，（30~42）cm ×（12~16）cm，基部变狭，先端渐尖，二回羽状；羽片20~25对，互生或下部对生，平展或略斜展，无柄，下部4~5对渐缩短；中部羽片披针形，（7~9）cm ×（1.4~2.2）cm，基部截形，先端渐尖；小羽片14~18对，互生，平展，无柄，长圆形，先端圆钝，具尖齿，边缘具重齿或浅裂。叶草质，干后绿色或褐绿色，两面光滑；叶轴、羽轴下面近光滑或略有小鳞片及腺毛；叶脉分离，在小羽片上羽状，小脉伸达齿内。孢子囊群多为长圆形或椭圆形；囊群盖同形，膜质，边缘啮蚀状或睫状，宿存。

【生境与分布】生于海拔2100~2700 m的林缘、路边。分布于云南、四川、贵州、西藏、甘肃、青海等地；印度、缅甸亦有。

希陶蹄盖蕨

希陶蹄盖蕨

湿生蹄盖蕨
Athyrium devolii Ching

【形态特征】湿生蹄盖蕨
与薄叶蹄盖蕨十分相似,两者
均为湿生植物,常见于土层深
厚的湿地或溪边,根系极为发
达;但前者的叶柄较为细长,羽
片平展,先端下垂,不为斜展,
活植株的中央叶直立,外周叶
下垂或倒伏,不像后者那样通
常各叶均直立。

【生境与分布】生于海拔
800~1300 m的溪沟边,沼地。
分布于云南、四川、贵州、重
庆、西藏、广西、江西、福建、
浙江等地;印度、缅甸、越南等
地亦有。

湿生蹄盖蕨

疏叶蹄盖蕨
Athyrium dissitifolium (Baker) C. Christensen

【形态特征】植株高达60 cm或过之。根状茎横卧或斜升。叶密生；叶柄长达30 cm，基部深棕色，密被鳞片，鳞片淡棕色，线状披针形，先端纤维状，向上光滑，禾秆色；叶片披针形，达35 cm×（8~15）cm，先端渐尖，基部最宽，少有略变狭者，二回羽状浅裂至几达二回羽状；羽片12~18对，互生，平展，镰状狭披针形，下部数对略反折，中部（5~15）cm×（1~2.5）cm，有短柄，基部截形，先端渐尖而上弯；裂片长圆形，近平展，先端钝，具锐齿。叶纸质，干后褐绿色，两面及叶轴、羽轴光滑；叶脉分离，侧脉单一或分叉。孢子囊群长圆形或近圆形，无囊群盖。

【生境与分布】生于海拔1400~2200 m的酸性山地的林下、林缘。分布于云南、四川、贵州、湖南、广西等地；印度、尼泊尔、不丹、缅甸、泰国、越南亦有。

疏叶蹄盖蕨

轴果蹄盖蕨

轴果蹄盖蕨
Athyrium epirachis (Christ) Ching

【形态特征】植株高27~70 cm。根状茎短而直立或斜升。叶簇生；叶柄12~34 cm，基部黑褐色，密被鳞片；鳞片中央深棕色，边缘淡棕色，披针形，向上光滑，浅紫红色；叶片长圆形至长圆披针形，（15~36）cm×（5~13）cm，基部圆楔形，先端渐尖至尾状，一至二回羽状；羽片10~20对，三角状披针形至长圆披针形，中下部羽片（2.5~8）cm×（0.8~2.5）cm，有短柄，基部不对称，上侧耳状，下侧圆楔形，先端钝至渐尖，边缘具齿或浅裂至深裂，在大型植株上甚至一回羽状；裂片或小羽片卵形、椭圆形或长圆形，先端圆钝。叶纸质至近革质，干后褐绿色，两面光滑或下面有短腺毛；叶轴、羽轴淡紫红色，上面具短硬刺；叶脉分离。孢子囊群长圆形或新月形；囊群盖同形，棕色，膜质，全缘，宿存。

【生境与分布】生于海拔800~1900 m的酸性山地林下、林缘、路边、溪沟边。分布于云南、四川、贵州、重庆、湖南、湖北、广西、广东、福建、台湾等地；日本亦有。

紫柄蹄盖蕨

Athyrium kenzo-satakei Sa. Kurata

【形态特征】植株高达60 cm。根状茎短而直立或斜升。叶簇生；叶柄达20 cm，基部密被深棕色线状披针形鳞片，向上光滑，浅紫红色；叶片狭三角形，40 cm×18 cm，基部截形，先端渐尖，二回羽状；羽片约18对，阔披针形至长圆披针形，基部羽片稍缩短；中下部羽片平展，(8~12) cm×(2.5~3) cm，有短柄，基部近对称，先端尾尖，一回羽状；小羽片8~12对，长圆形，(1~1.8) cm×(0.5~0.8) cm，先端钝，基部不对称，上侧多少呈耳状，下侧下延于羽轴，边缘近全缘至有矮齿。叶纸质，干后褐色，两面光滑；叶轴、羽轴淡紫红色，下面有短毛，上面具刺；叶脉分离。孢子囊群长圆形，紧靠中肋；囊群盖同形，棕色，膜质，全缘，宿存。

【生境与分布】生于海拔1200 m的山坡疏林下。分布于四川、贵州、广西、广东等地；日本亦有。

紫柄蹄盖蕨

川滇蹄盖蕨

Athyrium mackinnonii (Hope) C. Christensen

【形态特征】植株高65~100 cm。根状茎短而直立或斜升，先端及叶柄基部密被鳞片；鳞片狭披针形，中央黑棕色，边缘棕色，先端纤维状。叶簇生；叶柄28~58 cm，基部黑褐色，向上禾秆色，光滑；叶片卵形或卵状三角形，（35~45）cm×（18~25）cm，先端略急狭缩，二回羽状；羽片12~20对，互生，斜展，有短柄，长圆披针形，先端渐尖至尾尖，基部羽片不缩短，中、下部羽片（11~19）cm×（3~4.8）cm，一回羽状；小羽片12~20对，互生，斜展，下部的几对缩短，常为卵形，中部的多为长圆形或长圆披针形，（2~3）cm×（0.6~0.9）cm，基部略不对称，上侧耳状，先端钝或短尖，边缘具齿，羽状浅裂或深裂。叶纸质，干后灰绿色，两面光滑；叶轴、羽轴下面光滑或疏被短毛；叶脉分离。孢子囊群长圆形或短线形，偶有钩形或马蹄形；囊群盖同形，膜质，近全缘，宿存。

【生境与分布】生于海拔1200~2200 m的山坡林下、林缘、灌丛下。分布于云南、四川、贵州、重庆、西藏、广西、湖南、湖北、陕西、甘肃等地；印度、尼泊尔、巴基斯坦、阿富汗、缅甸、泰国、越南亦有。

【药用价值】茎入药，清热解毒，凉血止血。主治疮痈肿毒，内出血，外伤出血，烧烫伤。

川滇蹄盖蕨

长叶蹄盖蕨

长叶蹄盖蕨

Athyrium elongatum Ching

【形态特征】植株高25~45 cm。根状茎短而斜升。叶簇生；叶柄远比叶片短，长6~15 cm，基部密被淡棕色、卵状披针形鳞片，向上近光滑，禾秆色；叶片狭披针形至线状披针形，（19~30）cm×（3~8）cm，基部通常变狭，先端长尾尖，二回羽状；羽片多数，下部2或3对缩短，具短柄，中部羽片长圆形至长圆披针形，（1.8~4.5）cm×（1~1.5）cm，基部近对称，截形或宽楔形，先端钝，一回羽状；小羽片5~8对，略斜展，与羽轴以狭翅相连，基部1或2对卵形，其余长圆形，先端钝，有2~4个长尖齿，边缘常浅裂。叶薄草质，干后黄绿色，两面光滑；叶脉羽状，侧脉单一或分叉。孢子囊群长圆形、短线形或弯钩形；囊群盖同形，膜质，近全缘。

【生境与分布】生于海拔1500 m的溪边石隙。分布于湖南、江西、浙江、贵州等地。

红苞蹄盖蕨

红苞蹄盖蕨
Athyrium nakanoi Makino

【形态特征】植株高达37 cm。根状茎短，直立或斜升。叶簇生；叶柄禾秆色，有时呈淡紫红色，8~14 cm，基部密被黑褐色、阔披针形鳞片，向上鳞片稀疏，但密生短腺毛；叶片披针形至狭披针形，（16~23）cm×（4~5.5）cm，先端渐尖至尾尖，基部略缩短，一回羽状；羽片15~20对，互生，平展或上部的略斜展，有柄，镰状长圆形或镰状披针形，（2~3）cm×（0.8~1）cm，基部极不对称，上侧明显耳状、截形，下侧楔形，先端钝，边缘通常有三角形粗齿，膜质，透明。叶草质至纸质，干后暗绿色，两面光滑；叶轴密生短腺毛；叶脉羽状，主脉下面有腺毛。孢子囊群大，多为马蹄形和圆肾形，在中肋两侧1~2行；囊群盖与囊群同形，膜质，边缘啮蚀状，宿存。

【生境与分布】生于海拔1600 m的溪谷林下石隙。分布于云南、贵州、西藏、台湾等地；印度、尼泊尔、不丹、日本亦有。

红苞蹄盖蕨

华东蹄盖蕨

华东蹄盖蕨
Athyrium niponicum (Mettenius) Hance

【形态特征】植株高达1.1 m。根状茎横卧，先端和叶柄基部密被鳞片；鳞片红棕色，膜质，披针形。叶近生；叶柄禾秆色，15~50 cm，下部疏被鳞片，向上光滑；叶片二回羽状，卵形或卵状长圆形，（22~65）cm×（10~30）cm，先端突然狭缩；羽片6~12对，互生，斜展，披针形，基部圆楔形，先端渐尖至尾状；下部羽片最大，（8~18）cm×（2.5~6）cm，有5~10 mm的柄；小羽片10~20对，互生，斜展，有短柄或无柄，披针形，基部不对称，先端短尖或钝，羽状浅裂至半裂；裂片长圆形，边缘具锐齿。叶脉羽状，裂片上的侧脉单一。叶草质，干后淡绿色或黄绿色，两面光滑。叶轴、羽轴有少数膜质小鳞片。孢子囊群长圆形、钩形或马蹄形；囊群盖与囊群形状相似，棕色，膜质，啮蚀状。

【生境与分布】生于海拔150~2200 m的林下、溪边、路边，也见于村寨附近的石墙隙。分布于陕西、甘肃、辽宁及华北、华东、华中和西南各地；印度、尼泊尔、缅甸、越南、日本、朝鲜亦有。

【药用价值】根状茎入药，清热解毒，止血，驱虫。主治疮毒疔肿，痢疾，衄血，蛔虫病，虫积腹痛。

黑叶角蕨

Athyrium opacum (D. Don) Copeland

【形态特征】植株高达1 m或过之。根状茎短,斜升至直立,先端被棕色披针形或阔披针形鳞片。叶簇生;叶柄暗绿色,达50 cm,基部疏被鳞片,向上近光滑;叶片卵状三角形至长圆形,(25~65)cm×(20~40)cm,基部圆楔形,先端渐尖,二至三回羽裂;羽片7~8对,具有长达5 mm的柄,长圆披针形至线状披针形,(12~25)cm×(3~8)cm,基部截形,先端渐尖或短尾状;小羽片长圆形,基部宽楔形,无柄,多数与羽轴贴生,先端短尖至渐尖,边缘具浅齿或羽裂;基部小羽片很短,先端圆;裂片先端近截形或呈圆形;叶脉羽状,小脉单一或分叉。叶草质,干后暗褐色,两面光滑。中肋下面有棕色小鳞片。孢子囊群长圆形至线形,中生或生于中下部。

【生境与分布】生于海拔800~1200 m的林下、溪边。分布于云南、贵州、湖南、广西、江西、福建、台湾等地;印度、尼泊尔、不丹、越南、印度尼西亚、日本亦有。

黑叶角蕨

光蹄盖蕨

Athyrium otophorum (Miquel) Koidzumi

【形态特征】植株高30~70 cm。根状茎短而直立或斜升,先端和叶柄基部密被黑褐色狭披针形鳞片。叶簇生;叶柄15~35 cm,基部黑褐色,向上光滑,多少呈浅紫红色;叶片三角状卵形至卵状长圆形,(15~36) cm × (10~27) cm,基部不缩短或略缩短,先端急狭缩,二回羽状;羽片6~10对,互生,近平展,有短柄,披针形,(6~15) cm × (2~4) cm,基部截形,先端渐尖至长渐尖,一回羽状;小羽片约15对,三角状卵形至长圆披针形,无柄,基部不对称,上侧耳状,耳片先端急尖,边缘近全缘或具小齿。叶草质至纸质,两面光滑;叶轴、羽轴淡紫红色,上面具刺状突起;叶脉分离,往往也呈淡紫色。孢子囊群长圆形,近主脉着生;囊群盖同形,膜质,全缘,宿存。

【生境与分布】生于海拔700~1600 m的山坡林下、河谷溪边湿地,灌丛旁石隙间。分布于四川、贵州、重庆、湖南、湖北、广西、广东、福建、浙江、安徽等地;日本、朝鲜亦有。

【药用价值】根茎入药,清热解毒,止血,驱虫。主治痈疮肿,血热出血,虫积腹痛。

光蹄盖蕨

裸囊蹄盖蕨

裸囊蹄盖蕨　短羽蹄盖蕨
Athyrium pachyphyllum Ching

【形态特征】植株高25~48 cm。根状茎短而直立或斜升。叶簇生；叶柄长9~22 cm，基部密被鳞片；鳞片棕色，狭披针形，先端纤维状，向上渐光滑，禾秆色；叶片阔披针形，（10~26）cm×（5~10）cm，基部稍变狭，先端渐尖，一回羽状；羽片约10对，互生或对生，无柄或具短柄，基部1或2对羽片略缩短，中部羽片长圆形或长圆披针形，（2.5~5）cm×（1~1.5）cm，先端短渐尖，基部近对称，圆楔形，变宽，深羽裂；裂片长圆形，先端圆钝，并有2~4枚锐尖齿。叶片草质至纸质，干后褐绿色，光滑；叶轴、羽轴禾秆色，沿中肋下面有淡棕色短腺毛；叶脉在裂片上羽状。孢子囊群多为长圆形；囊群盖发育不良，仅在幼时可见，常被成熟囊群掩盖。

【生境与分布】生于海拔1000~1800 m的林下、林缘。分布于云南、贵州、湖南、广西等地；朝鲜亦有分布。

贵州蹄盖蕨　绿柄蹄盖蕨

Athyrium pubicostatum Ching et Z. Y. Liu

【形态特征】植株高达60 cm。根状茎短而直立。叶簇生；叶柄15~22 cm，基部密被鳞片；鳞片深棕色，线状披针形，向上光滑，禾秆色；叶片长圆形至披针形，（24~38）cm×（12~18）cm，基部截形，不狭缩或略狭缩，先端渐尖，二回羽状；羽片12~18对，狭披针形，中部羽片（6~9）cm×（1.5~2）cm，基部截形，无柄或几无柄，先端渐尖，一回羽状；小羽片10~15对，互生，平展，接近，无柄，三角状长圆形，基部不对称，上侧多少呈耳状，下侧楔形而略下延，先端钝或急尖，边缘全缘或有细齿。叶草质至纸质，干后淡绿色，两面光滑；叶轴、羽轴禾秆色，上面具刺，下面密被腺毛；叶脉分离，侧脉单一或二叉。孢子囊群长圆形至线形；囊群盖同形，膜质，宿存。

【生境与分布】生于海拔1000~2100 m的酸性山地林下、林缘、路边。分布于云南、贵州、四川、重庆、湖南、湖北、广西、台湾等地。

【药用价值】根茎入药，清热解毒，凉血止血，杀虫。主治虫积腹痛，防流感，麻疹，吐血。

贵州蹄盖蕨

华东安蕨
Athyrium sheareri (Baker) Ching

【形态特征】植株高达65(~110) cm。根状茎长而横走,被棕色披针形鳞片。叶远生;叶柄20~40(~57) cm,禾秆色,基部暗棕色,疏被鳞片,向上光滑;叶片一回羽状,卵形或卵状三角形,[15~26(~53)]cm × [9~18(~26)]cm,基部圆楔形,先端羽裂渐尖;羽片5~8对,镰状披针形,[6~11(~16)]cm × [1.5~2.5(~3.3)]cm;基部1对羽片的基部不对称,上侧截形,下侧狭楔形,边缘羽状浅裂至深裂;其余羽片基部对称或近对称,边缘羽状浅裂;裂片先端圆,具软骨质锐齿。叶脉羽状,侧脉单一或分叉。叶草质至纸质,两面光滑;羽轴、中肋及叶脉下面有灰色短毛。孢子囊群圆形,生小脉中部;囊群盖小,圆肾形,膜质,边缘睫状,早落。

【生境与分布】生于海拔300~1500 m的林下、灌丛下,陆生或石隙生。分布于云南、四川、贵州、重庆、湖南、广西、广东、台湾、福建、浙江、江西、湖北、安徽、江苏、甘肃等地;日本、韩国亦有。

【药用价值】块根入药,清热利湿。主治痢疾。

华东安蕨

尖头蹄盖蕨

尖头蹄盖蕨

Athyrium vidalii (Franchet et Savatier) Nakai

【形态特征】植株高46~55 cm。根状茎短而直立或斜升, 先端及叶柄基部密被鳞片; 鳞片狭披针形, 先端纤维状。叶簇生; 叶柄18~33 cm, 基部黑褐色, 向上禾秆色, 光滑; 叶片卵形或卵状三角形, (20~26) cm × (16~21) cm, 先端急狭缩, 二回羽状; 羽片8~12对, 互生, 斜展, 有短柄, 长圆披针形, 先端渐尖至尾尖, 基部羽片不缩短, 中部羽片 (8~12) cm × (2.5~3) cm, 一回羽状; 小羽片10~15对, 互生, 略斜展, 中部小羽片长圆形或长圆披针形, (1.3~2) cm × (0.5~0.8) cm, 基部不对称, 上侧耳状, 先端钝或短尖, 边缘具齿或常羽裂。叶草质或纸质, 干后褐绿色, 两面光滑; 叶轴、羽轴禾秆色或常呈淡紫红色, 下面光滑或疏被短毛; 叶脉分离。孢子囊群长圆形或短线形, 偶有钩形或马蹄形; 囊群盖同形, 膜质, 近全缘或啮蚀状, 宿存。

【生境与分布】生于海拔1200~2200 m的山坡林下、林缘、灌丛下。分布于四川、贵州、重庆、西藏、广西、湖南、湖北、江西、福建、台湾、浙江、安徽、河南、陕西、甘肃等地; 日本、朝鲜亦有。

【药用价值】根茎入药, 清热解毒, 凉血止血。主治疮痈肿毒, 内出血, 外伤出血, 烧烫伤。

胎生蹄盖蕨
Athyrium viviparum Christ

【形态特征】植株高达80 cm。根状茎短而直立。叶簇生；叶柄长15~30 cm，基部密被深褐色狭披针形鳞片，向上光滑，禾秆色；叶片披针形或阔披针形，（35~50）cm×（15~20）cm，基部略狭缩，先端渐尖，二回羽状；羽片10~15对，互生，平展或略斜展，基部1或2对羽片略缩短；中部羽片较大，狭披针形，（10~14）cm×（3~4）cm，有短柄，基部宽楔形至近截形，先端渐尖至尾尖，小羽片斜展，长三角形，（1.5~2.2）cm×（0.7~1）cm，基部不对称，先端钝，有张开的短尖齿，羽状中裂至深裂；通常羽片基部下侧的小羽片最大。叶草质，干后黄绿色，两面光滑；叶轴上部有芽苞，有时羽轴上也有，叶轴、羽轴上面有短腺毛，羽轴和中肋上面具针状刺；叶脉羽状，侧脉单一或分叉。孢子囊群长圆形；囊群盖同形，膜质，全缘，宿存。

【生境与分布】生于海拔500~1900 m的山坡林下、河谷林缘。分布于云南、四川、贵州、重庆、湖南、广西、广东、江西等地。

胎生蹄盖蕨

华中蹄盖蕨
Athyrium wardii (Hooker) Makino

【形态特征】植株高32~70 cm。根状茎短而直立或斜升，先端及叶柄基部密被棕色、线状披针形鳞片。叶簇生；叶柄16~35 cm，禾秆色或常呈紫红色，光滑；叶片卵形或卵状三角形，（20~35）cm×（12~24）cm，基部不变狭，先端急狭缩，尾状，二回羽状；羽片4~8对，互生，斜展，有短柄，披针形至狭披针形，下部羽片（7~15）cm×（2~4）cm，基部略变狭，近截形，先端渐尖或尾状，一回羽状；小羽片8~15对，互生，近平展，无柄，卵形或长圆形，基部不对称，上侧稍呈耳状，先端圆或钝，边缘具齿至浅裂。叶草质或纸质，干后褐绿色，两面光滑；叶轴、羽轴常呈淡紫红色，上面有短刺突；羽轴和主脉下面被短腺毛；叶脉分离。孢子囊群长圆形或短线形，偶有钩形；囊群盖同形，膜质，近全缘，宿存。

【生境与分布】生于海拔800~2 200 m的酸性山地林下、林缘、溪边。分布于云南、四川、贵州、重庆、广西、湖南、湖北、江西、福建、浙江、安徽等地；日本、朝鲜亦有。

【药用价值】根茎入药，清热解毒，止血，驱虫。主治疮毒疔疖，衄血，痢疾，虫积腹痛。

华中蹄盖蕨

对囊蕨属 *Deparia* Hooker & Greville

中型陆生植物。根状茎直立至长而横走，先端和叶柄基部被鳞片；鳞片棕色，卵形或披针形。叶簇生至远生；叶柄长；叶片一或二回羽状；叶轴、羽轴和小羽轴上面均具沟，但互不相通；叶表面通常有棕色至深棕色的多细胞毛，羽轴、小羽轴和中脉具有由1~3或4列细胞构成的蠕虫状鳞毛。叶脉多分离，侧脉单一或分叉。叶干后草质或纸质。孢子囊群形状多样；囊群盖同形，宿存。孢子二面体形。

约70种，分布于亚洲热带及温带地区，北达日本、朝鲜、俄国东部，西达喜马拉雅，热带非洲也有分布；我国59种。

对囊蕨 介蕨
Deparia boryana (Willdenow) M. Kato

【形态特征】植株高1 m以上。根状茎横卧，连同叶柄基部被鳞片；鳞片披针形。叶近生；叶柄禾秆色，50~60 cm；叶片三回深羽裂，卵形，（60~80）cm×（46~52）cm，先端渐尖；羽片8~10对，互生，有柄，长圆披针形，基部羽片（30~38）cm×（12~16）cm；小羽片约15对，互生，无柄或有柄，平展，狭三角形至长圆披针形，（3~9）cm×（1.5~2.5）cm，基部截形，先端渐尖，深羽裂；裂片8~14对，（6~9）mm×3 mm，边缘具圆齿或全缘，先端圆钝。叶脉在裂片上羽状，侧脉单一或分叉。叶草质，干后绿色或褐绿色，叶轴、羽轴及中脉疏被棕色披针形小鳞片及蠕虫状鳞毛。孢子囊群小，圆形，中生或略近中脉，囊群盖棕色，圆肾形，膜质，撕裂状，早落。

【生境与分布】生于海拔1400 m以下的林下、溪边及谷底。分布于西南、华南、华东南部及湖南、陕西等地；南亚、东南亚、非洲亦有。

【药用价值】根状茎入药，主治钩虫病。

对囊蕨

东洋对囊蕨

东洋对囊蕨　日本假蹄盖蕨
Deparia japonica (Thunberg) M. Kato

【形态特征】植株高20~50 cm。根状茎长而横走，先端具棕色阔披针形鳞片。叶远生；叶柄10~23 cm，幼时疏被鳞片和毛；叶片长圆形、卵状长圆形或披针形，（16~30）cm×（8~18）cm，基部略缩小或不缩小，先端渐尖，二回深羽裂；羽片6~10对，斜展，披针形，无柄；中部以下的羽片（5~10）cm×（1~2.5）cm，基部圆楔形或阔楔形，先端长渐尖；裂片斜展，长圆形或镰形，边缘疏具齿或波状，先端近截形或圆形至短尖；叶脉羽状，裂片上有侧脉4~6对，斜展，单一或分叉。叶草质光滑；叶轴、羽轴和叶脉下面疏被节状毛。孢子囊群长圆形或短线形，多数单生，在基部上侧小脉上双生；囊群盖膜质，光滑，边缘全缘或啮蚀状。

【生境与分布】生于海拔200~1800 m的林下、溪边。广布于我国亚热带地区；印度、尼泊尔、巴基斯坦、缅甸、日本、韩国亦有。

单叶对囊蕨　单叶双盖蕨

Deparia lancea (Thunberg) Fraser-Jenkins

【形态特征】植株高15~50 cm。根状茎长而横走，连同叶柄基部被鳞片；鳞片黑色或棕色，披针形至线状披针形。叶远生；叶柄淡灰色，5~22 cm；叶片狭披针形或线状披针形，（10~29）cm×（1.5~3）cm，两端渐变狭，边缘全缘或略呈波状；中肋两面凸起；叶脉分离，达于叶边。叶纸质或近革质。孢子囊群线形，长达1 cm，单生或双生一脉，中生；囊群盖淡棕色，膜质。

【生境与分布】生于海拔150~1300 m的山谷林下、路边，土生或石生，常见于酸性山区。分布于长江中、下游以南各省区，北达河南；印度、尼泊尔、斯里兰卡、缅甸、越南、菲律宾、日本亦有。

【药用价值】全草入药，清热凉血，利尿通淋。

单叶对囊蕨

大久保对囊蕨　华中介蕨
Deparia okuboana (Makino) M. Kato

【形态特征】植株高过 1 m。根状茎横卧。叶近生；叶柄17~55 cm，淡棕禾秆色，基部疏被褐色披针形鳞片，向上光滑；叶片三回羽裂，宽卵形，（24~57）cm×（16~44）cm，基部圆楔形，先端渐尖；羽片6~11对，互生，略斜展，下部羽片较大，达23 cm×9 cm，椭圆状披针形，向基部变狭，几无柄，先端渐尖；小羽片长圆形至长圆披针形，互生，平展，基部近方形或宽楔形，下延并与羽轴贴生，常羽状半裂，先端钝或短尖；裂片长圆形，斜展，全缘，圆钝头。叶脉在裂片上羽状，侧脉2~4对，单一。叶草质或纸质，草绿色；叶轴、羽轴及中脉疏被蠕虫状小鳞片和毛。孢子囊群圆形；囊群盖圆肾形，淡棕色，膜质，宿存。

【生境与分布】生于海拔600~2500 m的山谷林下、林缘、溪边。广布于长江以南各省区，北达河南、甘肃、陕西；日本、越南亦有。

【药用价值】全草入药，清热消肿。主治疮疖肿毒。

大久保对囊蕨

毛叶对囊蕨

毛叶对囊蕨　毛叶假蹄盖蕨　毛轴假蹄盖蕨

Deparia petersenii (Kunze) M. Kato

【形态特征】植株高达90 cm。根状茎长而横走，先端密被棕色阔披针形鳞片。叶远生；叶柄基部通常深棕色，向上禾秆色，15~50 cm，疏被鳞片和节状毛；叶片多变，通常阔卵状披针形或长圆披针形，有时卵形，（15~40）cm×（10~20）cm，二回羽裂，羽片8~10对，披针形，平展或略斜展，中部以下羽片（6~14）cm×（1.4~4）cm，基部近截形，无柄或几无柄，先端短尖至渐尖；裂片长圆形，边缘全缘至有浅圆齿，先端钝圆；叶脉羽状，每裂片有侧脉4~8对，单一或分叉。叶草质，干后褐绿色，上面色深；叶轴、羽轴和叶脉两面具长节毛，叶轴下面并有小鳞片，在下面脉间光滑或有毛。孢子囊群短线形，单生，或在基部上侧小脉上双生；囊群盖与孢子囊群同形，淡棕色，膜质，边缘啮蚀状。

【生境与分布】生于海拔200~1900 m的山坡林下、林缘、溪边、路边。广布于我国热带和亚热带；亚洲及大洋洲热带亦广布，北达日本、韩国。

【药用价值】全草、根茎入药，清热消肿。主治肿毒，乳痈，目赤肿痛。

华中对囊蕨

华中对囊蕨　华中蛾眉蕨

Deparia shennongensis (Ching, Boufford & K. H. Shing) X. C. Zhang

【形态特征】植株高65~80 cm。根状茎直立或斜升，先端和叶柄基部被鳞片；鳞片棕色，膜质，披针形。叶簇生；叶柄9~14 cm，禾秆色或红棕色，疏被短毛或近光滑；叶片二回深羽裂，披针形，(50~65) cm×(14~18) cm，基部渐狭，先端渐尖；羽片20~25对，中部羽片最大，(7~9) cm×(1.5~2) cm，狭披针形，基部截形，先端渐尖，羽状深裂；裂片长圆形，先端圆钝，边缘有圆齿，裂片间缺刻处无多细胞毛；下部5~8对羽片渐缩短；基部羽片小，1.5~3 cm，耳片状。叶脉在裂片上羽状，侧脉5~7对，单一。叶草质，干后淡暗绿色，两面近光滑；叶轴、羽轴上面疏被多细胞短毛。孢子囊群椭圆形，每裂片2~4对；囊群盖同形，边缘啮蚀状，宿存。

【生境与分布】生于海拔1300~2400 m的山坡溪边密林下。分布于云南、四川、贵州、湖北、湖南、江西、浙江、安徽、河南、河北、陕西等地。

【药用价值】全草入药，清热解毒，消肿。

华中对囊蕨

单叉对囊蕨

单叉对囊蕨　峨眉介蕨

Deparia unifurcata (Baker) M. Kato

【形态特征】植株高50~90 cm。根状茎横走。叶近生或远生；叶柄20~37 cm，禾秆色，基部被棕色、披针形鳞片；叶片狭卵形或长圆披针形，(30~53) cm × (14~25) cm，基部不变狭，先端渐尖，二回深羽裂；羽片9~13对，(8~17) cm × (3~4.5) cm，长圆披针形，基部阔楔形或截形，先端渐尖或尾状，深羽裂；裂片长圆形，先端钝圆，边缘具圆齿；基部羽片的基部1对裂片缩短。叶脉羽状，侧脉分叉，稀单一。叶草质，干后绿色或褐绿色；叶轴上面具黑褐色蠕虫状鳞片和毛，羽轴上面也有。孢子囊群圆形，每裂片1~4 (5)对；囊群盖圆肾形，小而早落。

【生境与分布】生于海拔300~2500 m的山坡及河谷林下、岩洞内外。分布于云南、四川、贵州、重庆、湖北、湖南、广西、浙江、台湾、陕西等地；日本亦有。

【药用价值】全草入药，清热利湿。

单叉对囊蕨

双盖蕨属 *Diplazium* Swartz

大、中型陆生植物。根状茎直立至匍匐，稀树干状，被鳞片；鳞片通常披针形。叶簇生，近生或远生；叶柄基部被鳞片，向上渐光滑或疏生鳞片，上面有沟无毛；叶片一回羽状至四回羽裂，多数为二回羽状，先端羽裂或有顶生羽片。叶草质或纸质，罕有革质，光滑；叶轴、羽轴、小羽轴上面有沟，沟相通，羽轴两面常有细腺毛；叶脉分离，稀网状，沿羽轴和小羽轴有一行网眼。孢子囊群单生，或在叶脉上背对背双生，长圆形至线形，少有卵形；囊群盖膜质或厚膜质，宿存或早落。孢子二面体形。

约350种，世界性分布；我国86种。

狭翅双盖蕨　狭翅短肠蕨
Diplazium alatum (Christ) R. Wei et X. C. Zhang

【形态特征】根状茎短而直立，先端和叶柄基部密被鳞片；鳞片黑色，线状披针形，全缘，先端纤维状，长而卷曲。叶簇生；叶柄基部黑色，向上禾秆色，光滑，15~38 cm；叶片三回羽状，三角形，（30~48）cm×（35~47）cm，先端渐尖；羽片约10对，近平展，基部最宽，先端渐尖；下部羽片（20~25）cm×（8~10）cm，长圆形至披针形，二回羽状；小羽片10~15对，中、下部羽片（4~5）cm×（1.3~2）cm，基部心形，有短柄，先端渐尖，一回羽状；末回小羽片约10对，长圆形，先端钝或圆，边缘具圆齿或羽状浅裂，除基部1对末回小羽片外，均以狭翅与羽轴相连。叶片薄草质，干后绿色，两面光滑，但小羽片和末回小羽片基部下面明显有深棕色、阔卵形鳞片。孢子囊群长圆形，靠近中肋，单生或双生；囊群盖与囊群同形，膜质，背裂。

【生境与分布】生于海拔500~1200 m的林下、溪边。分布于云南、贵州、广西等地；印度、尼泊尔、缅甸亦有。

狭翅双盖蕨

中华双盖蕨

中华双盖蕨　中华短肠蕨

Diplazium chinense (Baker) C. Christensen

【形态特征】植株高达80 cm或过之。根状茎斜升至横走。叶簇生或近生；叶柄基部黑褐色，具黑色披针形鳞片，向上禾秆色，光滑，30~40 cm；叶片三角形，（35~50）cm×（30~40）cm，三回羽状；羽片8~10对，斜展，基部羽片最大，达25 cm×（9~13）cm，有1~3 cm长的柄，长圆形或长圆披针形，先端渐尖至尾状，二回羽状；小羽片互生，近平展，长圆形至长圆披针形，具短柄或无柄，基部浅心形，先端渐尖；末回小羽片或裂片长圆形，先端圆或钝，边缘具圆齿或羽状浅裂，稀深裂。叶片草质，干后草绿色或褐绿色，两面光滑；叶轴和羽轴禾秆色，光滑；叶脉在末回小羽片或裂片上羽状，小脉分叉，稀单一。孢子囊群长圆形至线形，生小脉中部；囊群盖与囊群同形，膜质。

【生境与分布】生于海拔900~1500 m的林下、林缘、河谷和石灰岩地区洞口。分布于四川、贵州、重庆、湖南、广西、江西、福建、台湾、浙江、安徽、江苏等地；日本、朝鲜、越南亦有。

【药用价值】全草入药，清热，祛湿。主治黄疸型肝炎，流感。

厚叶双盖蕨
Diplazium crassiusculum Ching

【形态特征】植株高60~90 cm。根状茎短而斜升，先端及叶柄基部被鳞片；鳞片黑色，狭披针形，边缘有齿突。叶簇生；叶柄基部黑色，向上禾秆色，光滑，27~50 cm；叶片奇数一回羽状，长圆形，（33~42）cm×（15~25）cm；侧生羽片1~3对，互生或近对生，斜展，有短柄，狭披针形，（14~24）cm×（3~5.5）cm，基部圆楔形，羽片下部边缘常近全缘或波状，中部向先端具锯齿，先端渐尖至短尾状；顶生羽片与侧生羽片相似或较大。叶片厚纸质至近革质，干后褐绿色，两面光滑；叶脉分离，侧脉1或2次分叉。孢子囊群和囊群盖长线形，长达2.5 cm，常单生在侧脉上侧小脉上。

【生境与分布】生于海拔600~1100 m的常绿阔叶林下及灌丛下。分布于贵州、湖南、广东、广西、江西、福建、台湾、浙江等地；日本、越南亦有。

【药用价值】全草入药，清热解毒，利尿，通淋。

厚叶双盖蕨

毛柄双盖蕨　毛柄短肠蕨　膨大短肠蕨

Diplazium dilatatum Blume

【形态特征】植株高达2 m或更高。根状茎直立或斜升，先端及叶柄基部密被鳞片；鳞片棕色或黄棕色，线状披针形，边缘黑色并有齿突。叶簇生，叶柄基部黑棕色，向上渐光滑，绿禾秆色，长60~90 cm，基部粗1~1.5 cm；叶片三角形，比叶柄长，(1~1.3) m×(0.8~1.1) m，二回羽状；羽片约6对，互生，斜展；下部羽片(50~60) cm×(20~30) cm，有2~5 cm长的柄，长圆形至长圆披针形，先端渐尖，一回羽状；小羽片9~12对，互生，近平展，有短柄，狭三角状披针形或长圆披针形，(10~15) cm×(1.5~3) cm，基部截形，先端渐尖，有粗齿或羽状浅裂，稀半裂。叶片纸质，干后绿色，光滑；沿叶轴、羽轴及小羽轴常有少数二色小鳞片；叶脉羽状，小脉单一。孢子囊群线形，多数单生，少数双生；囊群盖与囊群同形。

【生境与分布】生于海拔500~900 m的河谷常绿阔叶林下。分布于云南、四川、贵州、重庆、广东、广西、海南、台湾、福建、浙江等地；印度、尼泊尔、东南亚、澳大利亚及太平洋岛屿亦有。

【药用价值】根状茎入药，清热解毒，除湿，驱虫。主治肝炎，流行感冒，痈肿，肠道寄生虫。

毛柄双盖蕨

食用双盖蕨

食用双盖蕨　菜蕨

Diplazium esculentum (Retzius) Swartz

【形态特征】植株高达1.5 m或过之。根状茎粗壮，直立或斜升，密被鳞片；鳞片棕色或深棕色，狭披针形，边缘具齿突。叶簇生；叶柄30~55 cm，禾秆色至棕禾秆色，基部具鳞片，向上光滑；叶片椭圆形，（50~100）cm×（30~60）cm，基部变狭，先端渐尖，一至二回羽状；羽片8~14对，互生，斜展，中部羽片阔披针形，（20~35）cm×（8~12）cm，有柄，一回羽状；小羽片互生，平展，狭三角状披针形，（5~7）cm×（1.5~2）cm，基部近截形，两侧稍呈耳状，先端渐尖，边缘具齿或羽状浅裂；下部1或2对羽片明显缩短。叶纸质，光滑；叶轴、羽轴光滑；叶脉羽状，下部2或3对小脉结合。孢子囊群线形，沿小脉着生并与之同长；囊群盖与囊群同形，棕色，膜质，全缘。

【生境与分布】生于海拔300~800 m的溪边及石灰岩洞口。分布于云南、四川、贵州、湖南、广东、广西、海南、台湾、福建、江西、浙江、安徽等地；热带亚洲及大洋洲、太平洋岛屿亦有。

【药用价值】根茎入药，清热解毒。主治痢疾，痈肿等。

薄盖双盖蕨　薄盖短肠蕨
Diplazium hachijoense Nakai

【形态特征】根状茎横走，先端被鳞片；鳞片披针形，黑褐色，全缘。叶近生；叶柄达60 cm，基部被鳞片，向上光滑，禾秆色；叶片三角形或卵状三角形，(50~80)cm×60 cm，二回羽状；羽片6~8对，互生，斜展，基部1对最大，达40 cm×14 cm，长圆披针形，有长2~5 cm的柄，一回羽状；小羽片8~12对，互生，稍斜展，有短柄，长圆披针形，(6~8)cm×(1.5~2.5)cm，基部不对称，上侧截形，下侧浅心形，先端渐尖，羽状深裂；裂片长圆形，密接，先端截形或近圆形，全缘或具齿。叶纸质，干后绿色，两面光滑；羽轴、小羽轴下面略有披针形小鳞片；叶脉在裂片上羽状，小脉分叉。孢子囊群长圆形，生小脉中部，单生或双生；囊群盖与囊群同形。

【生境与分布】生于海拔500~1400 m的山坡林下，山谷溪边。分布于四川、贵州、重庆、湖南、广西、江西、福建、台湾、浙江、安徽等地；日本、朝鲜亦有。

薄盖双盖蕨

异果双盖蕨　异果短肠蕨
Diplazium heterocarpum Ching

【形态特征】植株通常高不及30 cm。根状茎短而直立，先端密被鳞片；鳞片褐色，卵状披针形，全缘。叶簇生；叶柄禾秆色，3~11 cm，疏被鳞片，或向上渐光滑；叶片长圆披针形，（8~20）cm×（3~5.5）cm，基部略缩短，一回羽状；羽片13~20对，互生，或基部的对生并多少反折，具短柄；中部羽片平展，（2~3）cm×（0.6~1）cm，斜的狭三角形至披针形，基部不对称，上侧耳状，下侧楔形，先端钝或短尖，边缘具齿。叶草质，干后绿色，两面光滑；叶轴光滑或偶有小鳞片；叶脉羽状。孢子囊群和囊群盖线形，稍弯曲，单生或双生。

【生境与分布】生于海拔400~1500 m的石灰岩洞口石隙。分布于广西、重庆、贵州等地。

异果双盖蕨

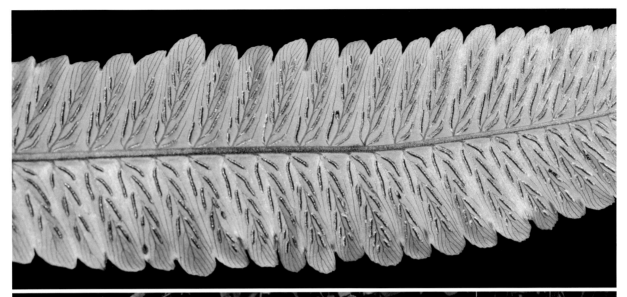

大羽双盖蕨

大羽双盖蕨 大羽短肠蕨
Diplazium megaphyllum (Baker) Christ

【形态特征】植株通常高1 m以上。根状茎直立至横卧，先端密被鳞片；鳞片褐色，线状披针形，边缘黑色，具齿突，先端长而卷曲。叶近生或簇生；叶柄40~80 cm，基部褐色至黑色，密被鳞片，向上渐光滑，淡绿色；叶片长圆形，（50~90）cm×（25~36）cm，基部不变狭或略变狭，一回羽状；羽片7~12对，互生，或基部的对生，斜展，具短柄；中部羽片（15~22）cm×（3~5）cm，狭长圆披针形，基部近截形或圆楔形，先端渐尖，边缘具浅钝齿。叶厚纸质至薄革质，干后绿色，两面光滑；叶脉明显，侧脉羽状，小脉单一。孢子囊群和囊群盖线形，沿小脉着生，多单生，有时双生。

【生境与分布】生于海拔150~1000 m的林下、溪边及石灰岩洞口内。分布于云南、四川、贵州、重庆、广西、台湾等地；泰国、缅甸、越南亦有。

江南双盖蕨 江南短肠蕨

Diplazium mettenianum (Miquel) C. Christensen

【形态特征】植株高40~80 cm。根状茎长而横走，先端密被鳞片；鳞片黑色，有光泽，狭披针形至线状披针形，边缘具齿突。叶近生或远生；叶柄20~40 cm，基部黑褐色，疏被鳞片，向上渐为禾秆色；叶片阔卵状三角形至卵状披针形，(22~40) cm ×(12~23) cm，一回羽状；羽片8~12对，镰状披针形，互生，但基部1对通常对生；下部羽片 (6~12) cm ×[1~3(~4)]cm，边缘波状至羽状深裂，基部近截形或浅心形，有长可达1 cm以上的柄；裂片圆钝，全缘或有齿。叶纸质，两面光滑；叶脉羽状，小脉多单一，稀二叉。孢子囊群和囊群盖线形。

【生境与分布】生于海拔600~1400 m的林下、林缘、山谷路边。分布于云南、四川、贵州、重庆、湖南、广西、广东、海南、台湾、福建、浙江、江西、安徽等地；日本、泰国、越南亦有。

【药用价值】根茎入药，清热解毒。

江南双盖蕨

江南双盖蕨

南川双盖蕨

南川双盖蕨

南川双盖蕨　南川短肠蕨
Diplazium nanchuanicum (W. M. Chu) Z. R. He

【形态特征】植株高达2 m。根状茎直立，斜升或横卧，常呈树干状，外周密生气生根，高至54 cm，连气生根粗达10 cm，先端密被鳞片，鳞片深棕色至黑色，披针形至线状披针形，边缘具齿，先端长渐尖。叶近生或簇生；叶柄淡绿色，基部呈黑色，18~57(~80) cm，具鳞片；鳞片披针形，易落，留下淡绿色长圆锥状的小柄；叶片二回羽状，阔卵状三角形，(45~120) cm×(25~76) cm，先端渐尖；羽片8~10对，斜展；下部羽片宽长圆披针形，(35~50) cm×(12~18) cm，有长达5 cm的柄，先端渐尖或尾状；小羽片8~12对，平展，披针形至阔披针形，基部截形或浅心形，对称或几对称，无柄或有短柄，羽状中裂，先端渐尖或尾状；裂片达10对，密接，多少斜展，边缘全缘或略具圆齿，先端圆。叶草质至纸质，干后绿色，两面光滑；叶轴、羽轴淡绿色；叶脉羽状，小脉多单一，稀二叉。孢子囊群线形，靠近中肋；囊群盖同形。

【生境与分布】生于海拔800~1300 m的石灰岩山地天坑底部及溪边。分布于重庆、贵州等地。

【药用价值】根茎入药，活血散瘀，利湿。

假耳羽双盖蕨　假耳羽短肠蕨
Diplazium okudairai Makino

【形态特征】根状茎长而横走。叶近生或远生；叶柄18~36 cm，基部被褐色卵形鳞片，向上渐为披针形；叶片卵状披针形，（14~40）cm×（10~15）cm，先端渐尖或尾状，一回羽状；羽片8~12对，镰状披针形，基部不对称，上侧三角状耳形，下侧楔形，先端尾尖，边缘具粗齿或浅裂；裂片先端钝，具齿；下部羽片（6~11）cm×（1.5~3）cm，有短柄，上部无柄，以狭翅下延于叶轴。叶草质，干后绿色，两面光滑；叶脉分离，小脉单一，羽片基部上侧耳片上的小脉常二叉。孢子囊群线形，稍弯曲，近中肋，长达1 cm；囊群盖同形，膜质，全缘。

【生境与分布】生于海拔800~2500 m的林下、沟边、石灰岩洞口。分布于云南、四川、贵州、重庆、湖南、江西、台湾等地；日本、朝鲜亦有。

假耳羽双盖蕨

卵果双盖蕨　卵果短肠蕨

Diplazium ovatum (W. M. Chu ex Ching & Z. Y. Liu) Z. R. He

【形态特征】植株高达1.2 m。根状茎斜升，先端连同叶柄基部密被鳞片；鳞片棕色，线状披针形，全缘。叶簇生；叶柄四棱形，至少下部褐色，中部以上光滑，淡褐色或禾秆色，40~55 cm；叶片三角状卵形，（50~70）cm×（40~58）cm，三回羽状；羽片约10对，对生，平展，下部羽片达32 cm×13 cm，阔披针形，先端渐尖，基部变狭，有2~5 mm的短柄，二回羽状；小羽片约15对，基部对生，略缩短，向上的互生，平展，邻接；中部小羽片长圆披针形，达7 cm×1.5 cm，先端渐尖，基部浅心形或截形，具短柄或无柄，一回羽状或羽状深裂至全裂；末回小羽片或裂片长圆形，先端圆钝或近截形，近全缘。叶片草质至薄纸质，干后淡绿色，两面光滑，叶轴和羽轴禾秆色，光滑；叶脉在末回小羽片或裂片上羽状，小脉单一，稀分叉。孢子囊群卵形至卵状长圆形，近主脉着生；囊群盖腊肠形，膜质，背裂。

【生境与分布】生于海拔500~1100 m的山谷溪边林下。分布于云南、四川、贵州、重庆等地；越南亦有。

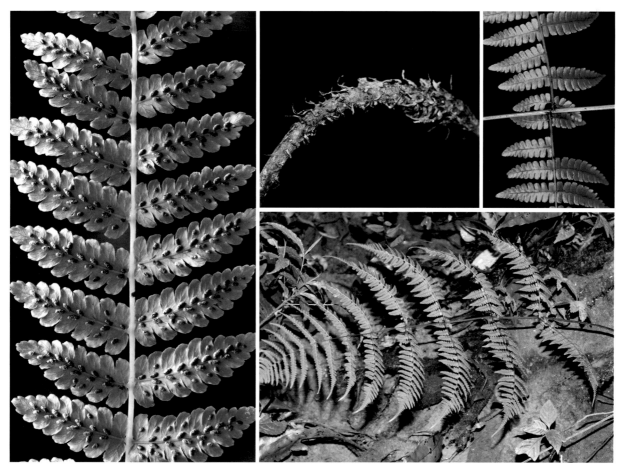

卵果双盖蕨

褐柄双盖蕨

褐柄双盖蕨 褐柄短肠蕨
Diplazium petelotii Tardieu

【形态特征】根状茎斜升,先端连同叶柄基部密被鳞片;鳞片褐黑色,披针形,膜质,全缘或疏具齿突。叶簇生;叶柄20~30 cm,基部黑色,向上渐光滑,绿色;叶片卵状长圆形,达50 cm×25 cm,一回羽状;羽片8~10对,互生,斜展,中、下部的有短柄,披针形,达15×(3~4)cm,基部心形,先端长渐尖至尾状,羽状半裂至深裂;裂片三角形或长圆形,略斜上,先端钝,边缘具疏锯齿。叶草质,干后正面暗绿色,背面灰绿色,两面光滑;羽轴下面疏被小鳞片;叶脉在裂片上羽状,小脉单一或二叉。孢子囊群线形,稍近主脉;囊群盖同形,膜质,全缘。

【生境与分布】生于海拔500 m的河谷沟边灌丛下。分布于云南、贵州等地;泰国、越南亦有。

薄叶双盖蕨

薄叶双盖蕨
Diplazium pinfaense Ching

【形态特征】植株高28~80 cm。根状茎短而直立或斜升，先端及叶柄基部密被鳞片；鳞片褐色，披针形，全缘。叶簇生；叶柄14~41 cm，基部棕色，向上光滑，禾秆色；叶片约与叶柄等长，长圆形，奇数一回羽状；侧生羽片2~4对，互生，斜展，有短柄，长圆披针形，（9~20）cm×（2~4.5）cm，基部圆楔形，先端渐尖或短尖，边缘具锯齿；顶生羽片与侧生羽片同形同大。叶片草质，干后绿色或黄绿色，两面光滑；叶脉分离，侧脉斜展，每组有小脉3~5条，伸达齿缘。孢子囊群线形，长达2 cm，多少弯弓，单生或双生；囊群盖同形，膜质，宿存。

【生境与分布】生于海拔500~1000 m的山谷溪边及路边林下。分布于云南、四川、贵州、重庆、湖南、广西、江西、福建、浙江等地；日本亦有。

【药用价值】全草入药，清热解毒，利尿通淋。主治小便不利，淋漓涩痛，痢疾，腹泻。

双生双盖蕨 双生短肠蕨
Diplazium prolixum Rosenstock

【形态特征】植株高达1.8 m。根状茎斜升至横卧，先端连同叶柄基部密被鳞片；鳞片黑色，线状披针形，全缘。叶簇生或近生；叶柄基部黑色，向上淡棕色或禾秆色，30~95 cm；叶片三角形或卵状三角形，(46~85) cm×(44~90) cm，三回羽状；羽片8~10对，互生或基部对生，斜展，下部羽片(30~50) cm×(15~30) cm，长圆形至长圆披针形，有3~6 cm的柄，先端渐尖，二回羽状；小羽片10~15对，互生，略斜展，长圆披针形至狭披针形，(8~15) cm×(2~4) cm，有2~10 mm的短柄，先端渐尖至尾状；末回小羽片长圆形至长圆披针形，先端钝，基部常以狭翅与小羽轴相连，羽状半裂至深裂。叶片草质，两面光滑，叶轴和羽轴禾秆色，光滑；叶脉在末回小羽片或裂片上羽状，小脉单一或二叉。孢子囊群长圆形，稍近中肋着生；囊群盖腊肠形，膜质，不规则破裂。

【生境与分布】生于海拔300~1300 m的山坡、河谷林下、石灰岩洞内外。分布于云南、四川、贵州、重庆、广西等地；越南亦有。

【药用价值】根茎入药，清热祛湿，消肿止痛。主治风热感冒，风湿痹痛，跌打损伤。

双生双盖蕨

毛轴双盖蕨　毛子蕨

Diplazium pullingeri (Baker) J. Smith

【形态特征】植株高58~64 cm。根状茎短而斜升，先端被褐色、卵状披针形、全缘、早落的鳞片。叶簇生；叶柄16~25 cm，基部褐黑色，向上褐色，连同叶轴、羽轴密生节状长柔毛；叶片披针形，(28~42) cm × (10~13) cm，基部稍变狭，先端渐尖，一回羽状；羽片15~20对，互生，平展，无柄，下部羽片常缩短并反折，中部羽片最大，镰状披针形，(4.5~6.5) cm × (1~1.4) cm，先端短渐尖，基部不对称，上侧三角形耳状，下侧圆形，边缘全缘或波状。叶片草质，干后褐绿色，两面沿叶脉疏被节状毛；叶脉分离，侧脉二叉或三叉。孢子囊群线形，常几达小脉全长；囊群盖同形，膜质，宿存。

【生境与分布】生于海拔500 m的溪边林下及灌丛下。分布于云南、贵州、湖南、广西、广东、海南、台湾、福建、江西、浙江等地；日本、越南亦有。

毛轴双盖蕨

深绿双盖蕨　深绿短肠蕨
Diplazium viridissimum Christ

【形态特征】植株高达2 m以上。根状茎直立或斜升，先端和叶柄基部密被鳞片，鳞片张开，棕色，线状披针形，边缘黑色，具齿突。叶簇生；叶柄60~80 cm，禾秆色；叶片卵状三角形，（70~140）cm×（60~80）cm，二回羽状；羽片约8对，互生，略斜展；下部羽片长圆形至长圆披针形，（35~45）cm×（12~16）cm，有2~6 cm的柄，先端渐尖；小羽片12~15对，互生，平展或近平展，有短柄，披针形，（8~10）cm×（2~3）cm，羽状深裂；裂片长圆形，先端圆，具浅齿。叶草质，干后深绿色，两面光滑；叶轴、羽轴禾秆色，小羽轴下面被腺毛；叶脉羽状，小脉在裂片上达7对，多二叉，稀单一。孢子囊群线形，单生或双生，自中肋达小脉1/2或2/3；每裂片基部上侧1条孢子囊群常分叉；囊群盖同形，膜质。

【生境与分布】生于海拔500~1000 m的溪边林下、林缘。分布于云南、四川、贵州、西藏、广西、广东、海南、台湾等地；印度、尼泊尔、缅甸、越南、菲律宾亦有。

深绿双盖蕨

深绿双盖蕨

鳞柄双盖蕨　有鳞短肠蕨
Diplazium squamigerum (Mettenius) C. Hope

【形态特征】植株高60~80 cm。根状茎斜升至直立或横走，顶端密被鳞片；鳞片黑褐色，狭披针形，边缘具齿突。叶近生至簇生；叶柄25~35 cm，自基部到叶轴及羽轴均被较多的褐色披针形鳞片；叶片阔卵状三角形，长宽几相等，30~45 cm，先端渐尖，二回羽状；羽片8~10对，互生或对生，斜展，披针形，基部羽片最大，(15~25) cm×(4~7) cm，先端尾尖，下部略变狭，具约2 cm的柄，一回羽状；小羽片约12对，长圆形或狭卵状三角形，(3~4) cm×(1~1.8) cm，下部的较小而有短柄，中部的较大但无柄，基部圆截形，近对称，先端圆钝，羽状深裂；裂片长圆形，先端圆，边缘全缘或波状。叶片草质，两面光滑；叶脉在裂片上羽状，小脉二叉。孢子囊群线形，多少弯弓；囊群盖与囊群同形，膜质，全缘，宿存。

【生境与分布】生于海拔900~2900 m的林下，土生。分布于云南、四川、贵州、重庆、西藏、湖南、湖北、广西、江西、福建、台湾、浙江、江苏、安徽、河南、山西、甘肃等地；日本、朝鲜、印度、尼泊尔亦有。

【药用价值】根茎入药，清热解毒。

鳞柄双盖蕨

肿足蕨科 HYPODEMATIACEAE

中型土生或石生草本植物。根状茎横卧或横走，粗壮，连同叶柄基部密被重叠覆盖的鳞片。叶簇生或远生；叶柄禾秆色，粗壮，基部明显膨大呈纺锤形，被鳞片所覆盖，以关节着生于叶足或无关节；叶大，卵状三角形或长卵三角形，三至四回羽状分裂；叶轴和羽轴上有纵沟，基部羽片下侧以狭翅下延于羽轴或小羽轴；叶脉分离，羽状分枝，小脉伸达叶边。孢子囊群圆形，生于小脉顶端；囊群盖圆肾形或阔肾形，膜质，宿存，囊群盖被刚毛或短柔毛。

2属约22种，广布于旧热带至暖温带地区；我国2属约13种，除东北和西北外，各省区均产。

肿足蕨属 *Hypodematium* Kunze

中、小型石生常绿植物。根状茎横卧，粗壮，连同叶柄基部密被重叠覆盖的红棕色大鳞片。叶柄禾秆色，粗壮，基部明显膨大呈纺锤形，宿存，完全被鳞片所覆盖；叶卵状三角形，三至四回羽状分裂；羽片有柄，基部对生；各回小羽片基部圆形或阔楔形，下侧以狭翅下延于羽轴或小羽轴；叶脉分离，羽状分枝，小脉伸达叶边；叶草质，干后浅绿色，常遍体密被灰白色单细胞长柔毛或细长针状毛。孢子囊群圆形；囊群盖圆肾形或马蹄形，膜质，宿存，有刚毛或短柔毛。

约18种，分布于亚洲和非洲亚热带；我国12种。

肿足蕨
Hypodematium crenatum (Forsskål) Kuhn & Decken

【形态特征】植株高(15~)30~50(~60) cm。根状茎横卧；鳞片红棕色，狭披针形，边缘全缘，先端丝状。叶近生；叶柄禾秆色，16~28 cm，基部密生鳞片，向上被灰白色毛；叶片卵状五角形，(14~26) cm × (12~22) cm，四回羽裂；羽片6~9对，略斜展，基部1对最大，三角形或狭三角形，(7~13) cm × (5~8) cm，三回羽裂；羽轴下侧的小羽片大于上侧的小羽片，长圆形至阔披针形；末回小羽片长圆形；裂片先端圆，全缘或波状。叶草质，遍体密被灰白色毛。叶脉羽状，侧脉单一，稀分叉。孢子囊群大，生小脉中部，圆形；囊群盖大，圆肾形或马蹄形，膜质，被毛，宿存。

【生境与分布】生于海拔2300 m以下的林下或常见于裸石隙。分布于云南、四川、贵州、湖南、广西、广东、江西、浙江、台湾、安徽、河南、陕西、甘肃等地；印度、日本、东南亚和西亚、非洲亦有。

【药用价值】根状茎、全草入药，清热解毒，祛风利湿，止血生肌。主治乳痈，疮疥，淋浊，痢疾，风湿关节痛，外伤出血。

肿足蕨

斜方复叶耳蕨

鳞毛蕨科 DRYOPTERIDACEAE

草本，小型至大型陆生植物，常绿或落叶，陆生、石生、半附生或附生。根状茎短而直立、斜升、横走或攀援；密被鳞片，鳞片狭披针形至卵形，基部着生或极少为盾状，常密筛孔状，偶窗格状，全缘或边缘多少具锯齿或睫毛，无针状硬毛。叶簇生或散生，各回羽片上先出或下先出，或有时基部上先出而上部下先出；叶柄不具关节或有时基部具关节，叶柄横切面具3个或更多的维管束围成半圆形或圆形，上面有纵沟，多少被鳞片，不被毛或有时被毛；叶一型或二型，常椭圆形、三角形、五角形、披针形、卵圆形或线形，一至五回羽状或单叶，偶奇数羽状，被鳞片，具腺体，被毛或光滑；如被鳞片，其水泡状或扁平，有或无腺体；薄纸质、纸质或革质；中轴腹面有纵沟，具或不具珠芽，罕有珠芽生于延长成鞭状的叶轴顶端；叶脉羽状或分离，或各种程度网结、形成一至多行网眼，内具（或不具）内藏小脉；能育叶与不育叶同型或多少不同。孢子囊群圆形、圆肾形或卤蕨型，背生于小脉或近顶生，有盖（偶无盖）；囊群盖圆形、肾形，偶为椭圆形，上位，以外侧边中部凹点着生于囊托，或偶下位、无柄或具细长柄，全缘或具齿，有时孢子囊均匀布满能育叶的背面（不形成圆形孢子囊群）。

约26属2115种，世界广布，主产于东亚和新世界；我国12属约500种。

鳞毛蕨亚科 Subfam. DRYOPTERIDOIDEAE

复叶耳蕨属 *Arachniodes* Blume

陆生植物，多数中等大小。根状茎长而横走至短而斜升或横卧，密被鳞片。叶远生或近生；叶柄禾秆色或棕色向轴面具沟，横切面有维管束3条以上；叶片二至四回羽状，少有一回羽状或五回羽状，草质、纸质至革质，光滑或有少数狭鳞片，少有具毛者；叶轴具沟，沟与羽轴、小羽轴相连通，有鳞片或几光滑，少有具灰白色单细胞针毛；羽片有短柄，基部羽片的基部下侧小羽片常伸长；末回小羽片往往不对称，边缘具锐齿，芒状。孢子囊群圆形，顶生或背生小脉；囊群盖圆肾形，以深缺刻着生。孢子二面体形。

约60种，主要分布于东亚和东南亚的热带、亚热带地区；我国43种。

斜方复叶耳蕨
Arachniodes amabilis (Blume) Tindale

【形态特征】根状茎横卧，连同叶柄基部密被棕色狭披针形鳞片。叶近生；叶柄长20~46 cm，禾秆色，基部以上渐光滑；叶片卵形至长圆形，（23~40）cm×（14~20）cm，二回羽状，稀三回羽状；侧生羽片3~8对，基部1对较大，近三角形，其基部下侧1片小羽片常明显伸长并为羽状；上部羽片线状披针形，一回羽状；顶生羽片与中部的侧生羽片相似；小羽片斜方形，基部不对称，上侧截形，下侧楔形，先端锐尖并具芒，边缘有芒状尖齿。叶纸质，两面光滑，干后褐绿色；叶脉羽状。孢子囊群圆形，生小脉顶端；囊群盖圆肾形，边缘有睫状毛。

【生境与分布】生于海拔1500 m以下的酸性山地林下、林缘、溪边。分布于长江以南各省区；南亚、东南亚、日本、韩国亦有。

【药用价值】根状茎入药，祛风止痛，益肺止咳。主治关节痛，肺痨咳嗽。

斜方复叶耳蕨

美丽复叶耳蕨

美丽复叶耳蕨

Arachniodes amoena (Ching) Ching

【形态特征】根状茎横卧；鳞片深棕色，卵状披针形，厚而有光泽。叶近生；叶柄长22~46 cm，禾秆色，基部被鳞片，向上光滑；叶片近五角形，（23~40）cm×（16~35）cm，三回羽状；羽片2~5对，基部1对最大，近三角形，达20 cm×（6~12）cm，二回羽状；基部1对小羽片伸长，下侧尤长；第二对及以上的羽片线状披针形，通常一回羽状；顶生羽片与中部侧生羽片同形；末回小羽片斜长圆形，基部不对称，上侧截形，下侧楔形，先端钝，边缘多少分裂；裂片顶端有齿，芒状。叶纸质，两面光滑；叶脉分离。孢子囊群圆形，生小脉顶端；囊群盖圆肾形，全缘。

【生境与分布】生于海拔700~1200 m的酸性山地林下、林缘、溪沟边。分布于贵州、湖南、广东、广西、江西、福建、浙江、安徽等地。

【药用价值】全草入药。主治关节痛。

美丽复叶耳蕨

西南复叶耳蕨

Arachniodes assamica (Kuhn) Ohwi

【形态特征】根状茎短而斜升或横卧；鳞片棕色，卵状披针形，全缘，先端毛发状。叶近生；叶柄长25~60 cm，禾秆色，基部被鳞片，向上光滑；叶片卵状三角形至长圆形，先端渐尖，（20~50）cm×（15~30）cm，二回羽状；羽片5~10对，互生，斜展，基部1对最大，卵状三角形至三角状阔披针形，（10~20）cm×（6~8）cm，有长1~1.5 cm的柄，一回羽状至二回羽状全裂；小羽片6~10对，斜展，三角形或镰状披针形，基部不对称，上侧截形，下侧楔形，有短柄或无柄，先端芒刺状；小羽片或裂片边缘具钝齿，芒刺状。叶草质至纸质，两面光滑，或沿羽轴、叶脉下面疏生毛状鳞片；叶脉分离。孢子囊群圆形，生小脉顶端；囊群盖圆肾形，全缘，深褐色，边缘色淡。

【生境与分布】生于海拔1000~1600 m的密林下，溪沟边湿地。分布于云南、四川、贵州、重庆、湖南、广西等地；印度、尼泊尔、缅甸、泰国、越南亦有。

西南复叶耳蕨

粗齿黔蕨

粗齿黔蕨
Arachniodes blinii (H. Léveillé) T. Nakaike

　　【形态特征】根状茎粗,长而横走。叶近生或远生;叶柄20~45 cm,基部密生棕色狭披针形鳞片,向上渐稀疏至光滑;叶片长圆形至披针形,(20~55) cm ×(12~22) cm,基部不狭缩,先端具顶生羽片或羽裂渐尖,一回羽状;羽片6~13对,互生或下部对生,略斜展,披针形或狭披针形,有时镰状,有柄;中、下部的较大,(7~15) cm ×(1.6~3) cm,基部楔形,对称或近对称,先端渐尖,边缘具粗齿、圆齿,或常浅裂,齿或裂片上有一至数个软骨质芒刺。叶薄革质,干后灰绿色,两面光滑,上面有光泽;叶脉羽状,每组侧脉有小脉2~4对,小脉单一或二叉。孢子囊群圆形,生小脉顶端或近顶处,在羽片中肋每侧1~3行;囊群盖棕色,圆肾形,早落。

　　【生境与分布】生于海拔500~1600 m的酸性山地河谷林下、林缘、溪边。分布于贵州、重庆、湖南、广西、江西等地。

　　【药用价值】根茎入药。主治腰痛,瘰疬。

大片复叶耳蕨

大片复叶耳蕨
Arachniodes cavaleriei (Christ) Ohwi

【形态特征】根状茎短而斜升或横卧；鳞片黑褐色，狭披针形，全缘，张开，较坚挺，有光泽。叶近生；叶柄长达50 cm，禾秆色，基部被鳞片，向上光滑；叶片卵状三角形，先端羽裂渐尖，(28~45) cm×(18~26) cm，三回羽状；羽片4~7对，互生，斜展，基部1对最大，卵状三角形，(15~18) cm×(10~12) cm，有长约2 cm的柄，先端渐尖，基部下侧小羽片最大，并常为一回羽状，其余小羽片向上渐缩短；从第二对羽片向上渐变小，一回羽状；小羽片近镰状或呈平行四边形，先端短尖或钝，边缘具钝齿。叶纸质至革质，两面光滑；叶脉分离。孢子囊群圆形，背生小脉中部；囊群盖圆肾形，大而早落。

【生境与分布】生于海拔500~1400 m的密林下、河谷灌丛下。云南、贵州、湖南、湖北、广西、广东、海南、福建、江西、浙江、安徽；日本、泰国、越南亦有。

中华复叶耳蕨

Arachniodes chinensis (Rosenstock) Ching

【形态特征】根状茎短而横卧，密被鳞片；鳞片棕色，线状披针形，开展，全缘。叶近生；叶柄22~60 cm，禾秆色，基部鳞片与根状茎上的相似，向上具多数黑色或黑褐色贴生的线状披针形鳞片；叶片卵状三角形至卵状长圆形，（23~47）cm×（16~30）cm，顶端羽裂渐尖或突然变狭呈尾状，二至三回羽状；羽片6~10对，基部1对最大，狭三角形或三角状披针形，（13~23）cm×（7~15）cm，一至二回羽状；基部1对小羽片伸长，下侧1片尤长，达10 cm；第二对，有时第三对羽片与基部1对相似而较狭；上部羽片披针形或常为镰状披针形；末回小羽片镰状长圆形，基部上侧截形，耳状，下侧楔形，先端锐尖或钝，边缘具齿或羽裂，有芒。叶纸质或薄革质，正面光滑，下面沿叶脉有小鳞片；叶轴具黑色或深棕色贴生鳞片；叶脉分离。孢子囊群顶生小脉；囊群盖棕色，边缘通常睫状。

【生境与分布】生于海拔600~1900 m的山坡或山谷林下、溪边。分布于云南、四川、贵州、重庆、湖南、广西、广东、海南、台湾、福建、浙江、江西、安徽等地；日本及东南亚亦有。

【药用价值】根状茎入药，清热解毒，消肿散淤，止血止痢。主治疮痈肿毒，崩漏，外伤出血，痢疾。

中华复叶耳蕨

细裂复叶耳蕨 毒参叶复叶耳蕨
Arachniodes coniifolia (T. Moore) Ching

【形态特征】根状茎短而斜升,先端密被鳞片;鳞片深棕色,披针形,全缘,先端变细。叶近生;叶柄42~56 cm,禾秆色,下部密被张开的黑褐色披针形鳞片,向上至叶轴、羽轴、小羽轴疏具同样的小鳞片;叶片卵形至卵状长圆形,(40~60) cm×(36~45) cm,先端尾状,五回羽状细裂至五回羽状;羽片约10对,互生,斜展,基部1对最大,三角状披针形,达30 cm×15 cm,有1.5 cm的柄,基部下侧1片小羽片较大;第二对及向上的羽片渐缩小,狭披针形,且其基部上侧小羽片较大;各回小羽片之间彼此密接,除末回小羽片外均有短柄;末回小羽片或裂片狭椭圆形或菱形,先端具棘状锐齿。叶坚草质,干后绿色,正面光滑,下面沿叶脉疏被棕色小鳞片;叶脉分离。孢子囊群顶生小脉;囊群盖棕色,小而早落。

【生境与分布】生于海拔600~1600 m的山坡林下、溪边林缘。分布于云南、四川、贵州、重庆、广西等地;印度、尼泊尔、不丹亦有。

【药用价值】根状茎入药,清热解毒,消肿散淤,止血止痢。主治疮痈肿毒,崩漏,外伤出血,痢疾。

细裂复叶耳蕨

华南复叶耳蕨　细裂复叶耳蕨

Arachniodes festina (Hance) Ching

【形态特征】根状茎短而斜升；鳞片狭披针形，深棕色，全缘。叶近生；叶柄22~30 cm，禾秆色，基部密生鳞片，与根状茎上的相似，向上渐稀疏而近光滑；叶片阔卵形至卵状长圆形，（25~45）cm×（15~32）cm，顶端羽裂渐尖，三至四回羽状；羽片10~15对，互生，斜展，有柄，披针形，基部1对最大，镰状三角形，（12~20）cm×（9~12）cm，柄长达1 cm，二至三回羽状；小羽片达15对，互生，略斜展，基部下侧1片最大，一至二回羽状；末回小羽片或裂片阔卵形或呈菱形，先端钝，边缘具尖齿，不为芒状。叶草质，干后暗绿色，两面光滑；叶轴、羽轴和叶脉下面偶有淡棕色小鳞片；叶脉分离。孢子囊群圆形，小，背生小脉中部；囊群盖棕色，边缘全缘或疏具短睫毛。

【生境与分布】生于海拔700~1500 m的溪边密林下、岩洞旁。分布于云南、四川、贵州、湖南、广西、广东、台湾、福建、浙江、江西等地；越南亦有。

华南复叶耳蕨

假斜方复叶耳蕨

Arachniodes hekiana Sa. Kurata

【形态特征】根状茎横卧，连同叶柄基部密被棕色狭披针形及线状披针形鳞片。叶近生或远生；叶柄长25~80 cm，禾秆色，基部以上光滑或近光滑；叶片卵状三角形至长圆形，（30~75）cm×（24~40）cm，二回羽状，稀三回羽状；侧生羽片3~7对，（15~30）cm×（3~5）cm，线状披针形，基部羽片的基部1对小羽片常不伸长，罕有伸长并为羽状者；顶生羽片与中部的侧生羽片相似；小羽片斜方形，或为三角形至镰状披针形，基部不对称，上侧截形，下侧楔形，先端锐尖并具芒，边缘有芒状尖齿。叶草质，干后黄绿色，两面光滑，沿羽轴和主脉下面偶有毛状小鳞片；叶脉羽状。孢子囊群圆形，生小脉顶端，位于主脉与叶边之间；囊群盖圆肾形，全缘。

【生境与分布】生于海拔500~1100 m的密林下、河谷林缘。分布于云南、四川、贵州、重庆、湖南、广西、广东、福建、浙江、安徽等地；日本亦有。

假斜方复叶耳蕨

贵州复叶耳蕨

贵州复叶耳蕨
Arachniodes nipponica (Rosenstock) Ohwi

【形态特征】植株高达1 m以上。根状茎粗而肉质,横卧,连同叶柄基部密被鳞片,鳞片卵状披针形,淡棕色,薄。叶近生;叶柄达60 cm,棕禾秆色,上部近光滑;叶片三角形或卵状三角形,(50~70) cm×(40~50) cm,先端狭缩,略呈尾状,三回羽状;羽片6~8对,互生,斜展,狭三角形至三角状披针形,先端尾状,基部较大,(25~35) cm×(12~16) cm,向上的渐缩小,二回羽状;末回小羽片斜方形,具短柄,先端短尖或钝,边缘浅裂,基部上侧裂片几分离;裂片卵形或倒卵形,先端芒刺状。叶纸质或厚纸质,柔韧而有光泽,正面光滑,下面沿叶脉被贴伏的多细胞长毛;叶轴、羽轴略有纤维状鳞片;叶脉羽状。孢子囊群圆形,顶生小脉;囊群盖圆肾形,具短缘毛。

【生境与分布】生于海拔700~1500 m的酸性山地溪谷林下。分布于云南、四川、贵州、重庆、湖南、广西、广东、江西、浙江等地;日本亦有。

四回毛枝蕨
Arachniodes quadripinnata (Hayata) Serizawa

【形态特征】植株高达80 cm。根状茎长而横走,连同叶柄下部多少被卵状披针形鳞片。叶远生;叶柄长20~35 cm,基部紫褐色,向上渐为棕禾秆色或禾秆色,光滑;叶片五角形,(29~42)cm×(27~40)cm,四至五回羽状。叶薄草质,干后褐绿色,两面多少有淡灰色单细胞针毛,各回小羽轴和主脉下面疏被狭披针形至毛状小鳞片;叶脉分离。孢子囊群圆形,生小脉顶端;囊群盖圆肾形,边缘多少具缘毛。

【生境与分布】生于海拔1800~1900 m的山坡林下或灌丛下、溪边。分布于云南、四川、贵州、广西、江西、台湾、安徽等地。

【药用价值】根状茎入药,清热解毒,凉血,驱虫。主治风热感冒,吐血,崩漏,带下,蛔虫等。

四回毛枝蕨

长尾复叶耳蕨

Arachniodes simplicior (Makino) Ohwi

【形态特征】根状茎横卧；鳞片棕色，线状披针形。叶近生；叶柄长20~35 cm，禾秆色，基部被鳞片，向上几光滑；叶片卵形至卵状长圆形，先端具顶生羽片，尾状，（20~35）cm×（14~25）cm，三回羽裂至三回羽状；羽片3~6对，互生或下部对生，斜展，有柄，基部1对最大，卵状三角形，（15~18）cm×（9~12）cm，有长1~2 cm的柄，先端渐尖，基部下侧小羽片最大，并常为一回羽状，其余小羽片向上渐缩短；从第二对羽片向上渐变小，通常为镰状披针形，一回羽状；末回小羽片卵状长圆形，基部不对称，上侧截形，多少凸起成耳状，下侧楔形，边缘浅裂至深裂而有芒状锯齿，先端锐尖，芒状。叶纸质或近革质，上面亮绿色，两面光滑；叶脉分离。孢子囊群圆形，生小脉顶端；囊群盖圆肾形，全缘。

【生境与分布】生于海拔1500 m以下的山坡林下、路边、沟边。分布于云南、西藏、四川、贵州、重庆、湖南、湖北、广西、广东、福建、江西、浙江、江苏、安徽、河南、陕西、甘肃等地；日本亦有。

【药用价值】根状茎入药，清热解毒。主治内热腹痛。

长尾复叶耳蕨

华西复叶耳蕨
Arachniodes simulans (Ching) Ching

【形态特征】植株高70~110 cm。根状茎横卧，连同叶柄基部密被鳞片，鳞片卵状披针形，薄，淡棕色。叶近生；叶柄禾秆色，35~56 cm，上部疏被鳞片至光滑；叶片阔卵状三角形或卵形，（36~55）cm×（30~45）cm，三至五回羽状；羽片6~12对，互生或下部1~2对对生，斜展；基部1对最大，三回羽状深裂至四回羽状，卵状三角形，（20~35）cm×（12~16）cm，有1~3 cm的柄，先端长渐尖或尾状，基部下侧1片小羽片最大；第二对羽片向上渐缩小，多少呈镰状披针形；一回小羽片互生，斜展，有柄，基部不对称，上侧较宽，与羽轴平行，下侧楔形；末回小羽片有短柄至无柄，菱形，基部的浅裂至深裂；裂片狭卵形、倒卵形或椭圆形，先端通常圆钝，芒状，边缘具芒齿。叶草质至坚草质，两面光滑，或下面沿叶脉有少数小鳞片，偶有贴生多细胞毛；叶脉羽状。孢子囊群顶生小脉，靠近叶缘；囊群盖圆肾形，边缘疏具睫状毛。

【生境与分布】生于海拔500~2100 m的溪边林下、林缘。分布于云南、四川、贵州、重庆、江西、湖南、湖北、安徽、陕西、甘肃等地；印度、不丹亦有。

华西复叶耳蕨

美观复叶耳蕨

美观复叶耳蕨
Arachniodes speciosa (D. Don) Ching

【形态特征】根状茎短而斜升或横卧；鳞片褐色或黑褐色，狭披针形，全缘。叶近生；叶柄27~45 cm，禾秆色，基部被鳞片，向上渐光滑；叶片卵状三角形或卵状五角形，先端多少狭缩，渐尖，（25~45）cm×（18~30）cm，三至四回羽状；羽片7~10对，互生，斜展，有柄，基部1对最大，三角形或斜四边形，一回小羽片互生，基部下侧的最长，并常为一至二回羽状；第二对羽片向上渐变狭并缩小，狭三角形或披针形至线状披针形；末回小羽片菱形、镰状三角形或镰状披针形，先端短尖，具芒，基部不对称，上侧截形，下侧狭楔形，边缘具齿，芒状。叶纸质至薄革质，两面光滑；叶轴、羽轴、小羽轴下面疏具鳞片；鳞片小，卵形，先端纤维状；叶脉分离。孢子囊群圆形，近顶生或顶生小脉；囊群盖圆肾形，全缘。

【生境与分布】生于海拔600~1400 m的山坡林下、林缘、灌丛中、溪边。分布于云南、四川、贵州、重庆、湖南、湖北、广西、海南、台湾、福建、江西、浙江、江苏、安徽、甘肃等地；印度、尼泊尔、不丹、泰国、越南、新几内亚、日本亦有。

【药用价值】根茎入药，清热解毒，祛风止痒，活血散瘀。主治内热腹痛，热泻，风疹，跌打瘀肿。

石盖蕨
Arachniodes superba Fraser-Jenkins

【形态特征】植株高60~120 cm。根状茎短，斜升，连同叶柄基部密被棕色卵状披针形、边缘流苏状的大鳞片。叶簇生；叶柄长18~40 cm，叶柄淡红色或向上禾秆色，略被鳞片；叶片卵形或三角状披针形，（45~80）cm×（30~50）cm，四回羽状；羽片4~5（6）对，基部1对较大，三角状披针形，25 cm×13 cm；一回小羽片14~16对； 二回小羽片约10对；末回小羽片3~4对。叶脉在末回小羽片上为羽状，小脉单一，顶部棒状，不伸达叶边。叶干后近革质，上面亮绿色，下面灰色；各回羽轴下面和小脉上簇生棕色、长毛纤维状鳞片。孢子囊群圆形，生小脉顶部，每裂片1枚；囊群盖椭孢形，黑紫色。

【生境与分布】生于海拔2100~3200 m的常绿阔叶林或针阔混交林下、陡壁岩缝。分布于云南、西藏等地；印度和缅甸亦有。

石盖蕨

黔蕨

黔蕨
Arachniodes tsiangiana (Ching) T. Nakaike

【形态特征】根状茎长而横走。叶近生或远生；叶柄长约20 cm，禾秆色，下部具棕色披针形鳞片，向上光滑；叶片阔披针形，（20~32）cm×10 cm，先端渐尖，基部不狭缩，奇数一回羽状；侧生羽片6~8对，互生或下部对生，开展，有柄，（7~8）cm×2 cm，披针形，基部楔形，对称，先端渐尖，边缘具缺刻状齿，不为芒状；顶生羽片与侧生羽片相似，常二叉。叶纸质，干后灰绿色，两面光滑；叶脉羽状，每组侧脉有小脉2对。孢子囊群圆形，在羽片中肋每侧2行，生小脉顶端；囊群盖棕色，圆肾形，早落。

【生境与分布】生于海拔400~700 m的阴湿常绿阔叶林下。分布于贵州等地。

紫云山复叶耳蕨

紫云山复叶耳蕨
Arachniodes ziyunshanensis Y. T. Hsieh

【形态特征】根状茎横卧；鳞片棕色，线状披针形，先端毛发状。叶近生；叶柄长36~70 cm，禾秆色，基部被鳞片，向上渐稀疏；叶片卵形至卵状长圆形，先端具顶生羽片，尾状，（40~58）cm×（36~42）cm，三至四回羽状；羽片5~8对，互生或下部对生，斜展，有柄，基部1对最大，卵状三角形，（23~30）cm×（15~18）cm，有长2~2.5 cm的柄，先端尾状，基部下侧小羽片最大，一至二回羽状，基部下侧第二片小羽片也明显伸长；第二(三)对羽片与基部的相似而稍小；其余羽片向上渐缩短，镰状披针形，多为一回羽状；末回小羽片长圆形或镰形，基部不对称，上侧截形，多少凸起呈耳状，下侧楔形，边缘浅裂至深裂而有芒状锯齿，先端锐尖，芒状。叶纸质，上面亮绿色，两面光滑；叶轴和各回羽轴下面多少被棕色小鳞片；叶脉分离。孢子囊群圆形，生小脉顶端；囊群盖圆肾形，全缘。

【生境与分布】生于海拔300~400 m的路边林下、溪边。分布于云南、贵州、重庆、湖南、浙江等地。

肋毛蕨属 *Ctenitis* (C. Christensen) C. Christensen

中等大小的陆生或石生植物。根状茎短而直立或斜升,密被鳞片。叶簇生;叶柄禾秆色或棕色,向轴面具沟,向上直至叶轴、羽轴、小羽轴被鳞片,鳞片粗筛孔状,多为线状披针形;叶片通常卵状三角形或近五角形,一至四回羽状,基部1对羽片最大,其基部下侧小羽片明显伸长。叶草质或纸质,干后褐色或暗绿色;羽轴、小羽轴上面隆起,无沟,被棕色多细胞节状毛,即肋毛蕨型毛;叶脉分离,小脉单一或分叉,沿叶脉下面常有单细胞棒状腺体。孢子囊群圆形,背生小脉;囊群盖圆肾形,小而早落,或无囊群盖。孢子二面体形。

约100种以上,分布于热带、亚热带的美洲、非洲、亚洲及澳大利亚;我国约10种。

直鳞肋毛蕨
Ctenitis eatonii (Baker) Ching

【形态特征】植株高20~40 cm。根状茎短而直立或斜升,先端密被黄棕色至褐色披针形鳞片。叶簇生;叶柄禾秆色至棕禾秆色,8~22 cm,连同叶轴被张开的深褐色钻形鳞片;叶片三角状卵形至狭三角形,(8~18)cm×(6~12)cm,三回深羽裂;羽片6~10对,互生或下部对生,基部1对最大,斜三角形,有柄,先端渐尖,基部楔形,二回深羽裂,其基部下侧1片小羽片最大,羽状深裂;裂片长圆形,先端钝或圆。第二对羽片向上渐狭缩。叶草质,干后棕绿色;叶轴、羽轴及中脉两面被多细胞节状毛;叶脉羽状。孢子囊群背生小脉;囊群盖圆肾形,边缘略具缘毛。

【生境与分布】生于海拔300~1200 m的山谷溪边、灌丛下。分布于四川、贵州、湖南、湖北、广西、广东、江西、台湾等地;日本、越南亦有。

直鳞肋毛蕨

棕鳞肋毛蕨

Ctenitis pseudorhodolepis Ching & Chu H. Wang

【形态特征】植株高达1 m以上。根状茎直立或斜升。叶簇生；叶柄深禾秆色，23~55 cm，基部密被黄棕色至红棕色线状披针形鳞片，上部及叶轴、羽轴、中肋被黑褐色狭披针形或线状披针形鳞片；叶片卵状三角形，（30~60）cm×（22~40）cm，三回羽状；羽片6~10对，基部1对最大，斜三角形，（15~30）cm×（9~12）cm；一回小羽片7~10对，基部下侧1片一回小羽片最长，（7~9）cm×（2~3）cm，长圆披针形；末回小羽片或裂片长圆形，无柄，或与小羽轴合生，先端钝或圆；第二对及其上的羽片渐变小，长圆披针形。叶纸质，干后褐绿色，上面具节状毛，下面疏生白色腺体；叶脉羽状。孢子囊群背生小脉，稍近中脉；无囊群盖。

【生境与分布】生于海拔300~1000 m的山谷溪边密林下。分布于四川、贵州、湖南、广西等地。

棕鳞肋毛蕨

亮鳞肋毛蕨

Ctenitis subglandulosa (Hance) Ching

【形态特征】植株高达1 m以上。根状茎短而直立或斜升。叶簇生；叶柄棕禾秆色，40~60 cm，基部密被棕色狭披针形鳞片，上部及叶轴、羽轴、中肋被膜质、红棕色、披针形或阔披针形、有虹彩的鳞片；叶片卵状三角形，达80 cm×55 cm，三至四回羽裂；羽片10~12对，互生，略斜展，基部1对最大，斜三角形，达32 cm×20 cm，有约4 cm的柄，一回小羽片约10对，互生，近平展，基部下侧1片一回小羽片最大，长达13 cm，狭三角状披针形，有柄，先端渐尖；二回小羽片狭长圆形，有或无柄，或与小羽轴合生；裂片长圆形，先端钝；第二对及其上的羽片渐变小，狭三角形至长圆披针形。叶薄纸质或草质，干后棕绿色，两面在脉间有时具短毛；叶脉羽状。孢子囊群背生小脉；囊群盖通常小而早落。

【生境与分布】生于海拔400~1600 m的阴湿石灰岩地带、石隙生。分布于云南、四川、贵州、重庆、湖北、湖南、广西、广东、海南、台湾、福建、浙江、江西等地；日本、印度、不丹、东南亚亦有。

【药用价值】根状茎入药，主治风湿骨痛。

亮鳞肋毛蕨

贯众属 *Cyrtomium* C. Presl

中型陆生植物。根状茎短而直立或斜升，密被鳞片；鳞片大而厚，深棕色或黑褐色，卵形或阔披针形，边缘通常全缘或流苏状。叶簇生；叶柄禾秆色或棕禾秆色，基部密生鳞片，向上较稀疏；叶片长圆形至披针形或三角状卵形，奇数一回羽状，稀单叶；羽片披针形、卵状披针形、镰形偶然卵形，基部对称或常不对称，上侧或有时两侧耳状，边缘全缘或具齿。叶纸质或革质，稀草质，下面有或无披针形或线形小鳞片，上面光滑；叶轴上具小鳞片；叶脉网状，在中肋两侧有2~8行偏斜的多角形网眼，网眼内有1~3条游离的内藏小脉。孢子囊群圆形，顶生内藏小脉，在中肋每侧一至数行；囊群盖圆盾形。孢子二面体形。

约35种，主要分布于东亚，以我国西南为演化中心；我国32种。

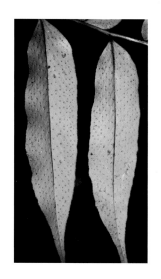

等基贯众
Cyrtomium aequibasis (C. Christensen) Ching

【形态特征】植株高50~80 cm。根状茎直立或斜升，密被鳞片；鳞片披针形，深褐色，边缘睫状。叶簇生；叶柄禾秆色，22~35 cm，下部被鳞片；叶片长圆形，（28~45）cm×（15~20）cm，奇数一回羽状，顶生羽片卵形或菱状卵形，二叉或三叉；侧生羽片4~6对，互生，略斜展，具短柄；基部羽片不缩短；中、上部羽片长圆披针形，（9~16）cm×（2.2~3.5）cm，基部楔形，边缘具齿，多少刺状，先端渐尖或尾状。叶纸质，两面光滑；叶轴疏具线状卷曲的棕色鳞片或光滑；叶脉网状，在中肋每侧有3~5 (~6)行网眼。孢子囊群遍生羽片下面；囊群盖边缘有齿。

【生境与分布】生于海拔900~1600 m的林下及溪边石灰岩隙。分布于云南、四川、贵州、重庆等地。

等基贯众

刺齿贯众

刺齿贯众

Cyrtomium caryotideum (Wallich ex Hooker & Greville) C. Presl

【形态特征】植株高40~70 cm。根状茎直立或斜升,密被鳞片;鳞片阔披针形,深褐色。叶簇生;叶柄禾秆色,15~30 cm,疏被鳞片;叶片长圆披针形,(25~40)cm×(11~22)cm,奇数一回羽状,顶生羽片大,二叉或三叉;侧生羽片5~7对,对生或上部的互生,略斜展,具短柄,阔镰状三角形;中部羽片(8~15)cm×(2.5~4.3)cm,基部楔形或圆楔形,上侧或有时两侧具长尖耳,边缘密生刺状尖齿,先端渐尖或常为尾状。叶纸质,两面光滑或下面沿叶脉疏被纤维状小鳞片;叶轴疏具线状棕色鳞片或光滑;叶脉网状,在中肋每侧有多行网眼。孢子囊群遍生羽片下面;囊群盖边缘流苏状。

【生境与分布】生于海拔500~2100 m的石灰岩地区林下、林缘、溪沟边及岩洞口。分布于云南、西藏、四川、贵州、重庆、湖南、广西、广东、台湾、江西、湖北、陕西、甘肃等地;印度、尼泊尔、不丹、巴基斯坦、越南、菲律宾、日本亦有。

【药用价值】根状茎入药,清热解毒,活血散瘀,利水。主治瘰疬,疔毒疖痛,感冒,崩漏,跌打损伤,水肿。

全缘贯众
Cyrtomium falcatum (Linnaeus f.) C. Presl

【形态特征】植株高30~94 cm。根茎直立,密被披针形棕色鳞片。叶簇生,叶柄长15~92 cm,禾秆色,下部密生卵形棕色有时中间带黑棕色鳞片,鳞片边缘流苏状,向上秃净。叶簇生;叶片宽披针形,(2~35)cm×(12~15)cm,奇数一回羽状;侧生羽片5~14对,偏斜的卵形或卵状披针形,具明显的上侧耳突;羽片边缘加厚,全缘或呈波状。叶为革质,两面光滑;叶轴腹面有浅纵沟,有披针形边缘有齿的棕色鳞片或秃净。孢子囊群遍布羽片背面;囊群盖圆形,盾状,边缘有小齿缺。

【生境与分布】生于海拔50~900 m的林下。分布于贵州及华东等地;日本亦有。

【药用价值】根状茎入药,主治流行性感冒,流行性脑脊髓膜炎,头晕目眩,高血压病,痢疾,尿血。

全缘贯众

贯众

贯众
Cyrtomium fortunei J. Smith

【形态特征】植株高35~70 cm。根状茎直立或斜升；鳞片阔卵状披针形，深棕色。叶簇生；叶柄禾秆色，10~20 cm，被鳞片；叶片长圆披针形，（25~50）cm×[(6~)10~16]cm，奇数一回羽状，顶生羽片卵形至卵状披针形，下部具1或2个浅裂片；侧生羽片(9~)12~17(~23)对，平展，有短柄，略呈镰状披针形；中部羽片[(3.5~)5~7]cm×[(1~)1.5~2]cm，基部不对称，下侧圆楔形，上侧近截形，稍凸起或不凸起，边缘多少具齿，先端渐尖或长渐尖。叶纸质，两面光滑；叶轴疏具披针形及线状小鳞片或光滑；叶脉网状，在中肋每侧约4行网眼。孢子囊群遍生羽片下面；囊群盖全缘。

【生境与分布】生于海拔1500~2200 m的常绿阔叶林林下。分布于长江以南各省区，北达山东、河北、山西、陕西、甘肃；朝鲜、日本、越南、泰国、印度、尼泊尔亦有；欧洲、北美洲引种并已归化。

【药用价值】根状茎入药，清热平肝，止血，消炎，解毒，杀虫。主治感冒，温病斑疹，痧秽中毒，疟疾，痢疾，肝炎，血崩，带下病，乳痈，瘰疬，跌打损伤。

惠水贯众

惠水贯众
Cyrtomium grossum Christ

【形态特征】植株高30~51 cm。根状茎斜升；鳞片卵状披针形，深棕色，边缘流苏状。叶簇生；叶柄禾秆色，12~27 cm，基部密被鳞片，向上渐稀疏；叶片长圆形至长圆披针形，（12~24）cm×（6.5~9）cm，奇数一回羽状，顶生羽片比侧生羽片大，三角形或近菱形；侧生羽片2~6对，（3.5~4.7）cm×（2.2~3.5）cm，各羽片几等大，卵形，平展或略斜展，基部对称或近对称，圆形或心形，边缘全缘或波状，加厚，先端圆钝。叶革质，正面光滑，干后暗绿色，下面色淡，灰绿色，光滑或疏被纤维状小鳞片；叶轴多少被褐黑色纤维状小鳞片；叶脉网状，在中肋每侧有3行网眼。孢子囊群遍生羽片下面；囊群盖边缘啮蚀状。

【生境与分布】生于海拔600~800 m的石灰岩地区疏林下石隙。分布于云南、贵州等地。

单叶贯众

Cyrtomium hemionitis Christ

【形态特征】植株高达28 cm。根状茎直立或斜升；顶端和叶柄基部密被鳞片；鳞片卵状披针形，黑褐色。叶簇生；叶柄禾秆色，10~18 cm，上部疏被鳞片或光滑；叶片为单叶，戟状三角形，长宽相当，8~12 cm，基部深心形，先端渐尖，边缘全缘或波状，加厚。叶革质，正面光滑，下面疏被毛状鳞片；叶脉明显，网状，网眼多行。孢子囊群遍生羽片下面；囊群盖圆形，中央黑色，边缘具齿，早落。

【生境与分布】生于海拔1100 m的林下石灰岩隙。分布于云南、贵州、广西等地；越南亦有。

单叶贯众

小羽贯众

小羽贯众

Cyrtomium lonchitoides (Christ) Christ

【形态特征】植株高20~40 cm。根茎直立，密被披针形棕色鳞片。叶簇生，一叶柄长5~15 cm，禾秆色，上面具纵沟，下部密被卵形及披针形中间黑棕色的棕色鳞片，向上稀疏。叶片披针形，（22~45）cm ×（3~8）cm，一回羽状，羽片18~24对，互生，平展，柄极短，宽披针形，或略向上弯弓呈镰形，中部的（1.5~4）cm ×（0.8~1.5）cm，基部上侧为尖耳状凸起，下侧楔形，边缘多少具锯齿；叶脉羽状，小脉在主脉两侧联成2~3行网眼，具内藏小脉。叶纸质，正面光滑，下面疏被棕色小鳞片或近光滑。叶轴具纵沟，下面疏被披针形及线形具睫毛的棕色鳞片。孢子囊群密布羽片下面，囊群盖圆盾形，边缘具长齿。

【生境与分布】生于海拔1200~2700 m的阔叶林下或松林下多岩石上。分布于甘肃、河南、贵州、云南等地；越南、日本亦有。

小羽贯众

大叶贯众

大叶贯众

Cyrtomium macrophyllum (Makino) Tagawa

【形态特征】根状茎直立或斜升；鳞片卵形至披针形，深棕色。叶簇生；叶柄禾秆色，20~36 cm，基部和下部密被鳞片；叶片长圆形至长圆披针形，(25~50) cm×(14~28) cm，奇数一回羽状，顶生羽片三叉，卵形或菱状卵形；侧生羽片 3~7对，互生或下部对生，略斜展，有短柄，基部羽片卵形，(9~17) cm×(4~10) cm，其余的狭卵形至长圆披针形，各羽片基部圆或圆楔形，对称或近对称，先端渐尖至短尾状，边缘全缘或有时上部具齿。叶纸质，两面光滑或下面疏被纤维状鳞片；叶轴具披针形至线形鳞片；叶脉网状，在中肋每侧有7~9行网眼。孢子囊群遍生羽片下面；囊群盖全缘。

【生境与分布】生于海拔900~2500 m的林下、溪边，多见于酸性山地。分布于云南、四川、贵州、西藏、湖南、江西、台湾、安徽、湖北、陕西、甘肃等地；印度、尼泊尔、不丹、巴基斯坦、日本亦有。

【药用价值】根状茎入药，清热解毒，活血，止血，杀虫。主治崩漏，带下病，烧烫伤，跌打损伤，蛔虫病。

低头贯众

低头贯众

Cyrtomium nephrolepioides (Christ) Copeland

【形态特征】植株高15~45 cm。根状茎直立或斜升；鳞片卵形，红棕色，边缘流苏状。叶簇生；叶柄短于叶片，5~20 cm，密被鳞片；叶片线状披针形，（10~30）cm×（2.5~8）cm，奇数一回羽状，顶生羽片卵形；侧生羽片8~25对，（1.5~4）cm×（1~2）cm，卵形至长圆形，互生，近平展，基部对称或近对称，心形，稀圆形，边缘全缘，加厚，先端圆。叶厚革质，干后棕绿色或棕色；叶脉网状，不显，在中肋每侧有2行网眼。孢子囊群通常在主脉两侧各成1行；囊群盖厚，边缘具短齿。

【生境与分布】生于海拔600~1600 m的石灰岩地区林下石隙。分布于云南、四川、贵州、湖南、广西等地。

【药用价值】根状茎入药，清热解毒，驱虫。主治流行性感冒，疮痈肿毒，虫蛇咬伤，蛔虫病。

峨眉贯众

Cyrtomium omeiense Ching & K. H. Shing

【形态特征】植株高达85 cm。根状茎直立或斜升；鳞片卵状披针形，黑褐色。叶簇生；叶柄禾秆色，20~35 cm，下部密被鳞片；叶片长圆形至长圆披针形，(25~50) cm × (14~28) cm，奇数一回羽状，顶生羽片菱状卵形，二叉或三叉；侧生羽片 5~11对，互生或下部羽片对生，略斜展，有短柄，基部羽片常呈卵形或狭卵形；中部羽片长圆披针形，(10~14) cm × (2.5~3.5) cm，基部对称，楔形或圆楔形，先端渐尖或长渐尖，边缘多少具齿。叶纸质，两面光滑或下面疏被纤维状鳞片；叶轴具披针形至线形鳞片；叶脉网状，在中肋每侧有7~8行网眼。孢子囊群遍生羽片下面；囊群盖近全缘或略有小齿。

【生境与分布】生于海拔1000~1500 m的酸性山地林下、溪边。分布于四川、贵州、西藏、湖南、湖北、台湾等地。

峨眉贯众

厚叶贯众

厚叶贯众
Cyrtomium pachyphyllum (Rosenstock) C. Christensen

【形态特征】根状茎直立；鳞片卵状披针形，褐黑色，边缘栗色，睫状。叶簇生；叶柄15~25 cm，基部密被鳞片；叶片长圆形，（15~21）cm×（10~15）cm，基部不狭缩，奇数一回羽状，顶生羽片戟形；侧生羽片3~5对，互生或近对生，中部羽片（5~7.5）cm×（3~3.5）cm，卵形至卵状长圆形，基部心形，边缘全缘，加厚，先端短尖。叶厚革质，干后灰绿色或棕色；叶脉网状，不显，在中肋每侧有3或4行网眼。孢子囊群遍生羽片下面；囊群盖大，淡棕色。

【生境与分布】生于海拔1300~1500 m的石灰岩地区林下石隙。分布于云南、贵州、广西等地；越南亦有。

【药用价值】根茎入药，清热解毒，杀虫。主治流感，小儿发热，蛔虫病。

线羽贯众
Cyrtomium urophyllum Ching

【形态特征】植株高75~93 cm。根状茎直立,密被卵形或卵状披针形深棕色鳞片。叶簇生;叶柄禾秆色,28~35 cm,下部密被鳞片;叶片长圆形,(47~58)cm×(16~25)cm,奇数一回羽状,顶生羽片倒卵形或菱状卵形,二叉或三叉;侧生羽片10~12对,互生,略斜展,具短柄,线状披针形;中部羽片(11~15)cm×(2~3)cm,基部楔形,边缘全缘或略具齿,先端渐尖或尾状。叶纸质,两面光滑,上面具凸起的圆点,对应于下面凹处生孢子囊群;叶轴疏具披针形或线状棕色鳞片;叶脉网状,在中肋每侧有多行网眼。孢子囊群遍生羽片下面;囊群盖边缘全缘。

【生境与分布】生于海拔500~1400 m的河谷林下。分布于云南、四川、贵州、湖南、广西等地。

【药用价值】根茎入药,清热解毒,散热。主治感冒,热病,心悸目跳。

线羽贯众

鳞毛蕨属 *Dryopteris* Adanson

陆生中型植物。根状茎直立或斜升，稀横走，先端密被鳞片；鳞片形、色各异。叶簇生或近生，罕远生；叶柄通常有3条以上分离的维管束；叶片一至多回羽状，纸质或近革质，罕草质，上面光滑或有毛，下面有鳞片或具腺，稀光滑；叶轴上面有沟，连同羽轴、小羽轴被鳞片或有时有多细胞毛；鳞片泡状或平；通常羽轴也有沟，并与叶轴相通；叶脉分离，先端有显著的纺锤状水囊体。孢子囊群圆形，背生或少有顶生叶脉或小脉，有囊群盖，稀无盖；囊群盖上位或下位，无柄或有1长柄，圆肾形、圆形、球形或半球形，边缘多为全缘，平滑，罕有具腺或啮蚀状者，棕色，较厚，有时为薄革质，多以深缺刻着生与叶脉或小脉上。孢子单裂缝，周壁疣状或具宽翅。

约400种，广布于两半球，主产于亚洲，尤其是喜马拉雅地区、中国、日本、朝鲜；我国181种。

中越鳞毛蕨　圆头红腺蕨
Dryopteris annamensis (Tagawa) Li Bing Zhang

【形态特征】植株高50~70 cm。根茎短而直立，顶端密被深棕色全缘披针形鳞片。叶簇生；叶柄长23~36 cm，深棕色，下部密被鳞片，有鳞痕。叶片卵状披针形或卵形，长26~35 cm，中部宽24~27 cm，四回深羽裂，羽片20~22对，基部1对有长柄，向上的近无柄，基部1对长三角状披针形，三回深羽裂，小羽片16~22对，上先出，有短柄，上下两侧的不等长，末回小羽片(10~)14~16对，有短柄，椭圆形，圆头无锯齿，两侧全缘或上侧为浅片裂，基部上侧平截。孢子囊群球形，包于圆球形囊群盖内，每末回小羽片或裂片各1枚，背生基部上侧1小脉；囊群盖褐色，近革质，成熟时自顶部纵裂成2~3瓣，宿存。

【生境与分布】生于海拔1600~2800 m的密林下。分布于西藏、云南、海南等地；越南亦有。

中越鳞毛蕨

暗鳞鳞毛蕨

暗鳞鳞毛蕨
Dryopteris atrata (Wallich ex Kunze) Ching

　　【形态特征】植株高50~70 cm。根状茎直立，先端及叶柄基部密被鳞片；鳞片棕色至褐黑色，披针形。叶簇生；叶柄22~28 cm，禾秆色，上部及叶轴密生鳞片；鳞片褐黑色，钻形或线形，边缘睫状；叶片长圆披针形，（30~35）cm×（12~15）cm，一回羽状；羽片约20对，互生，近平展，长圆披针形，（7~8）cm×（1~1.5）cm，基部截形，几无柄，先端渐尖，边缘具粗齿或浅裂，下部羽片不缩小也不反折。叶纸质，正面光滑，下面沿叶脉疏被小鳞片；叶脉羽状，侧脉单一。孢子囊群背生小脉，散布于近羽轴处；囊群盖圆肾形。

　　【生境与分布】生于海拔1000~1900 m的林下。分布于长江以南各省区，北达山东、山西、陕西、甘肃等地；南亚及缅甸、泰国、越南亦有。

　　【药用价值】根茎入药，凉血止血，驱虫。主治功能性子宫出血，蛔虫病。

大平鳞毛蕨

大平鳞毛蕨　大羽鳞毛蕨

Dryopteris bodinieri (Christ) C. Christensen

【形态特征】植株高达1.4 m。根状茎斜升或横卧，先端密被鳞片；鳞片棕色，大，（2~3）cm×（2~5）mm，卵状披针形或狭披针形。叶近生；叶柄30~50 cm，密被鳞片；叶片长圆形，（60~100）cm×（32~48）cm，奇数一回羽状，顶生羽片与侧生羽片相似；侧生羽片7~12对，互生，略斜展，狭长圆披针形，（20~28）cm×（3~5）cm，基部楔形或圆楔形，有短柄，先端短渐尖，边缘具缺刻状齿。叶纸质，两面光滑；羽轴下面疏具纤维状鳞片；叶脉羽状，每组侧脉有小脉 4~5 对。孢子囊群背生小脉，不规则地散布于近羽轴处；囊群盖小而早落。

【生境与分布】生于海拔500~1000 m的密林或灌丛下。分布于云南、贵州、四川、湖南、广西等地。

【药用价值】根状茎入药，清热解毒，凉血散淤。主治高压头昏，心悸失眠，痔血，血崩，蛔虫等。

阔鳞鳞毛蕨

阔鳞鳞毛蕨
Dryopteris championii (Bentham) C. Christensen ex Ching

【形态特征】植株高达94 cm。根状茎直立或斜升，密被鳞片；鳞片棕色，卵状披针形及狭披针形，膜质。叶簇生；叶柄禾秆色，16~48 cm，遍及叶轴密生红棕色、阔披针形及狭披针形、边缘具齿的膜质鳞片；叶片卵状长圆形至长圆形，（26~46）cm×（16~30）cm，二回羽状；羽片10~15对，互生，斜展，披针形，基部羽片较大，（10~20）cm×（3~6）cm，有柄，先端渐尖或长渐尖；小羽片卵形至卵状长圆形，基部圆或浅心形，有短柄或无柄，两侧凸起，先端钝圆，边缘具疏齿至羽状深裂。叶纸质，正面光滑，下面沿羽轴有泡状鳞片；叶脉羽状。孢子囊群背生小脉，在主脉两侧各1列；囊群盖棕色，圆肾形，全缘。

【生境与分布】生于海拔1500 m以下的酸性山地林下、灌丛下、林缘。分布于云南、四川、贵州、湖南、湖北、广西、广东、江西、福建、台湾、浙江、江苏、山东、安徽、河南等地；朝鲜、日本亦有。

【药用价值】根状茎入药，清热解毒，止咳平喘。主治感冒，气喘，便血，痛经，钩虫病，烧烫伤。

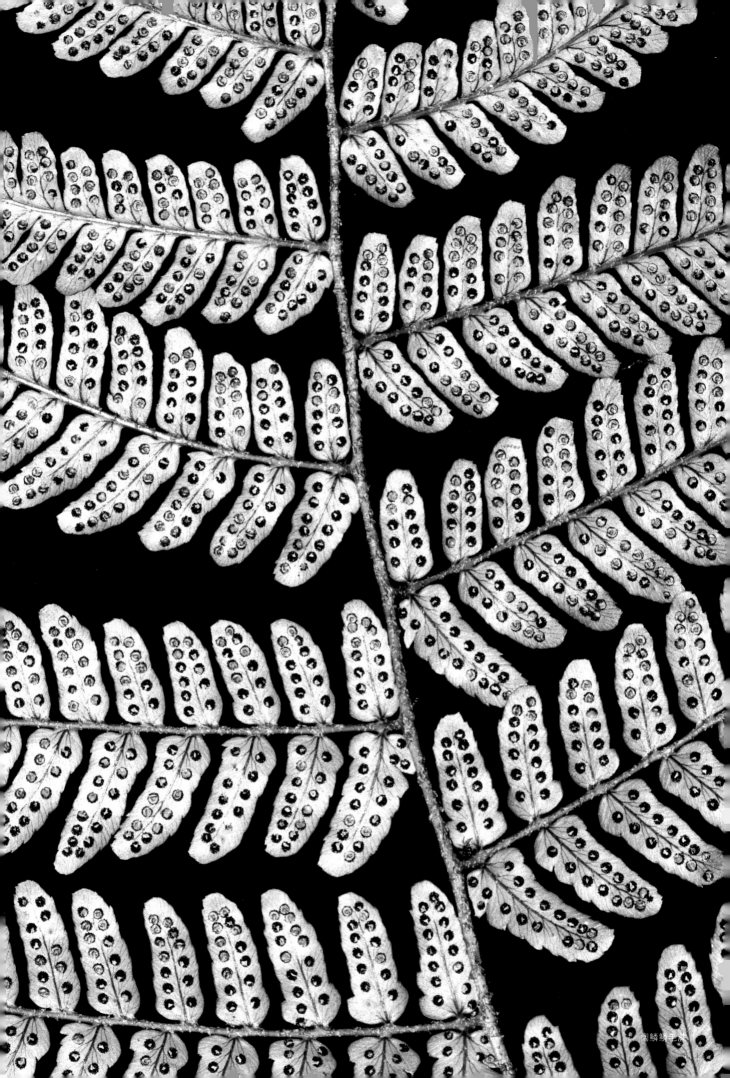

阔鳞鳞毛蕨

金冠鳞毛蕨
Dryopteris chrysocoma (Christ) C. Christensen

【形态特征】植株高28~55 cm。根状茎直立或斜升，鳞片淡棕色至红棕色，披针形，先端毛发状，边缘睫状。叶簇生；叶柄7~20 cm，禾秆色，连同叶轴被鳞片；鳞片阔卵状披针形及线状披针形；叶片椭圆形至披针形，（21~43）cm ×（7~16）cm，二回羽裂至二回羽状；羽片10~18对，互生，斜展，几无柄，中部羽片狭长圆披针形，（4~11）cm ×（1.5~3）cm，基部宽楔形或截形，先端渐尖；小羽片或裂片长圆形，边缘全缘或有缺刻状齿，先端钝圆或近截形，具细钝齿；下部数对羽片渐缩小。叶纸质，羽轴下面有披针形小鳞片；叶脉羽状，侧脉多分叉。孢子囊群大，即使成熟也笼罩在螺壳状的囊群盖下。

【生境与分布】生于海拔1600~2200 m的林下、灌丛下。分布于云南、四川、贵州、西藏等地；印度、尼泊尔、不丹、、缅甸亦有。

【药用价值】根茎入药，清热解毒，祛瘀止血。主治热毒斑疹，金疮，产后血气胀痛，崩漏，带下，衄血，痢疾。

金冠鳞毛蕨

粗茎鳞毛蕨

Dryopteris crassirhizoma Nakai

【形态特征】植株高达1 m。根状茎粗大，直立或斜升；鳞片淡褐色至栗棕色，具光泽，下部鳞片一般较宽大，长1~3 cm，边缘疏生刺突，向上渐变成线形至钻形而扭曲的狭鳞片。叶簇生；叶柄上的鳞片深棕色至黑色，叶轴上的鳞片明显扭卷，红棕色；叶片草质，长圆形至倒披针形，（50~120）cm×（15~30）cm，基部狭缩，二回羽状深裂；羽片通常30对以上，无柄，下部羽片明显缩短；裂片顶端无软骨质边。叶脉羽状，侧脉分叉，偶单一。叶厚草质至纸质，背面淡绿色，沿羽轴生有具长缘毛的卵状披针形鳞片，裂片两面及边缘散生扭卷的窄鳞片和鳞毛。孢子囊群圆形；囊群盖圆肾形或马蹄形。

【生境与分布】生于海拔1000~1300 m的暗针叶林下。分布于河北、黑龙江、吉林、辽宁等地；俄罗斯、朝鲜半岛和日本亦有。

【药用价值】根茎入药，杀蛔、绦、蛲虫，清热，解毒，凉血，止血。主治风热感冒，温热斑疹，吐血，衄血，肠风便血，血痢，血崩，带下，疮疡，尿血，月经过多，刀伤出血，蛔虫、蛲虫、绦虫病，人工流产，产后出血。

粗茎鳞毛蕨

桫椤鳞毛蕨

桫椤鳞毛蕨
Dryopteris cycadina (Franchet & Savatier) C. Christensen

【形态特征】植株高30~60 cm。根状茎直立，先端及叶柄基部密被鳞片；鳞片褐黑色，狭披针形，边缘睫状。叶簇生；叶柄10~20 cm，棕禾秆色至棕色，上部及叶轴密生鳞片；鳞片黑色或褐黑色，线状披针形或钻形，边缘睫状；叶片椭圆状披针形，（20~40）cm×（12~16）cm，一回羽状；羽片20~25对，互生，近平展，镰状披针形，中部羽片较大，（6~8）cm×（1~1.2）cm，基部截形或浅心形，有短柄，先端渐尖，边缘具粗齿或浅裂，下部一至数对羽片缩小并反折。叶纸质，正面光滑，下面沿叶脉疏被小鳞片；叶脉羽状，侧脉单一。孢子囊群背生小脉，散布于近羽轴处；囊群盖棕色，圆肾形，近全缘。

【生境与分布】生于海拔900~2000 m的林下、林缘、溪边。分布于云南、四川、贵州、湖南、湖北、广西、江西、福建、浙江等地；日本亦有。

【药用价值】根茎入药，凉血止血，驱虫。主治功能性子宫出血，蛔虫病。

迷人鳞毛蕨（原变种）

Dryopteris decipiens (Hooker) Kuntze var. *decipiens*

【形态特征】植株高34~70 cm。根状茎直立或斜升，先端及叶柄基部密被鳞片；鳞片深褐色，披针形，坚挺。叶簇生；叶柄12~30 cm，禾秆色，基部以上疏被狭披针形鳞片；叶片披针形或长圆披针形，（22~40）cm×（7~20）cm，一回羽状；羽片12~18对，互生或下部对生，平展或略斜展，有短柄，狭披针形，多少镰状，中部羽片（4~12）cm×（0.8~2）cm，基部心形，先端渐尖，边缘波状至浅裂，罕深裂至羽状；基部1对羽片略缩短或不缩短。叶厚纸质至革质，光滑，仅叶轴及羽轴基部下面有泡状小鳞片；叶脉羽状。孢子囊群圆形，在羽轴两侧各1行，少有2~3行，靠近羽轴；囊群盖圆肾形，深褐色，全缘，宿存。

【生境与分布】生于海拔500~1400 m的酸性山地林下、林缘、灌丛下、溪边。分布于四川、贵州、湖南、广西、广东、江西、福建、浙江、安徽等地；日本亦有。

迷人鳞毛蕨（原变种）

深裂迷人鳞毛蕨（变种）

Dryopteris decipiens (Hooker) Kuntze var. *diplazioides* (Christ) Ching

【形态特征】本变种与原变种的主要区别在于羽片羽状半裂至羽状深裂，少数达全裂而呈二回羽状复叶。

【生境与分布】生于林下。分布于江苏、安徽、浙江、江西、福建、四川、贵州等地；日本亦有。

深裂迷人鳞毛蕨（变种）

远轴鳞毛蕨 狭基鳞毛蕨

Dryopteris dickinsii (Franchet & Savatier) C. Christensen

【形态特征】植株高43~98 cm。根状茎直立，先端及叶柄基部密被鳞片；鳞片棕色或淡褐色，披针形或狭披针形，膜质，全缘。叶簇生；叶柄16~30 cm，棕禾秆色至棕色，上部及叶轴疏被渐变狭的褐黑色鳞片；叶片狭椭圆形至倒披针形，（27~68）cm×（12~22）cm，一回羽状；羽片18~25对，互生，平展，披针形，中部羽片（6~12）cm×（1.5~2.5）cm，基部宽楔形至截形，有短柄，先端短尖或渐尖，边缘具粗齿或浅裂，下部数对羽片缩小。叶纸质，下面沿羽轴疏被小鳞片；叶脉羽状，侧脉每组3~5条。孢子囊群在中肋每侧不规则的2~4列，近叶边着生；囊群盖红棕色，圆肾形，全缘。

【生境与分布】生于海拔1000~2800 m的山谷、山坡林下。分布于云南、四川、贵州、湖南、湖北、广西、江西、福建、台湾、浙江、安徽等地；日本、印度亦有。

【药用价值】根茎入药，清热止痛。

远轴鳞毛蕨

弯柄假复叶耳蕨

弯柄假复叶耳蕨

Dryopteris diffracta (Baker) C. Christensen

【形态特征】植株58~100 cm或更高。根状茎先端连同叶柄基部密被棕色鳞片。叶簇生；叶片阔卵形，（30~45）cm×（36~32）cm，基部不变狭，四回羽状；羽片7~8对，互生，有柄，基部1对较大，三回羽状；一回小羽片7~9对，基部1~2（3）对向叶轴弯弓，二回羽状；二回小羽片7~8对，一回羽状；末回小羽片3~4对，羽裂；裂片2~3对，基部的几分离，阔卵形，边缘有3~5枚钝锯齿。叶脉在末回小羽片上为羽状，小脉分叉或单一，下面可见。叶干后草质，绿色，两面光滑；叶轴基部极向下反折，各回羽轴下面偶被棕色、披针形小鳞片。孢子囊群小，圆形，生小脉顶部，每裂片基部1枚；囊群盖棕色，圆肾形。

【生境与分布】生于海拔1400~1500 m的林下。分布于云南、贵州、西藏、广西、海南、台湾等地；印度、缅甸、泰国、越南亦有。

弯柄假复叶耳蕨

红盖鳞毛蕨

Dryopteris erythrosora (D. C. Eaton) Kuntze

【形态特征】植株高49~93 cm。根状茎直立或斜升，先端和叶柄基部密被鳞片；鳞片棕色，披针形，全缘。叶簇生；叶柄禾秆色，24~36 cm，基部以上疏被鳞片；叶片卵状长圆形，（25~58）cm×（14~26）cm，基部通常不狭缩，二回羽状；羽片8~14对，互生或下部对生，斜展，披针形至狭披针形，下部羽片（8~22）cm×（2.2~5.5）cm，基部楔形，有柄，先端渐尖或长渐尖；小羽片互生，斜展，卵状长圆形至长圆披针形，基部不对称，上侧楔形，下侧常下沿于羽轴，先端钝或短尖，边缘具齿至羽状浅裂。叶纸质，光滑，下面沿羽轴密被囊状鳞片；叶脉羽状。孢子囊群在主脉与边缘间1列；囊群盖红色。

【生境与分布】生于海拔900~1600 m的酸性山地林下、林缘、溪边。分布于云南、四川、贵州、湖南、湖北、广西、广东、江西、福建、浙江、江苏、安徽；朝鲜、日本亦有。

【药用价值】根状茎入药，清热利湿，止血生肌，杀虫。治感冒，风湿，便血，伤口久不愈合，蛔虫病、蛲虫病。

红盖鳞毛蕨

黑足鳞毛蕨

Dryopteris fuscipes C. Christensen

【形态特征】植株高40~92 cm。根状茎直立或斜升，先端和叶柄基部密被鳞片；鳞片棕色，有光泽，披针形，全缘，较坚挺。叶簇生；叶柄20~49 cm，基部深褐色至黑色，向上棕禾秆色，疏被鳞片；叶片卵形至卵状长圆形，(18~43) cm×(12~22) cm，基部不狭缩，二回羽状；羽片8~16对，互生或下部对生，略斜展，有短柄，披针形，中、下部羽片几等大，(7.5~17) cm×(2~5.5) cm；小羽片互生，分开，略斜展，卵状长圆形至长圆形，下部一至数对的基部两侧常凸起，边缘具浅齿，罕羽状浅裂，先端钝圆；基部羽片的基部下侧小羽片通常明显缩短。叶纸质，叶轴鳞片披针形至线状披针形；羽轴下面有泡状鳞片；叶脉羽状。孢子囊群在主脉与叶缘间1行，但近主脉着生；囊群盖棕色，圆肾形，全缘、宿存。

【生境与分布】生于海拔150~1500 m的酸性山地林下、林缘、溪边、路边。分布于云南、四川、贵州、湖南、湖北、广西、广东、江西、福建、台湾、浙江、江苏、安徽；朝鲜、日本、越南亦有。

【药用价值】根状茎入药，收敛消炎。主治疮毒溃烂久不收口。

黑足鳞毛蕨

裸果鳞毛蕨

Dryopteris gymnosora (Makino) C. Christensen

【形态特征】植株高38~60 cm。根状茎斜升，先端和叶柄基部密被鳞片；鳞片黑色，线状披针形至线形，全缘。叶簇生；叶柄17~28 cm，禾秆色，细而坚挺，近光滑；叶片卵形至卵状长圆形，（21~35）cm×（15~23）cm，基部较宽，三回羽裂；羽片8~12对，对生或近对生，略斜展，基部1对三角状披针形，（9~16）cm×（4~6.5）cm，二回羽裂，下侧小羽片比上侧的长，深羽裂；裂片长圆形，先端钝，边缘及先端具齿；第二对及上部羽片长圆披针形或狭披针形，多少呈镰状。叶坚草质，干后绿色或黄绿色；羽轴、小羽轴下面有泡状鳞片；叶脉羽状，下面明显。孢子囊群通常在边缘与主脉间1行，靠近主脉，无囊群盖。

【生境与分布】生于海拔600~1400 m的密林下、溪边。分布于云南、四川、贵州、湖南、湖北、广西、江西、福建、浙江、安徽等地；日本亦有。

裸果鳞毛蕨

异鳞鳞毛蕨

异鳞鳞毛蕨　异鳞轴鳞蕨
Dryopteris heterolaena C. Christensen

【形态特征】植株高达80 cm。根状茎直立或斜升。叶簇生；叶柄10~28 cm，栗褐色，具黑褐色披针形鳞片；叶片披针形或阔披针形，（29~52）cm×（11~22）cm，基部略狭缩，三回羽裂；羽片15~20对，互生或对生，近平展，基部1或2对稍缩小并多少反折；中部羽片长圆披针形，（6~11）cm×（1.8~3）cm，基部截形，先端渐尖；小羽片互生，近平展，长圆形，基部与羽轴合生，先端钝圆，边缘浅至深羽裂；裂片钝三角形。叶草质至纸质，羽轴、小羽轴下面有泡状鳞片；叶脉羽状，两面具肋毛蕨型毛，下面有棒状腺体。孢子囊生小脉近顶处，囊群盖宿存。

【生境与分布】生于海拔800~1900 m的林下、林缘、阴湿溪边。分布于云南、四川、贵州、西藏、湖南、广西等地；印度北部亦有。

【药用价值】根状茎入药，清热，止痛。主治内热腹痛。

桃花岛鳞毛蕨

Dryopteris hondoensis Koidzumi

【形态特征】植株高达73 cm。根状茎斜升，先端及叶柄基部密被鳞片；鳞片深褐色至棕色，披针形至狭披针形，全缘。叶簇生；叶柄禾秆色，28~36 cm，基部以上疏被鳞片；叶片卵状长圆形，（28~37）cm×（15~19）cm，二回羽状；羽片10~13对，对生或近对生，卵状披针形，下部羽片（12~17）cm×（3.5~5.5）cm，基部略收缩，有柄，先端渐尖或长渐尖；小羽片互生，略斜展，披针形，（3~4）cm×（0.7~1.2）cm，基部宽楔形，具短柄或无柄，先端钝圆，具1或2枚尖齿，边缘羽状浅裂至深裂。叶纸质；叶轴及羽轴基部被较密的棕色披针形鳞片；下面沿叶轴及小羽轴被囊状鳞片；叶脉羽状。孢子囊群在主脉与边缘间1列，靠近主脉；囊群盖鲜时红色。

【生境与分布】生于海拔400~1600 m的林缘、溪边。分布于四川、贵州、浙江等地；朝鲜、日本亦有。

桃花岛鳞毛蕨

平行鳞毛蕨

Dryopteris indusiata (Makino) Makino & Yamamoto ex Yamamoto

【形态特征】植株高40~60 cm。根状茎横卧或斜升,粗约3 cm。叶簇生;叶柄长20~35 cm,禾秆色,最基部密被狭披针形、黑色鳞片,以上部分至叶轴近光滑;叶片卵状披针形,(25~40)cm×(20~25)cm,二回羽状;羽片10~15对;小羽片10~12对,边缘羽状深裂或半裂,基部羽片的最基部小羽片略缩短并平行叶轴;裂片5~7对,裂片的叶脉羽状,小脉单一或二叉。叶纸质,干后褐绿色,正面光滑,下面叶轴具有少量的披针形黑色鳞片,羽轴和小羽片中脉两侧附近具有棕色泡状鳞片。孢子囊群大,着生于小羽片中脉两侧或裂片边缘;囊群盖圆肾形,红棕色,边缘全缘。

【生境与分布】生于亚热带常绿阔叶林中。分布于西南、华南和华东地区;日本亦有。

平行鳞毛蕨

粗齿鳞毛蕨
Dryopteris juxtaposita Christ

【形态特征】植株高47~105 cm。根状茎直立或斜升,先端及叶柄基部被鳞片;鳞片深褐色,披针形,全缘。叶簇生;叶柄禾秆色,长20~45 cm,向上至叶轴渐光滑;叶片卵状长圆形,(27~60)cm×(13~21)cm,二回羽状;羽片12~16对,对生,近平展,疏离,三角状披针形,有短柄;中、下部羽片(7~15)cm×(2~4.5)cm,基部最宽,阔楔形,先端渐尖;小羽片卵状长圆形至长圆披针形,先端钝或圆,有锐齿,边缘具重齿或浅裂。叶纸质,两面光滑或在羽轴下面略有小鳞片;叶脉羽状。孢子囊群在小羽轴两侧各1列,近小羽轴着生;囊群盖棕色,圆肾形,较厚,全缘,易落。

【生境与分布】生于海拔1500~2500 m的林下、灌丛下、路边。分布于云南、四川、贵州、西藏、湖南、甘肃等地;印度、尼泊尔、不丹亦有。

粗齿鳞毛蕨

泡鳞鳞毛蕨 泡鳞轴鳞蕨
Dryopteris kawakamii Hayata

【形态特征】植株高22~45 cm。根状茎直立，密被狭披针形棕色鳞片。叶簇生；叶柄7~15 cm，禾秆色至棕禾秆色，连同叶轴具鳞片和毛；鳞片先端常为黑色，细长而多少卷曲；叶片阔披针形至披针形，(15~30) cm×(5~12) cm，从中部向下渐狭缩，二回深羽裂；羽片15~20对，平展，密接，下部羽片缩小并反折；中部羽片最大，(3~6) cm×(1~1.6) cm，基部截形，无柄，先端渐尖；裂片长圆形，先端平截或圆截形，有圆齿，边缘全缘或具圆齿。叶草质至纸质；叶轴被长而有关节的毛；羽轴下面有泡状鳞片，上面密生长而有关节的毛；叶脉羽状，两面具毛。孢子囊群生小脉近顶处，囊群盖小，棕色，膜质，宿存。

【生境与分布】生于海拔1600~2200 m的密林下、林缘。分布于云南、四川、贵州、重庆、湖南、广西、广东、江西、福建、台湾、浙江等地；缅甸亦有。

【药用价值】全草入药，清热解毒。

泡鳞鳞毛蕨

齿果鳞毛蕨

齿果鳞毛蕨　齿头鳞毛蕨

Dryopteris labordei (Christ) C. Christensen

【形态特征】齿果鳞毛蕨在形体大小上与裸果鳞毛蕨非常相似，并且常生于同一生境。但前者有明显的囊群盖，鲜时红色；叶质较厚，干后不为绿色或黄绿色，而是暗绿色；叶片下面的叶脉不清晰。

【生境与分布】生于海拔800~1900 m的林下、河谷阴处。分布于云南、四川、贵州、湖南、湖北、广西、广东、江西、福建、台湾、浙江、安徽等地；日本亦有。

【药用价值】根状茎入药，清热利湿，通经活血。主治泄泻，痛经，外伤出血。

脉纹鳞毛蕨

脉纹鳞毛蕨

Dryopteris lachoongensis (Beddome) B. K. Nayar & S. Kaur

【形态特征】植株高45~73 cm。根状茎直立或斜升；鳞片棕色，阔卵状披针形或披针形。叶簇生；叶柄22~38 cm，禾秆色，基部密被鳞片，向上近光滑；叶片卵状长圆形至长圆披针形，（23~35）cm×（13~19）cm，二回羽状；羽片约8对，略斜展，互生或下部对生，基部羽片不缩短，（9~14）cm×（3~4）cm，长圆披针形；小羽片8~10对，互生，近平展，长圆形，基部两侧稍凸出，先端圆钝而有尖齿，边缘具缺刻状齿，通常仅基部1对小羽片具短柄，其余的多少与羽轴合生。叶革质，两面光滑；叶轴、羽轴下面疏生黑褐色狭披针形小鳞片；叶脉羽状，小羽片的侧脉明显下陷。孢子囊群在小羽片或裂片的中肋两侧各1行，靠近中肋；囊群盖圆肾形，黑褐色，近革质，全缘，多数宿存。

【生境与分布】生于海拔2000~2700 m的疏林下、林缘石壁或石隙。分布于云南、贵州、西藏等地；印度、尼泊尔、不丹亦有。

马氏鳞毛蕨　阔鳞轴鳞蕨

Dryopteris maximowicziana (Miquel) C. Christensen

【形态特征】植株高达1.1 m。根状茎直立或斜升。叶簇生；叶柄禾秆色，16~48 cm，连同叶轴密生鳞片；鳞片大而开展，褐色，膜质，阔披针形，叶柄基部的（10~12）mm×（3~5）mm；叶片三角状卵形，达70 cm×54 cm，三回羽状；羽片10~15对，基部羽片较大而宽，披针形，（20~30）cm×（7~11）cm，基部截形，具短柄，有小羽片10~15对，基部下侧1片小羽片明显缩短，长仅3~4 cm；中部小羽片（6~8）cm×（2~2.5）cm，产生约8对二回小羽片；二回小羽片长圆形，先端圆截形，无柄，除基部1对外，均与小羽轴合生，边缘具圆齿至羽状深裂。叶薄纸质，羽轴、小羽轴上面有节状长毛及毛状鳞片，下面有披针形鳞片并混生节状毛；叶脉羽状。孢子囊群背生小脉或近顶端；囊群盖棕色，圆肾形，边缘流苏状，宿存。

【生境与分布】生于海拔1100~1300 m的沟谷密林下。分布于四川、贵州、重庆、湖南、广西、江西、福建、台湾、浙江、安徽等地；朝鲜、日本亦有。

【药用价值】全草入药，清热解毒。

马氏鳞毛蕨

太平鳞毛蕨

Dryopteris pacifica (Nakai) Tagawa

【形态特征】植株高达1 m。根状茎斜升，先端及叶柄基部密被鳞片；鳞片褐黑色至黑色，狭披针形，先端毛发状。叶簇生；叶柄禾秆色，35~55 cm，基部以上及叶轴鳞片较小，黑色或棕色，狭披针形或线状披针形，贴生，先端毛发状；叶片卵状五角形，（33~47）cm×（22~32）cm，三回羽裂至三回羽状；羽片10~15对，互生，基部1对最大，（15~22）cm×（7~12）cm；小羽片10~15对，披针形，基部羽片的基部下侧小羽片明显伸长，羽状深裂或全裂，末回小羽片或裂片长圆形至披针形，多少镰状，先端短尖并具锐齿。叶纸质至革质；羽轴、小羽轴下面被鳞片，鳞片线状披针形，基部泡状，棕色，先端黑色；叶脉羽状。孢子囊群近叶边着生；囊群盖棕色，边缘近全缘或有少数毛。

【生境与分布】生于海拔500~900 m的河谷、路边、茶林下。分布于贵州、湖南、江西、福建、浙江、安徽、江苏等地；朝鲜、日本亦有。

太平鳞毛蕨

鱼鳞鳞毛蕨　鱼鳞蕨

Dryopteris paleolata (Pichi Sermolli) Li Bing Zhang

【形态特征】植株高1~1.5 m或过之。根状茎直立或斜升。叶簇生；叶柄禾秆色，40~80 cm，基部密被鳞片；鳞片卵状披针形，基部心形，先端渐尖；叶片三角状卵形，（50~80）cm×（47~80）cm，通常四回羽裂；羽片8~12对，对生，平展，具短柄，基部1对最大，（25~45）cm×（14~18）cm；末回羽片或裂片邻接，长圆形或椭圆形，先端圆；各回羽轴基部下面有1宿存的心形大鳞片。叶草质至薄纸质，鲜时淡绿色，干后黄绿色或褐绿色，上面略生有节的毛，下面光滑；叶脉分离。孢子囊群圆形，生小脉顶端或近顶端；囊群盖膜质，半球形，下位，以基部着生，成熟后被压在孢子囊下，宿存。

【生境与分布】生于海拔700~1000 m的阴湿林下、林缘、溪边。分布于云南、四川、贵州、西藏、湖南、广西、广东、海南、台湾、福建、江西、浙江等地；印度、尼泊尔、不丹、越南、菲律宾、日本亦有。

【药用价值】根茎入药，清热解毒。

鱼鳞鳞毛蕨

鱼鳞蕨毛蕨

半岛鳞毛蕨

Dryopteris peninsulae Kitagawa

【形态特征】植株高30~60 cm。根状茎直立或斜升。叶簇生；叶柄禾秆色，11~17 cm，基部密被披针形棕色膜质鳞片，向上至叶轴疏被鳞片，鳞片渐变小并为线状披针形；叶片卵形至长圆形，（15~40）cm×（9~23）cm，二回羽状，基部不变狭或略变狭，先端渐尖；羽片8~13对，阔披针形或披针形，中部羽片（5~14）cm×（1.7~5）cm，基部较宽，阔楔形，有短柄，先端渐尖；小羽片长圆形至长圆披针形，无柄，多与羽轴贴生，先端钝，具短尖齿，边缘近全缘或有浅齿；基部数对小羽片常呈耳状；基部羽片通常略短而宽，下部小羽片有时羽裂。叶纸质；羽轴下面有少数淡棕色小鳞片；叶脉羽状。孢子囊群只生于上部羽片，在中肋每侧1行；囊群盖圆肾形，棕色，宿存。

【生境与分布】生于海拔700~2700 m的密林下、林缘、田边石隙。分布于云南、四川、贵州、湖南、湖北、江西、浙江、安徽、河南、陕西、甘肃、山东、辽宁等地。

【药用价值】根茎入药，清热解毒，止血，杀虫。主治产后出血，血崩，吐血，衄血，便血，赤痢，绦虫病、蛔虫病。

半岛鳞毛蕨

蕨状鳞毛蕨

Dryopteris pteridoformis Christ

【形态特征】植株高73~120 cm。根状茎横走。叶远生；叶柄35~60 cm，下部棕色，疏被淡棕色卵形鳞片，向上禾秆色；叶片宽卵形至卵状长圆形，（38~60）cm×（22~38）cm，三回羽裂至三回羽状；羽片12~14对，斜展，披针形，中部羽片（12~20）cm×（3~7）cm，基部最宽，有短柄，先端渐尖；小羽片10~12对，长圆披针形，先端钝；基部小羽片有短柄，上部与羽轴合生，边缘具齿至羽裂；基部羽片几为二回羽状；裂片长圆形，先端具2或3伸出的鸟喙状齿。叶纸质，两面光滑；叶轴几光滑，羽轴下面具少数淡棕色小鳞片；叶脉羽状。孢子囊群在中肋每侧有规则的1行，靠近中肋，成熟后汇生；囊群盖铁锈色，全缘。

【生境与分布】生于海拔1900 m的溪边林缘。分布于云南、贵州等地；印度、缅甸亦有。

蕨状鳞毛蕨

密鳞鳞毛蕨
Dryopteris pycnopteroides (Christ) C. Christensen

【形态特征】植株高过60 cm。根状茎直立。叶簇生；叶柄18~24 cm，密被鳞片，鳞片棕色，卵形至狭披针形，全缘，先端毛发状；叶片长圆形至披针形，（40~56）cm×20 cm左右，二回浅羽裂，基部略变狭，先端渐尖；羽片12~25对，疏离，披针形，（10~12）cm×（1.5~2）cm，基部阔楔形至截形，具短柄，先端渐尖；裂片顶端截形，有1~3枚鸟喙状齿。叶近纸质，两面光滑；叶轴、羽轴下面被棕色披针形或线形鳞片；叶脉羽状，每裂片有侧脉3或4对，单一，下面清晰。孢子囊群在羽轴每侧2~3行，并靠近羽轴；囊群盖膜质，全缘，宿存。

【生境与分布】生于海拔1900~2700 m的林下及溪边。分布于云南、四川、贵州、湖北等地。

密鳞鳞毛蕨

川西鳞毛蕨

Dryopteris rosthornii (Diels) C. Christensen

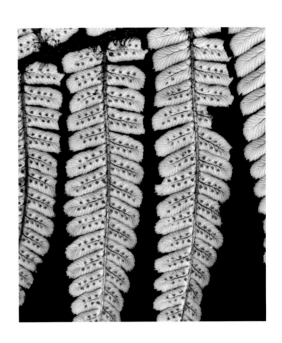

【形态特征】植株高达1.2 m。根状茎直立。叶簇生；叶柄10~25 cm，连同叶轴密被鳞片；叶柄基部鳞片深棕色或褐黑色，狭披针形、膜质、全缘，上部及叶轴被狭披针形和线状披针形有光泽的黑色鳞片；叶片椭圆状披针形，（50~100）cm×（16~26）cm，中部最宽，基部变狭；羽片约25对，狭披针形，中部（8~14）cm×（1.5~2.2）cm，基部截形，有短柄，先端渐尖；小羽片（裂片）长圆形，先端圆或平截，略具牙齿，边缘近全缘。叶草质至纸质；羽轴上面疏具棕色鳞片，而下面则有褐黑色线状披针形鳞片；叶脉羽状，分叉。孢子囊群生叶片上部，每裂片2~5对；囊群盖棕色，圆肾形、全缘。

【生境与分布】生于海拔1300~2300 m的林下、林缘。分布于云南、四川、贵州、湖北、陕西、甘肃等地。

川西鳞毛蕨

无盖鳞毛蕨

Dryopteris scottii (Beddome) Ching ex C. Christensen

【形态特征】植株高45~74 cm。根状茎直立。叶簇生；叶柄禾秆色，24~36 cm，从基部到叶轴密生鳞片；鳞片褐黑色，披针形；叶片椭圆形或长圆形，(21~38) cm×(13~22) cm，一回羽状，基部不变狭或略变狭，先端渐尖；羽片7~11对，长圆披针形或狭披针形，(6~14) cm×(1.8~3) cm，基部圆截形，近无柄，边缘有圆齿或浅裂，先端渐尖。叶草质，正面光滑，下面在羽轴和叶脉上略有纤维状鳞片；叶脉羽状。孢子囊群背生小脉；在羽轴两侧有不规则的2~4行；无囊群盖。

【生境与分布】生于海拔600~1900 m的林下、林缘、灌丛中。分布于华南、西南、华东地区；印度、尼泊尔、不丹、缅甸、泰国、越南、日本亦有。

【药用价值】根茎入药，消炎。主治烫伤。

无盖鳞毛蕨

两色鳞毛蕨

两色鳞毛蕨

Dryopteris setosa (Thunberg) Akasawa

【形态特征】植株高35~68 cm。根状茎直立或斜升。叶簇生；叶柄禾秆色，16~34 cm，基部密被鳞片；鳞片狭披针形，两色，基部及边缘棕色，中央和先端黑色；叶片卵状三角形至卵状长圆形，(17~33) cm×(7~16) cm，先端渐尖，三回羽裂；羽片8~12对，互生，有短柄，基部1对最大，三角形至三角状披针形，(5~10) cm×(3~3.5) cm；小羽片10~12对，互生，略斜展，长圆披针形，基部羽片的基部下侧小羽片明显伸长，羽状深裂；裂片三角形至长圆形，先端短尖，边缘全缘至波状。叶纸质，光滑；羽轴下面密被鳞片，鳞片基部囊状；叶脉羽状，两面不显。孢子囊群生主脉与叶缘间；囊群盖棕色，近全缘。

【生境与分布】生于海拔600~1 800 m的林下、林缘、路边。分布于云南、四川、贵州、湖南、湖北、广西、江西、福建、浙江、安徽、江苏、山东、河南、山西、陕西等地；朝鲜、日本亦有。

【药用价值】根状茎入药，清热解毒。主治流行感冒。

东亚鳞毛蕨　无盖肉刺蕨
Dryopteris shikokiana (Makino) C. Christensen

【形态特征】植株高42~92 cm。根状茎直立或斜升。叶簇生；叶柄棕色而有光泽，22~48 cm，遍及叶轴密被鳞片；鳞片棕色至黑褐色，质厚，坚挺，阔披针形至钻形；叶片卵状三角形至狭卵形，（20~48）cm×（16~36）cm，三回羽状；羽片10~12对，下部对生，向上互生，平展，密接，基部1对最大，狭三角形，（10~27）cm×（5~12）cm，有柄，基部不对称，先端短尾尖；一回小羽片6~10对，卵状长圆形至长圆披针形，有短柄，先端钝圆至短尖；二回小羽片长圆形，无柄或与小羽轴合生，先端圆，边缘全缘至羽裂；基部羽片以上的各羽片阔披针形至长圆披针形。叶近革质，干后棕色；羽轴两侧及中肋分叉处有红棕色肉质刺；叶脉分离。孢子囊群生小脉中部以上；无囊群盖。

【生境与分布】生于海拔600~1300 m的林下、路边、溪边。分布于云南、四川、贵州、湖南、广西等地；日本亦有。

东亚鳞毛蕨

奇羽鳞毛蕨

Dryopteris sieboldii (Van Houtte ex Mettenius) Kuntze

【形态特征】植株高44~83 cm。根状茎直立，先端及叶柄基部密被鳞片；鳞片棕色，狭披针形。叶簇生；叶柄 28~51 cm，禾秆色至深禾秆色；叶片阔卵形至长圆形，（16~32）cm×（15~32）cm，奇数一回羽状，顶生羽片与侧生羽片相似，但较大，有长柄；侧生羽片1~4对，互生，略斜展，长圆披针形，（12~25）cm×（1.8~5）cm，基部楔形或圆楔形，有短柄或上部无柄，先端渐尖，边缘全缘或具缺刻状齿。叶近革质，正面光滑，下面疏具纤维状鳞片；叶脉羽状，每组侧脉有小脉2~3对。孢子囊群背生小脉，有不规则的3或4行，散布于近羽轴处；囊群盖圆肾形，大而宿存。

【生境与分布】生于海拔800~1500 m的密林下、灌丛下及溪边。分布于贵州、湖南、广西、广东、江西、福建、浙江、安徽等地；日本亦有。

【药用价值】全年均可采挖，除去杂质，洗净，晒干。

奇羽鳞毛蕨

高鳞毛蕨

Dryopteris simasakii (H. Itô) Kurata

【形态特征】根状茎直立或斜升，连同叶柄、叶轴密被鳞片；鳞片棕色，阔披针形，膜质，全缘或有少数齿突，先端尾状。叶簇生；叶柄禾秆色，30~45 cm；叶片卵状披针形，（30~52）cm×（14~22）cm，三回羽裂；羽片10~12对，对生，近平展，长圆披针形，达14 cm×（4~5）cm，基部截形，有短柄或无柄，先端渐尖；小羽片达12对，长圆形至披针形，（2.5~3.5）cm×（1~1.4）cm，基部浅心形，先端钝或短尖，羽状深裂至全裂。叶纸质，正面光滑，下面具毛状小鳞片；沿羽轴有泡状鳞片；叶脉羽状，上面不显，下面可见。孢子囊群近边生；囊群盖棕色，圆肾形，全缘。

【生境与分布】生于海拔500~700 m的林缘。分布于云南、四川、贵州、广西、浙江等地；日本亦有。

高鳞毛蕨

稀羽鳞毛蕨

Dryopteris sparsa (D. Don) Kuntze

【形态特征】植株高达1 m。根状茎直立或斜升，先端及叶柄基部密被鳞片，鳞片棕色，卵形至阔披针形，全缘。叶簇生；叶柄15~60 cm，下部栗褐色，向上棕禾秆色渐光滑；叶片卵状长圆形或三角状卵形，（20~44）cm×（12~22）cm，二至三回羽状，基部最宽，先端长渐尖；羽片7~12对，互生或对生，略斜展，有短柄，基部1对最大，三角形至三角状披针形，略呈镰状，（7~20）cm×（5~10）cm，先端尾状，其余羽片披针形；小羽片13~15对，互生，披针形或卵状披针形，基部宽楔形，通常不对称，基部下侧的小羽片比其余的大；末回羽片或裂片多为长圆形，先端钝并有几个尖齿，边缘具疏齿。叶草质至纸质，两面光滑。孢子囊群生小脉中部；囊群盖圆肾形，红棕色，全缘，宿存。

【生境与分布】生于海拔150~1600 m的林下、溪边。分布于长江以南各省区，北达陕西；南亚、东南亚亦有，北达日本。

【药用价值】根茎入药，驱虫，解毒。

稀羽鳞毛蕨

三角鳞毛蕨
Dryopteris subtriangularis (C. Hope) C. Christensen

【形态特征】植株高达50 cm。根状茎直立或斜升。叶簇生；叶柄禾秆色，20~29 cm，基部被黑色狭披针形鳞片，向上光滑；叶片三角形，（18~24）cm ×（14~22）cm，基部平截，先端狭缩，二回羽状；羽片6~8对，披针形，对生或近对生，基部1对最大，（8~13）cm ×（3~5）cm，基部平截，有短柄，先端尾尖，略上弯；小羽片长圆形至披针形，基部羽片下侧的小羽片比上侧的大，基部阔楔形，无柄，先端钝而具齿，边缘常浅羽裂。叶草质，光滑；羽轴下面略有泡状鳞片；叶脉羽状。孢子囊群圆形，中生；囊群盖棕色，圆肾形，全缘，宿存。

【生境与分布】生于海拔800~1500 m的密林下、林缘、溪边。分布于云南、四川、贵州、西藏、湖南、广西、海南、台湾等地；印度、缅甸、泰国、越南、菲律宾亦有。

【药用价值】根状茎入药，清热利湿，活血调经。主治肠炎泄泻，痢疾，月经不调，痛经。

三角鳞毛蕨

华南鳞毛蕨

华南鳞毛蕨

Dryopteris tenuicula C. G. Matthew & Christ

【形态特征】植株高45~85 cm。根状茎直立或斜升。叶簇生；叶柄棕禾秆色，18~45 cm，基部被深褐色或黑色坚挺的狭披针形鳞片，向上稀疏至渐光滑；叶片阔卵形至卵状长圆形，(28~40) cm×(18~30) cm，二回羽状，较大植株几为三回羽状；羽片10~15对，对生或近对生，平展，卵状披针形或长圆披针形，下部羽片较大，(9~15) cm×(4~7) cm，基部平截，有短柄或无柄，先端渐尖至长渐尖；小羽片长圆披针形，羽状浅裂至全裂，基部小羽片与叶轴平行，基部下侧小羽片通常明显小于同侧几片小羽片；裂片斜展，全缘或具圆齿，先端有1~3枚锐齿。叶草质，光滑；羽轴下面略有泡状鳞片；叶脉羽状。孢子囊群圆形，中生；囊群盖棕色，圆肾形，全缘，宿存。

【生境与分布】生于海拔500~1700 m的林下、河谷石隙。分布于云南、四川、贵州、湖南、广西、广东、江西、福建、台湾、浙江等地；朝鲜、日本亦有。

变异鳞毛蕨
Dryopteris varia (Linnaeus) Kuntze

【形态特征】植株高26~107 cm。根状茎直立或斜升，先端及叶柄基部密被鳞片；鳞片棕色至黑褐色，狭披针形至线形，先端纤维状。叶簇生；叶柄禾秆色，13~56 cm，基部以上及叶轴鳞片与根状茎上的相似而较小；叶片卵形或呈五角状长圆形，（13~51）cm×（10~26）cm，先端突然狭缩成长尾状，二回羽状至三回羽状全裂；羽片8~12对，互生，斜展，基部1对最大，（7~22）cm×（4~12）cm；小羽片6~13对，披针形，基部羽片的基部下侧小羽片明显伸长，羽状浅裂至全裂；裂片长圆形至披针形，多少镰状，先端短尖。叶近革质；羽轴下面被棕色，基部略呈泡状的线状披针形鳞片；叶脉羽状。孢子囊群大，生小脉中部以上，近叶边或裂片弯缺处；囊群盖棕色，圆肾形，全缘。

【生境与分布】生于海拔1500 m以下的酸性山地的林下、林缘、溪边、灌丛下、路边。分布于长江以南各省区，北达河南、陕西、甘肃；朝鲜、日本、菲律宾、越南、印度亦有。

【药用价值】根状茎入药，清热，止痛。主治内热腹痛。

变异鳞毛蕨

瓦氏鳞毛蕨　大羽鳞毛蕨

Dryopteris wallichiana (Sprengel) Hylander

【形态特征】植株高达135 cm。根状茎直立，先端及叶柄基部密被鳞片；鳞片披针形至狭披针形，全缘，棕色，长达3 cm。叶簇生；叶柄棕禾秆色，18~34 cm，遍及叶轴密被鳞片；叶轴上的鳞片棕色，狭披针形至线状披针形，先端纤维状；叶片披针形，（60~105）cm×（17~28）cm，先端渐尖，下部渐变狭，二回深羽裂；羽片25~35对，互生，平展，中部羽片线状披针形，（9~15）cm×（2.5~3）cm，具短柄，基部截形，先端渐尖；裂片长圆形，邻接，略具齿，边缘软骨质；下部羽片渐缩短。叶纸质至近革质，两面多少有纤维状鳞片，羽轴和中肋下面有棕色披针形，边缘流苏状鳞片；叶脉在下面显著，侧脉分叉。孢子囊群每裂片4~6对，近中肋着生；囊群盖棕色，宿存。

【生境与分布】生于海拔1700~2200 m的酸性山地混交林下。分布于云南、四川、贵州、西藏、湖南、江西、福建、台湾、陕西等地；印度、尼泊尔、不丹、缅甸、马来西亚、日本、中美洲亦有。

【药用价值】根状茎入药，清热解毒，凉血散瘀。主治高压头昏，心悸失眠，痔血，血崩，蛔虫等。

瓦氏鳞毛蕨

南平鳞毛蕨　荔波鳞毛蕨

Dryopteris yenpingensis C. Christensen & Ching

【形态特征】植株高13~26 cm。根状茎直立或斜升，连同叶柄基部密被鳞片；鳞片棕色，狭披针形，坚挺，边缘全缘，先端纤维状。叶簇生；叶柄基部棕色，向上禾秆色，4~14 cm，细而坚实，上部近光滑；叶片狭三角形至狭卵形或披针形，（7~14）cm×（3~7）cm，基部心形，一回或二回羽状，先端渐尖；羽片5~12对，具短柄或无柄，互生或对生，平展，三角形或狭卵形，基部圆形或略呈心形，先端钝；基部1对最大，（1.4~3.5）cm×（0.8~1.8）cm，羽状分裂或在基部有无柄的小羽片；裂片长圆形，具缺刻状齿，先端钝。叶纸质，正面光滑，下面略有狭披针形至线状披针形小鳞片；叶轴下面疏具鳞片；羽轴下面有少数扁平鳞片；叶脉羽状，侧脉分叉。孢子囊群圆形，在中肋每侧1~9枚，几生于小脉顶端，靠近叶缘；囊群盖棕色，边缘撕裂状，宿存。

【生境与分布】生于海拔520 m的荫蔽砂岩河岸。分布于贵州、广西、广东、福建等地。

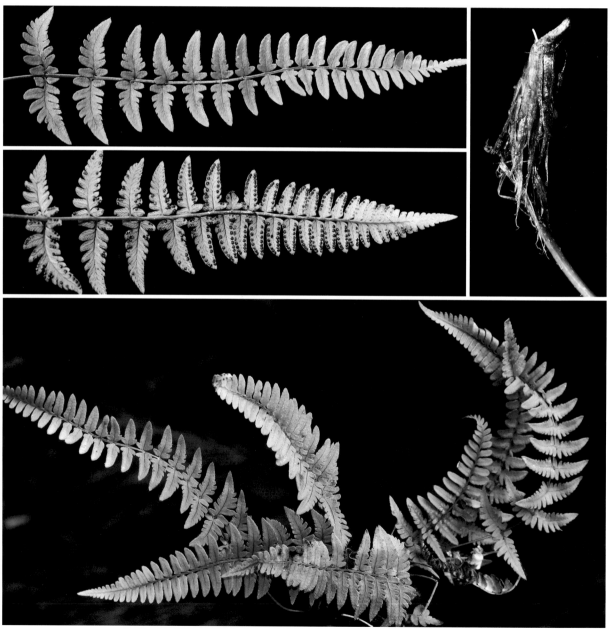

南平鳞毛蕨

维明鳞毛蕨

维明鳞毛蕨　东亚柄盖蕨

Dryopteris zhuweimingii Li Bing Zhang

【形态特征】植株高62~160 cm。根状茎直立, 密被鳞片。叶簇生; 叶柄棕禾秆色, 26~96 cm, 基部密生棕色至深棕色阔披针形鳞片, 向上至叶轴鳞片渐变狭而小; 叶片三角形至三角状卵形, (36~64) cm×(26~48) cm, 先端渐尖, 四回羽裂; 羽片15~22对, 对生, 上部的互生, 下部羽片最大, 狭三角形至三角状披针形, (16~38) cm×(6.5~17) cm, 有柄, 基部截形, 先端尾状; 一回小羽片互生, 近平展, 下部的有短柄, 狭三角形至长圆披针形, 先端短尖至渐尖; 二回小羽片长圆形, 羽状浅裂至全裂。叶草质至纸质, 干后褐绿色, 两面疏被节状毛, 下面并有橙红色圆形腺体; 各回羽轴均被小鳞片和短节毛; 叶脉分离。孢子囊群球圆形; 囊群盖革质, 下位, 有细长的柄。

【生境与分布】生于海拔900~1900 m的林下、林缘、山坡路边。分布于云南、四川、贵州、湖北、湖南、广西、台湾等地; 菲律宾亦有。

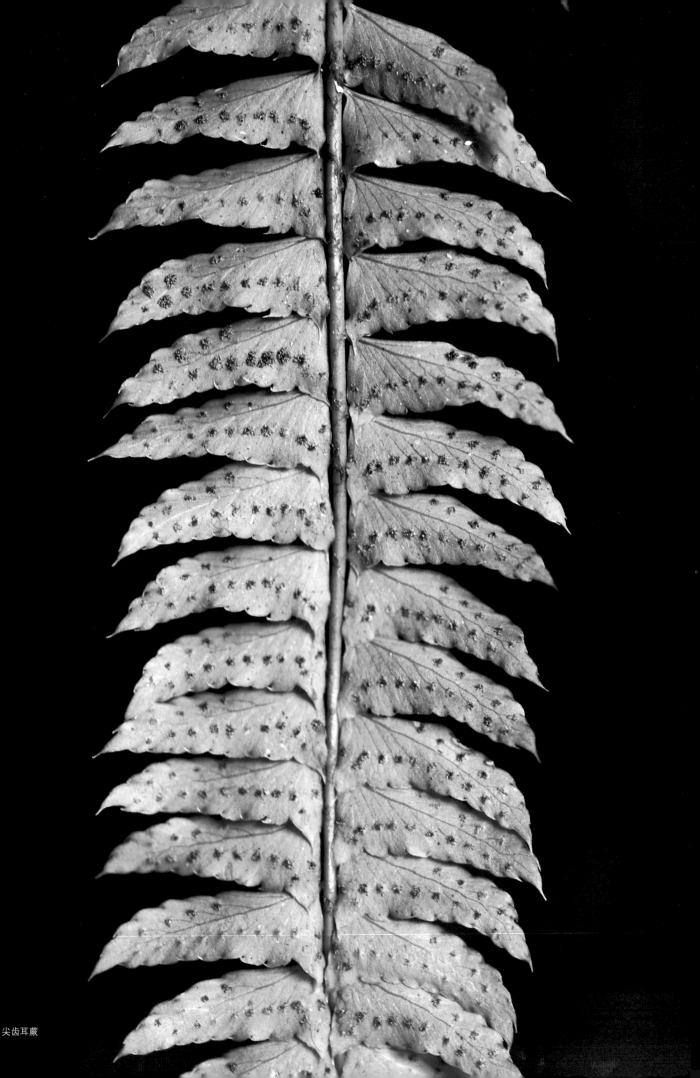

尖齿耳蕨

耳蕨属 *Polystichum* Roth

多年生植物。根状茎短，直立或斜升，连同叶柄基部被鳞片。叶簇生；叶柄常为禾秆色，上面具沟，有鳞片，远端的鳞片较稀疏而小；叶片通常为披针形，一回羽状至多回复叶；叶草质至革质，下面有微小鳞片，有时上面也有；羽片或小羽片基部上侧有耳，少有耳片不显者；叶轴上面有沟槽，有或无能育芽孢，罕有能育芽孢生于伸长呈鞭状的叶轴顶端者；叶脉羽状，分离，少数网状，形成1或2行网眼。孢子囊群圆形，顶生叶脉，有时背生或近顶生，有囊群盖，稀无盖；囊群盖圆，盾形。

约500种，世界广布，主产于我国华南、西南、日本及越南，中美洲、南美洲也极富多样性；我国249种。

尖齿耳蕨
Polystichum acutidens Christ

【形态特征】植株高29~62 cm。根状茎先端连同叶柄基部密被鳞片；鳞片棕色或深褐色，卵形或卵状披针形。叶簇生；叶柄禾秆色，6~21 cm，基部以上疏被鳞片至几光滑；叶片披针形至狭披针形，（18~41）cm×（4~6）cm，基部不狭缩，先端尾状，一回羽状；羽片22~48对，互生，邻接，有短柄，（2~3.2）cm×（5~9）mm，镰状披针形，基部不对称，上侧截形凸起呈尖三角形，下侧楔形，边缘有浅齿、有时内弯的具刺尖齿。叶草质至纸质；叶脉分离，侧脉多数分叉。孢子囊群在中肋每侧1行，中生；囊群盖近全缘，易落。

【生境与分布】生于海拔700~2000 m的石灰岩地区林下、林缘、石上、石隙。分布于云南、四川、贵州、西藏、湖北、湖南、广西、浙江、台湾等地；印度、缅甸、泰国、越南亦有。

【药用价值】全草、根茎入药，根状茎，主治胃痛，全草主治头昏，周身疼痛。

尖齿耳蕨

角状耳蕨
Polystichum alcicorne (Baker) Diels

【形态特征】植株高24~45 cm。叶簇生；叶柄禾秆色，9~20 cm，连同叶轴被较密的鳞片；鳞片棕色，阔卵形；叶片狭卵形至卵状披针形，(12~25) cm×(5~9) cm，基部圆形，不狭缩或略狭缩，先端渐尖，三回羽状；羽片15~18对，互生或下部对生，密接，斜展，有短柄，长圆披针形，中部羽片(3~7.5) cm×(1~2.6) cm，基部略不对称，楔形，先端钝或短尖，二回羽状；一回小羽片长圆形，互生，斜展，6~9对，有短柄，基部楔形，先端钝，一回羽状；二回小羽片或裂片倒披针形，宽达1 mm，全缘或先端分叉。叶草质至纸质，正面光滑，下面有少数棕色披针形微小鳞片；羽轴、小羽轴基部下面有棕色、卵状、膜质鳞片；叶脉分离，在末回羽片或裂片上1条。孢子囊群顶生小脉；囊群盖未见。

【生境与分布】生于海拔700~1000 m的河谷湿石隙。分布于贵州、四川、重庆等地。

【药用价值】全草入药，散瘀消肿，止血。主治外伤肿痛，出血。

角状耳蕨

钳形耳蕨

钳形耳蕨
Polystichum bifidum Ching

【形态特征】植株高25~50 cm。根状茎短而直立，连同叶柄基部直径约2 cm。叶簇生；叶柄禾秆色，下部疏被鳞片；鳞片卵状披针形，中部深棕色至栗黑色，两侧浅棕色，边缘有细齿；叶片矩圆披针形，（20~35）cm×（3~4）cm，中部以下略缩狭，一回羽状；羽片30~40对，两侧羽状浅裂至半裂；裂片均斜向上，顶端锐尖，常呈短芒刺状；小脉在耳片上羽状，其余的大多二分叉，每个裂片或二回裂片仅1条，不达顶端。叶草质，干后绿色；叶轴禾秆色，疏被狭长披针形、边缘有锯齿的棕色小鳞片；羽片正面光滑，下面疏被节毛状的线形细小鳞片。孢子囊群小，生于小脉顶端，接近羽片边缘；囊群盖圆盾形，全缘，易脱落。

【生境与分布】生于海拔1500 m的山地常绿阔叶林中石灰岩隙。分布于云南等地。

峨眉耳蕨

峨眉耳蕨
Polystichum caruifolium (Baker) Diels

【形态特征】植株高25~41 cm。叶簇生；叶柄禾秆色，9~12 cm，疏被鳞片；鳞片棕色，卵形，渐尖；叶片椭圆状倒披针形，（16~29）cm×（4~6）cm，向基部狭缩，先端渐尖，四回羽状细裂；羽片超过20对，互生或下部对生，密接，平展，几无柄，披针形，中部羽片（2~3.2）cm×（0.8~1.3）cm，下部各羽片稍缩短；一回小羽片6~12对，卵状长圆形，有柄，以狭翅下延于羽轴；末回小羽片或裂片线形，宽不及1 mm，先端锐尖或分叉，全缘。叶草质，干后绿色，正面光滑，下面有棕色狭披针形微小鳞片；叶脉分离，在末回裂片上1条。孢子囊群顶生小脉；囊群盖大，比末回裂片宽，膜质，早落。

【生境与分布】生于海拔1100~1600 m的石灰岩地区林下石上。分布于云南、四川、贵州、重庆、广西等地。

【药用价值】全草入药，清热，泻火，利尿。主治肺胃热盛之鼻肿，小便短赤，便赤，疮疖久不收口。

陈氏耳蕨
Polystichum chunii Ching

【形态特征】根状茎直立或斜升。叶簇生；叶柄禾秆色，15~20 cm，基部密被鳞片；鳞片二型：大鳞片卵形，棕色或栗褐色，质厚，边缘淡棕色，膜质，先端尾状；小鳞片披针形或线状披针形，棕色或淡棕色，边缘流苏状；叶柄基部以上鳞片渐稀疏；叶片狭三角状披针形，（21~44）cm×（3~9）cm，二回羽状，先端长渐尖，基部不狭缩或略狭缩；侧生羽片30~40对，下部的较大，披针形，（1.6~4.8）cm×（0.6~1.6）cm，先端短尖，基部略不对称，上部羽片向上渐缩小；下部1或2对羽片反折；小羽片多数与羽轴合生，下部羽片的小羽片菱状卵形或倒卵形，其基部上侧的耳片不明显，边缘具疏齿，芒状，先端短尖并具芒刺；基部上侧1片小羽片最大。叶纸质，干后褐色或褐绿色，正面光滑，背面疏具棕色小鳞片；叶轴两面密生鳞片，近先端处有1个能育小芽孢；叶脉羽状。孢子囊群生小脉顶端；囊群盖小，棕色，全缘，宿存。

【生境与分布】生于海拔600~1600 m的林缘、路边、山谷溪边。分布于贵州、广西、湖南等地；印度、尼泊尔、缅甸亦有。

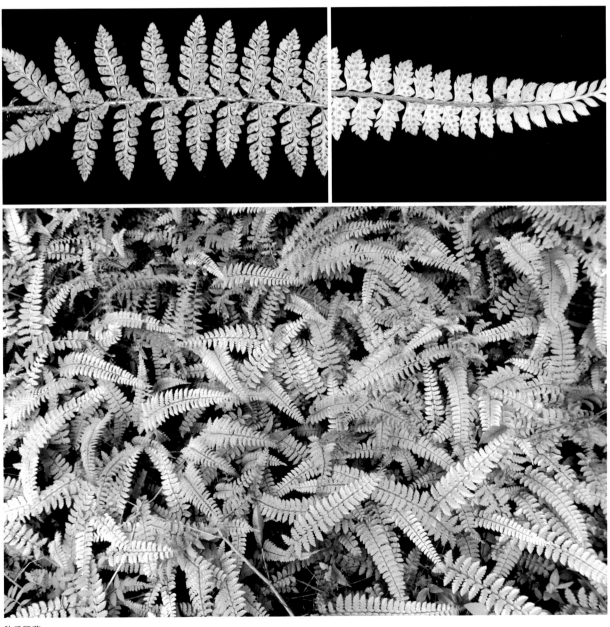

陈氏耳蕨

楔基耳蕨

Polystichum cuneatiforme W. M. Zhu & Z. R. He

【形态特征】植株高达29 cm。叶簇生；叶柄禾秆色，9~12 cm，连同叶轴密生鳞片；鳞片张开，棕色，膜质，卵形，边缘流苏状；叶片长圆披针形，（8~17）cm×（2.5~5）cm，基部不狭缩，先端渐尖，二回羽状；羽片约15对，互生或对生，分离，略斜展，有短柄，中部羽片（1.5~2.5）cm×（0.7~1）cm，长圆形，多少呈镰状，基部不对称，上侧截形，下侧楔形，先端短尖而有短刺，一回羽状；小羽片密接或覆瓦状；羽片基部上侧的1片最大，卵形或倒卵形，羽状浅裂至深裂，其余小羽片或裂片椭圆形，先端有刺。叶纸质至薄革质，正面光滑，背面疏生贴伏的微小鳞片；叶脉分离，不显。孢子囊群小，顶生小脉，通常每一小羽片或裂片上1枚；囊群盖膜质，中央深棕色，边缘灰色，有齿。

【生境与分布】生于海拔1100~1200 m的林下、石灰岩洞内湿石上。分布于贵州等地。

楔基耳蕨

圆片耳蕨

圆片耳蕨
Polystichum cyclolobum C. Christensen

【形态特征】植株高24~40 cm。根状茎直立。叶簇生；叶柄禾秆色，16~23 cm，密被鳞片，下部的鳞片红棕色，膜质，卵圆形或阔卵形，向上直至叶轴，鳞片渐狭，长圆披针形，并混有较小的狭披针形和纤维状鳞片；叶片狭披针形，（9~27）cm×（2.4~4）cm，先端长渐尖，基部不缩短或略缩短，二回羽状；羽片15~25对，互生，近平展，卵状三角形或卵状长圆形，基部浅心形，有短柄，先端急尖，有硬尖刺；中、下部羽片有1~2对分离的小羽片，上部羽片羽状浅裂至深裂；小羽片近圆形或菱状圆形，无柄，全缘或有1或2具刺的齿，先端有硬尖刺。叶硬革质，正面光滑，背面具棕色纤维状鳞片；叶脉羽状，不显。孢子囊群在中肋两侧各1行，成熟时汇生，满铺于小羽片或裂片下面；囊群盖棕色，边缘啮蚀状。

【生境与分布】生于海拔(1200~)1900~2700 m的疏林下、光裸石隙及石灰岩洞口。分布于云南、四川、贵州、西藏等地；印度、尼泊尔、不丹亦有。

【药用价值】根状茎入药，清热解毒，止血。主治乳痈，肠炎，外伤出血。

成忠耳蕨

成忠耳蕨

Polystichum dangii P. S. Wang

【形态特征】小型植物。叶簇生, 几贴地生长; 叶柄禾秆色, 长约1 cm, 密被鳞片; 鳞片深棕色, 有光泽, 披针形, (3~5) mm × (0.6~0.8) mm, 边缘疏具齿突, 先端毛发状; 叶片长圆形或椭圆形, (2.5~3.6) cm × (1.6~2.1) cm, 基部不狭缩或稍狭缩, 先端钝, 一回羽状; 羽片4~7对, 互生, 平展, 覆瓦状, 无柄, 中部羽片 (8~10) mm × (4~6) mm, 长圆形, 基部不对称, 上侧略凸起, 与叶轴平行, 下侧通直, 楔形, 先端圆钝, 边缘全缘; 基部1对羽片多少反折; 上部羽片几不缩小。叶革质, 鲜时深绿色, 干后淡褐绿色, 正面光滑, 下面有钻形微小鳞片; 叶轴鳞片与叶柄上的相似而较狭小; 叶脉分离, 上面不显, 下面清晰, 侧脉分叉。孢子囊群顶生小脉, 靠近边缘; 囊群盖棕色, 膜质, 边残波状, 早落。中部以下的羽片不育。

【生境与分布】生于海拔800 m的路边光裸石灰岩隙。分布于贵州、广西等地; 越南亦有。

对生耳蕨

Polystichum deltodon (Baker) Diels

【形态特征】植株高达40 cm。根状茎先端连同叶柄基部密被鳞片；鳞片棕色，卵形至卵状披针形，先端渐尖，边缘啮蚀状。叶簇生；叶柄禾秆色，6~15 cm，基部以上疏被鳞片；叶片狭披针形至线形，(8~25) cm × (1.5~3.8) cm，基部不狭缩或略狭缩，先端羽裂渐尖，一回羽状；羽片18~35对，密接，几无柄，(8~20) mm × (4~10) mm，镰状长圆形，三角形或镰状三角形，基部不对称，上侧截形，有三角形耳片，下侧通直，狭楔形，先端急尖，有短刺，边缘有钝齿或尖齿，有的齿端具刺；下部羽片不缩小或稍缩小，通常不反折，也有反折的。叶纸质，正面光滑，下面略具微小鳞片；叶轴疏被鳞片，鳞片棕色至深棕色，卵形，先端尾状，常贴伏；叶脉羽状，侧脉多数分叉。孢子囊群顶生小脉，靠近羽片边缘；囊群盖棕色，具齿，易落。

【生境与分布】生于海拔300~1900 m的林下、林缘以及石灰岩洞内外的石隙、石壁上，酸性土上也有。分布于云南、四川、贵州、重庆、湖北、湖南、广西、广东、台湾、浙江、安徽等地；越南、日本亦有。

【药用价值】全草、叶入药，清热解毒，活血止血。主治感冒，跌打损伤，外伤出血，蛇咬伤，预防感冒。

对生耳蕨

圆顶耳蕨

Polystichum dielsii Christ

【形态特征】植株高16~38 cm。根状茎先端连同叶柄基部密被鳞片；鳞片棕色、深褐色或栗褐色，披针形，边缘具齿，先端渐尖或尾状。叶簇生；叶柄禾秆色，5~12 cm，基部以上至叶轴疏被鳞片，鳞片与根状茎上的相似而较小；叶片线状披针形，(11~25) cm×(2~2.5) cm，向基部渐狭缩，先端羽裂渐尖，一回羽状；羽片22~28对，互生，平展，密接至覆瓦状，几无柄，中部羽片长圆形，(1~1.3) cm×(5~7) mm，基部不对称，上侧截形，凸起呈尖三角形，下侧通直，狭楔形，上缘波状，先端圆头并有几个张开的尖齿，但不为刺状；下部羽片向下渐缩短，反折，常为三角形，尖头。叶纸质；叶脉分离，侧脉分叉。孢子囊群边内生，在中肋上侧5~9枚，下侧0~2枚；囊群盖幼时全缘，膜质，易落。

【生境与分布】生于海拔700~1200 m的石灰岩地区峡谷、溪边、岩洞内石上、石隙。分布于云南、四川、贵州、广西等地；越南亦有。

圆顶耳蕨

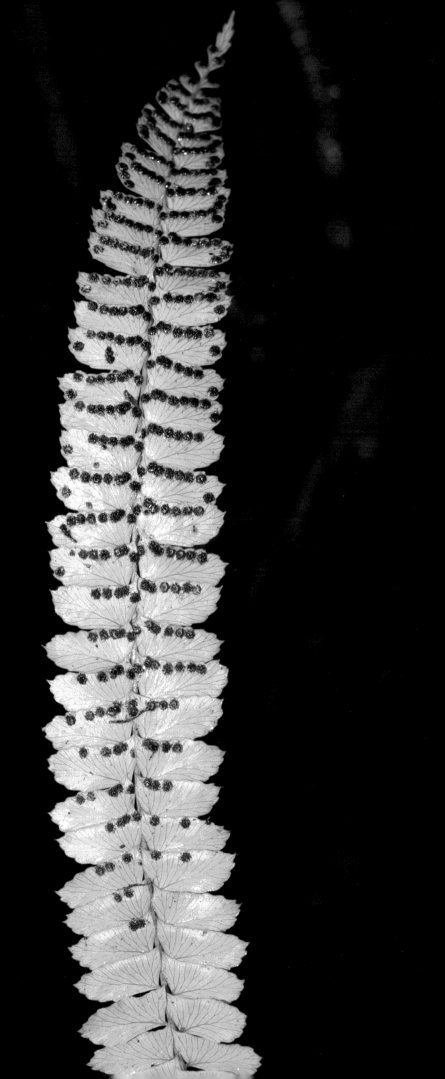

圆顶耳蕨

蚀盖耳蕨
Polystichum erosum Ching & K. H. Shing

【形态特征】蚀盖耳蕨粗看简直就是华北耳蕨，但其叶轴先端通常不伸长；囊群盖边缘啮蚀状，不为全缘。此外，其分布范围仅限于我国西南地区及其邻省。

【生境与分布】生于海拔2200 m的林缘湿石隙。分布于云南、四川、贵州、重庆、湖南、湖北、河南等地。

蚀盖耳蕨

尖顶耳蕨

Polystichum excellens Ching

【形态特征】植株高28~39 cm。根状茎先端连同叶柄基部密被鳞片；鳞片红棕色，卵状披针形，边缘流苏状。叶簇生；叶柄禾秆色，5~15 cm，基部以上疏被鳞片至几光滑；叶片披针形至狭披针形，（12~25）cm×（3.2~4.2）cm，基部不狭缩，稀略狭缩，先端渐尖至尾状，一回羽状；羽片15~28对，互生，斜展，有短柄，中部羽片长圆披针形，多少呈镰状，（1.8~2.8）cm×（6~8）mm，基部不对称，上侧截形，具尖三角形凸起并为刺头，下侧斜切，边缘波状或常具浅圆齿，先端短尖并有1短刺；下部羽片不反折。叶纸质，正面光滑，下面有狭披针形微小鳞片；叶轴下面有红棕色狭披针形鳞片；叶脉分离，侧脉分叉。孢子囊群顶生小脉，在中肋两侧各1行；囊群盖红棕色，边缘具齿，易落。

【生境与分布】生于海拔700~1300 m的石灰岩地区林下，岩洞内石壁、石隙。分布于云南、四川、贵州、湖南、广西等地；越南亦有。

尖顶耳蕨

杰出耳蕨

杰出耳蕨

Polystichum excelsius Ching & Z. Y. Liu

【形态特征】植株高31~51 cm。叶簇生；叶柄淡禾秆色，14~24 cm，连同叶轴密生鳞片；鳞片贴生，棕色，膜质，卵形，全缘；叶片狭卵状长圆形至长圆披针形，(17~28) cm×(7~12) cm，基部宽圆形，先端渐尖，二回羽状；羽片16~23对，互生或下部对生，密接，略斜展（基部几对羽片的羽轴有时与叶轴呈直角），有短柄，(5~8) cm×(1.1~1.5) cm，镰状狭披针形，基部近对称，宽楔形，先端渐尖至长渐尖，一回羽状；小羽片10~16对，互生，斜展，分开，长圆形或狭椭圆形，(7~11) mm×(3~4) mm，具明显的短柄，基部狭楔形，略不对称，上侧仅稍凸起，先端短尖或钝，边缘具齿或浅裂，锯齿或裂片顶端有芒刺。叶草质，两面光滑或下面疏生微小鳞片；叶脉分离，两面可见。孢子囊群小，顶生小脉，靠近小羽片边缘；囊群盖淡棕色，早落。

【生境与分布】生于海拔900~1000 m的河谷林下湿石隙。分布于贵州、重庆、湖南、湖北等地。

【药用价值】根状茎入药，清热解毒。主治内热腹痛。

柳叶耳蕨

Polystichum fraxinellum (Christ) Diels

【形态特征】植株高达60 cm。叶簇生；叶柄禾秆色，14~34 cm，基部密被鳞片，向上稀疏；鳞片棕色或深棕色，披针形，边缘具齿，先端渐尖；叶片长圆形，（12~27）cm×（7~12）cm，奇数一回羽状；侧生羽片3~6对，卵状披针形，（5~9）cm×（1.4~2.5）cm，基部楔形或圆楔形，有短柄，先端渐尖，边缘近全缘或具缺刻状齿；顶生羽片与侧生羽片同形。叶革质，两面光滑，或在幼时下面沿叶脉有棕色钻形微小鳞片；叶轴下面疏被披针形鳞片；叶脉网状，在中肋每侧有1行狭斜方形网眼，每一网眼内藏小脉1条。孢子囊群顶生内藏小脉，在中肋与羽片边缘间1行；囊群盖棕色，全缘，易落。

【生境与分布】生于海拔500~1500 m的林下石灰岩隙。分布于云南、四川、贵州、湖南、广西等地；越南亦有。

【药用价值】根茎入药，清热解毒。主治内热腹痛。

柳叶耳蕨

草叶耳蕨

草叶耳蕨

Polystichum herbaceum Ching & Z. Y. Liu

【形态特征】植株高28~35 cm。叶簇生；叶柄淡禾秆色，8~18 cm，基部密被鳞片，向上光滑；鳞片黑色，或有褐边，光亮，披针形，渐尖，全缘；叶片长圆形，（12~18）cm×（5~10）cm，先端渐尖，基部圆不缩短，二回羽状；羽片18~22对，互生，开展，有短柄，披针形，中部（3~5.5）cm×（0.8~1.6）cm，先端渐尖，基部楔形，一回羽状；小羽片7~10对，斜展，互生，无柄，基部上侧1片小羽片特长，常伸达上侧羽片的基部，长达1.7 cm，其余小羽片较小，披针形或狭椭圆形，多少呈镰状，彼此疏离，基部近对称，狭楔形，上侧略凸起或不凸起，先端锐尖，全缘。叶薄革质，干后淡绿色，两面光滑，或下面疏具纤维状小鳞片；叶轴、羽轴几光滑；叶脉羽状，不显。孢子囊群在中肋两侧各1行；囊群盖棕色，全缘，易落。

【生境与分布】生于海拔1200~1500 m的密林下石隙。分布于贵州、重庆、湖南等地。

【药用价值】根状茎入药，清热解毒，止咳。主治乳痈，外伤出血，外感咳嗽。

草叶耳蕨

虎克耳蕨
Polystichum hookerianum (C. Presl) C. Christensen

【形态特征】植株高62~82 cm。叶簇生；叶柄禾秆色，21~32 cm，连同叶轴疏被鳞片；鳞片卵形或披针形，棕色，膜质；叶片披针形或阔披针形，（36~56）cm×（12~22）cm，基部圆形，先端羽裂渐尖，一回羽状；羽片12~18对，互生或下部对生，斜展，有短柄，中部羽片（8~15）cm×（1.5~3）cm，狭披针形，基部略不对称，上侧多少凸起，楔形或圆楔形，下侧狭楔形，先端渐尖至长渐尖，略上弯，边缘在中部以下近全缘，向上具矮尖齿；下部羽片通常不缩小也不反折。叶纸质至革质，正面光滑，下面疏被卵形或披针形棕色微小鳞片；叶脉网状，在中肋每侧有2行网眼，每一网眼内有内藏小脉1条。孢子囊群在中肋与羽片边缘间1~3行；囊群盖全缘，易落；下部羽片不育。

【生境与分布】生于海拔700~1700 m的阴湿林下、林缘、路边、溪沟边。分布于云南、四川、西藏、湖南、广西、台湾；印度、尼泊尔、不丹、越南亦有。

虎克耳蕨

猴场耳蕨

猴场耳蕨

Polystichum houchangense Ching ex P. S. Wang

【形态特征】植株高达59 cm。根状茎先端连同叶柄基部密被鳞片；鳞片棕色，卵状披针形。叶簇生；叶柄禾秆色，10~20 cm，基部以上至叶轴疏被鳞片；叶片狭椭圆状披针形至线状披针形，（22~29）cm ×（2.5~3.5）cm，基部稍狭缩，先端渐尖，一回羽状；羽片30~60对，互生或下部对生，几无柄，长圆形至长圆披针形，中部羽片（1.5~1.8）cm ×（6~7）mm，密接或覆瓦状排列，基部明显不对称，上侧具尖三角形耳片，耳尖短刺状，下侧通直，楔形，中部以下全缘，上缘具规则或不规则的锯齿，有时波状，先端通常短尖，有短刺；多数羽片反折，下部羽片疏离。叶纸质，正面光滑，背面有棕色披针形微小鳞片；叶脉分离，侧脉分叉，不显。孢子囊群顶生小脉，在中肋两侧各1行，靠近羽片边缘；囊群盖早落。

【生境与分布】生于海拔1100~1200 m的石灰岩洞内石隙、石壁上。分布于贵州等地。

宜昌耳蕨
Polystichum ichangense Christ

【形态特征】植株高达44 cm。叶簇生；叶柄禾秆色，5~10 cm，连同叶轴被棕色卵形鳞片；叶片线状披针形，（19~34）cm×（2~2.8）cm，基部稍狭缩，先端尾尖，一回羽状；羽片32~40对，中部羽片（9~14）mm×（5~7）mm，三角状菱形至三角状长圆形，接近，基部不对称，上侧具尖三角形耳片，耳尖短刺状，下侧通直，全缘，几与叶轴成直角，上缘具锐锯齿，齿端通常有短刺，先端钝或短尖，有短刺状齿；下部羽片疏离，明显缩小并反折，基部1对三角形，长仅6~7 mm，锐尖头。叶草质，正面光滑，背面略有微小鳞片；叶脉羽状，纤细，末端棒状，膨大，两面可见。孢子囊群顶生小脉，在中肋两侧各1行，上侧4~6枚，下侧0~3枚，稍近羽片边缘；囊群盖棕色，早落。

【生境与分布】生于海拔1500 m的林下湿石隙。分布于贵州、重庆、湖南、湖北等地。

宜昌耳蕨

亮叶耳蕨

Polystichum lanceolatum (Baker) Diels

【形态特征】小型植物，高3~14 cm。叶簇生；叶柄深禾秆色，0.5~3 cm，基部密被鳞片；鳞片深棕色，阔披针形，先端渐尖，边缘流苏状；叶柄基部以上的鳞片稀疏；叶片线状披针形，（2~11）cm×（0.6~1.6）cm，向基部渐狭缩，先端钝或短尖，一回羽状；羽片10~24对，互生，平展，有短柄，中部羽片近方形至斜方形，或有时为三角形，（3~8）mm×（2~4）mm，基部不对称，上侧截形，与叶轴平行，无明显的耳片，下侧通直，狭楔形，全缘，先端通常截形并有几个张开的芒刺状锯齿，上缘也有2~4个芒刺状锯齿；下部羽片向下渐缩短，不反折。叶革质，上面光滑而有光泽；叶轴下面的鳞片卵形，尾状，叶脉分离，侧脉单一或分叉。孢子囊群边内生，在中肋上侧2~3枚，下侧多半无，罕有1枚；囊群盖棕色，全缘，易落。

【生境与分布】生于海拔1100~1500 m的林下及石灰岩洞内石隙、石壁上。分布于四川、贵州、湖南、湖北、江西等地。

亮叶耳蕨

浪穹耳蕨
Polystichum langchungense Ching ex H. S. Kung

【形态特征】植株高50~60 cm。根状茎直立，密被深棕色或黑棕色鳞片。叶簇生；叶柄禾秆色，17~29 cm，密生鳞片；鳞片深棕色，狭披针形，下部混生披针形及卵形鳞片；叶片狭卵形或阔披针形，（27~33）cm×（10~18）cm，基部圆楔形，先端渐尖，二回羽状；羽片16~25对，互生，略斜展，有短柄，披针形，中部的（7~11）cm×（1.8~2.5）cm，先端长渐尖，基部不对称，上缘截形，下缘宽楔形，除基部1或2对分离小羽片外，其余羽裂几达羽轴；裂片10~18对，互生，斜展，长圆形或卵形，基部上侧几不为耳状，边缘有小尖齿或近全缘，先端短尖，有刺。叶革质或薄革质，两面光滑或下面疏被淡棕色纤维状小鳞片；叶轴下面具鳞片；鳞片深棕色，线形，基部扩大；叶脉羽状，侧脉分叉，下面略可见，上面不显。孢子囊群在中肋两侧各1行；有囊群盖，啮蚀状。

【生境与分布】生于海拔1000~2200 m的林下、竹林下。分布于云南、贵州、四川等地。

浪穹耳蕨

鞭叶耳蕨

Polystichum lepidocaulon (Hooker) J. Smith

【形态特征】植株高28~48 cm。根状茎连同叶柄密被鳞片；鳞片棕色，心脏形或卵形，先端纤维状，边缘有睫毛。叶簇生，二型，柄长10~23 cm，禾秆色；可育叶叶片阔披针形，长达25 cm，宽约10 cm，顶部羽裂，基部不对称，一回羽状；羽片7~8对，阔镰刀状，基部不对称，上侧截形并凸出呈耳状，两侧近全缘；不育叶叶片较狭，羽片数少而稀疏，叶轴伸长成鞭状匍伏茎，顶端有1芽孢，着地生成新植株。叶脉分离，侧脉分叉。叶厚革质，干后绿色，上面疏伏生灰白色长柔毛，叶轴、羽轴及主脉下面密被淡棕色、卵状、边缘有睫毛的较小鳞片和灰白色的长柔毛。孢子囊群小，圆形，在主脉两侧各排成2（3）行；无囊群盖。

【生境与分布】生于海拔300~1200 m的山谷岩缝阴湿处。分布于贵州、华南和华东等地；朝鲜半岛和日本亦有。

【药用价值】全草入药，清热解毒。主治肠炎，乳痈，下肢疖肿。

鞭叶耳蕨

莱氏耳蕨 武陵山耳蕨
Polystichum leveillei C. Christensen

【形态特征】植株高达35 (~40) cm。叶簇生；叶柄禾秆色，细而坚挺，6~16 cm，基部疏被鳞片；鳞片棕色或深棕色，膜质、卵状披针形及钻形；叶柄向上常光滑；叶片狭椭圆状披针形，(7~22) cm×(3~8) cm，向基部狭缩，一回羽状至二回深羽裂；羽片8~15对，互生或对生，分离，略斜展，有短柄；中部羽片卵状菱形，斜卵形或长圆形，(2.6~4.5) cm×(1~1.6) cm，基部不对称，上侧截形，下侧狭楔形，先端钝，羽状分裂；羽片基部上侧的裂片最大，倒卵形或宽倒卵形，全缘或波状，少有具圆齿者，此裂片在较大植株上总是分离的；下部羽片缩小，不反折，或基部1对有时反折。叶纸质，干后灰绿色，两面光滑或下面疏生棕色毛状微小鳞片；叶轴下面疏被棕色线状披针形鳞片；叶脉上面不显，下面可见。孢子囊群顶生小脉，近羽片或裂片边缘；囊群盖小、棕色、膜质、全缘、易落。

【生境与分布】生于海拔600~1100 m的石灰岩峭壁或岩洞内外石隙。分布于贵州、四川、湖南等地。

莱氏耳蕨

正宇耳蕨
Polystichum liui Ching

【形态特征】植株高10~16 cm。叶簇生；叶柄禾秆色，1~3 cm，密被红棕色卵状披针形鳞片；叶片线状披针形，(6.5~14) cm × (1.3~1.7) cm，向基部渐稍狭缩，先端渐尖，一回羽状；羽片15~45对，互生，接近或覆瓦状，有短柄，平展或略斜展，中部羽片达9 mm × (3~4) mm，近长方形，基部不对称，上侧截形，与叶轴平行或覆盖叶轴，具小三角形耳片，下侧通直，上缘和下缘的上部，或者仅上缘具齿，并为芒刺状，先端钝或常平截，具1~3枚芒刺状齿；下部羽片缩小，多少反折。叶纸质至革质，正面光滑，下面略有狭披针形微小鳞片；叶轴鳞片披针形或阔披针形，渐尖；叶脉羽状，侧脉单一或分叉。孢子囊群在中肋上侧2~5枚，下侧0~2枚，靠近羽片边缘；囊群盖棕色，近全缘，早落。

【生境与分布】生于海拔700~1300 m的石灰岩地区林下或溪边湿石隙。分布于贵州、重庆、湖南等地。

【药用价值】根状茎入药，解毒，止痢。主治风寒感冒，乳痈，肠炎，胃痛等。

正宇耳蕨

芒齿耳蕨

Polystichum hecatopterum Diels

【形态特征】植株高17~50 cm。叶簇生；叶柄禾秆色，4~13 cm，基部密被鳞片；鳞片棕色，披针形，先端长渐尖，边缘睫状，向上至叶轴渐变小并混生线形鳞片；叶片狭披针形至线形，（13~37）cm×（1.5~4.2）cm，基部狭缩，先端渐尖，一回羽状；羽片32~50对，中部的（7~20）mm×（3~6）mm，平展，互生，密接，有短柄，镰状长圆形至披针形，基部不对称，上侧三角形耳状，下侧楔形，边缘具整齐的长芒状细齿；下部羽片向下渐缩短并强度反折。叶纸质，正面光滑，下面沿叶脉疏生淡棕色披针形小鳞片；叶脉羽状，分叉。孢子囊群小，顶生小脉，在中肋两侧各1行；囊群盖近全缘，易落。

【生境与分布】生于海拔1300~2100 m的林下、溪边。分布于云南、四川、贵州、湖北、湖南、广西、广东、江西、浙江、台湾等地。

芒齿耳蕨

长鳞耳蕨

Polystichum longipaleatum Christ

【形态特征】植株高50~70 cm。叶簇生；叶柄禾秆色，15~33 cm，连同叶轴密生鳞片；鳞片棕色，形状大小不一：线形、披针形、卵形等；叶片阔披针形，（33~37）cm×（13~15）cm，基部不变狭或略变狭，先端渐尖或尾状，二回羽状；羽片通常30对以上，互生，略斜展，有短柄，披针形，约（6.5~8）cm×1.5 cm，先端长渐尖，基部不对称，一回羽状；小羽片15~20对，互生，斜展，镰状长圆形，基部对称或近对称，边缘有刺齿或近全缘，先端短尖，有刺。叶纸质，两面密生线状鳞片；叶脉羽状，侧脉分叉，下面明显，上面可见。孢子囊群在中肋两侧各1行，中生或靠近中肋；囊群盖小，早落。

【生境与分布】生于海拔900~2000 m的林下、林缘、溪边、路边。分布于云南、四川、贵州、西藏、湖南、广西等地；印度、尼泊尔、不丹亦有。

长鳞耳蕨

长刺耳蕨
Polystichum longispinosum Ching ex Li Bing Zhang & H. S. Kung

【形态特征】植株高115 cm。根状茎直立，密被线形棕色鳞片。叶簇生；叶柄禾秆色，长43 cm，疏被线形棕色鳞片及贴生的黑褐色披针形鳞片；叶片长圆形，约72 cm×36 cm，基部不狭缩，不育，先端突然狭缩，能育，二回羽状；羽片约20对，互生，斜展，有短柄，披针形，向基部不缩小，基部不对称，先端尾状，中部羽片达20 cm×3 cm，一回羽状；小羽片20~25对，互生，有短柄，镰状三角形，（1.3~2.2）cm×（0.6~0.8）cm，基部楔形，耳片三角形，边缘具齿并有长刺，先端短尖，具锐尖头；基部上侧的小羽片最大，羽状分裂。叶纸质，正面光滑，背面有披针形小鳞片；叶轴、羽轴被线形及披针形鳞片，并具较大的卵形鳞片；叶脉羽状，侧脉分叉，清晰。孢子囊群每个小羽片6~8对，在中肋每侧1行，多数背生小脉；囊群盖未见。

【生境与分布】生于海拔1700 m的林缘。分布于贵州、云南、四川等地。

长刺耳蕨

黑鳞耳蕨
Polystichum makinoi (Tagawa) Tagawa

【形态特征】植株高40~73 cm。叶簇生；叶柄淡棕色，18~31 cm，密被披针形、线形及大鳞片；大鳞片卵形至长圆披针形，中央亮黑色，边缘棕色；叶片长圆披针形，（20~42）cm×（8~16）cm，先端渐尖，基部不变狭，二回羽状；羽片20~30对，互生，近平展，披针形，（5~8）cm×（1.7~2.3）cm，先端渐尖，基部略不对称；小羽片9~16对，镰状三角形，基部不对称，上侧有三角形尖耳，边缘近全缘，有芒刺，顶端急尖有芒刺；羽片基部上侧的小羽片最大。叶草质或纸质，两面多少具纤维状鳞片；叶轴、羽轴下面密生线形鳞片，叶轴鳞片不为卵状披针形，但有时少数为两色：棕色和黑棕色；叶脉羽状，侧脉二叉或三叉。孢子囊群生小脉顶端，在小羽片中肋与边缘间1行；囊群盖深棕色，近全缘，易落。

【生境与分布】生于海拔800~1800 m的密林下、林缘、溪边。分布于云南、四川、贵州、西藏、湖南、湖北、广西、江西、福建、浙江、江苏、安徽、河南、河北、陕西、甘肃等地；尼泊尔、不丹、日本亦有。

【药用价值】嫩叶、根状茎入药。主治下肢疖肿，刀伤出血。

黑鳞耳蕨

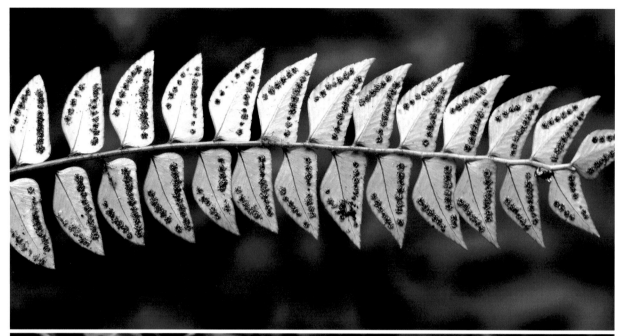

斜基柳叶耳蕨

斜基柳叶耳蕨

Polystichum minimum (Y. T. Hsieh) Li Bing Zhang

【形态特征】植株高14~44 cm。叶簇生；叶柄禾秆色，6~20 cm，基部密被鳞片，向上稀疏；鳞片棕色，披针形，边缘睫毛状，先端渐尖；叶片线状披针形，(8~24) cm×(2.5~3.5) cm，奇数一回羽状；侧生羽片7~34对，互生，斜展，有短柄，斜卵形，(1.5~2.5) cm×(0.6~0.9) cm，基部不对称，上侧截形，无明显的耳片，下侧狭楔形，先端短渐尖或急尖，边缘具不规则的浅缺刻状齿；顶生羽片与侧生羽片同形。叶革质，正面光滑，背面有棕色钻形微小鳞片；叶轴下面疏被贴生的卵状披针形及线形鳞片；叶脉分离，两面略下陷。孢子囊群顶生小脉，在中肋与羽片边缘间1行，稍近羽片边缘；囊群盖棕色，全缘，易落。

【生境与分布】生于海拔500~1300 m的林下石灰岩隙。分布于贵州、重庆、广西等地；越南亦有。

革叶耳蕨

Polystichum neolobatum Nakai

【形态特征】植株高30~54 cm。根状茎直立或斜升，密被鳞片；鳞片黑褐色，披针形，边缘睫状。叶簇生；叶柄禾秆色，8~16 cm，密生红棕色阔卵形大鳞片，并混生披针形及线形小鳞片；叶片狭披针形，（22~39）cm×[(4~)7~11]cm，先端长渐尖，向基部渐缩短，二回羽状；羽片25~30对，互生，有短柄，披针形，先端渐尖；中部羽片（3.5~7）cm×（1.2~1.5）cm；小羽片约10对，卵状斜方形，长宽比约为2:1，基部斜楔形，先端短尖，具硬刺，边缘全缘或少有刺状齿；基部上侧1片小羽片最大，通常羽裂。叶硬革质，正面光滑，背面具棕色纤维状小鳞片；叶脉羽状。孢子囊群在中肋两侧各1行；囊群盖深棕色，全缘。

【生境与分布】生于海拔1600~2900 m的林下，山坡路边。分布于云南、四川、贵州、重庆、湖北、湖南、江西、浙江、台湾、安徽、河南、陕西、甘肃等地；印度、尼泊尔、不丹、日本亦有。

革叶耳蕨

渝黔耳蕨

Polystichum normale Ching ex P. S. Wang & Li Bing Zhang

【形态特征】植株高16~33 cm。叶簇生；叶柄禾秆色，6~17 cm，基部鳞片卵状披针形，中间褐色，较厚，边缘淡棕色，膜质，全缘，先端渐尖或尾状；叶柄向上至叶轴顶端的鳞片与基部的相似，但较狭小，淡暗棕色，披针形或卵状披针形，膜质，边缘具缘毛，先端尾状；叶片一回羽状，披针形，（9~27）cm×（1.9~3.3）cm，向基部略狭缩，渐尖头；羽片14~28对，接近，平展或稍斜展，（8~35）mm×（3.5~12）mm，互生，长圆形至长方形，中部羽片（9~17）mm×（3.5~7.2）mm，有短柄，基部上侧耳状，下侧狭楔形，先端短尖或圆，但有短刺，上缘具残波状齿；基部1对羽片羽裂或一回羽状，几与中部羽片等长或2倍其长。叶纸质，正面光滑，背面具钻形（窄型）微小鳞片；叶脉羽状，每一羽片中肋发出侧脉4~7对。孢子囊群顶生羽片脉端，每一能育羽片4~8枚，位于中肋与边缘间，常近羽片边缘；能育叶的各羽片均能育；囊群盖棕色，膜质，啮蚀状。

【生境与分布】生于海拔600~1900 m的林下砂岩的酸性土上或山谷阴处。分布于贵州、重庆、湖南等地。

渝黔耳蕨

高山耳蕨

高山耳蕨
Polystichum otophorum (Franchet) Beddome

【形态特征】植株高15~30 cm。根状茎密被狭卵形深棕色鳞片。叶簇生；叶柄长3~9 cm，禾秆色，下部密生狭卵形及披针形棕色鳞片，向上渐稀疏，鳞片基部边缘呈睫毛状；叶片披针形或线状披针形，(15~26) cm×(2.5~3.2) cm，一回羽状；羽片28~36对，互生，平展，狭卵形或卵形，先端急尖呈芒刺状，基部偏斜，边缘有刺状小齿；基部上侧有一分离的小羽片；小羽片倒卵形或菱形；羽片具羽状脉，侧脉为二叉状或二次二叉状，两面微凸出。叶为薄革质，背面疏生纤毛状黄棕色的鳞片；叶轴腹面有纵沟，背面有鳞片，鳞片线形，多少卷曲，基部扩大边缘睫毛状，棕色。孢子囊群靠近边缘着生，2行；囊群盖圆形，全缘，盾状。

【生境与分布】生于海拔1100~2600 m的常绿阔叶林下。分布于四川、云南及西藏等地。

吞天井耳蕨

吞天井耳蕨

Polystichum puteicola Li Bing Zhang, H. He & Q. Luo

【形态特征】植株高5~14 cm。叶簇生；叶柄绿色，2~6 cm，鳞片卵状披针形，边缘睫状或啮蚀状，先端渐尖或尾状；叶片一回羽状，披针形，长3.5~9.5 cm，中部宽1.2~2.6 cm，基部最宽，达1.3~2.7 cm，先端短尖；羽片6~14对，疏离，互生，向叶片基部强度反折，长圆形，中部羽片（7.5~12）mm×（3.5~5.5）mm，基部羽片较大，有短柄，基部不对称，上侧略具耳，下侧楔形而内弯，边缘近全缘至波状，或有圆齿，先端短尖。叶纸质至近革质，正面光滑，有光泽，背面有基部扩大的钻形微小鳞片；叶轴具与叶柄上相似而较小的鳞片；叶脉羽状，两面不清晰。孢子囊群顶生小脉，位于中肋与边缘间；囊群盖棕色，膜质，啮蚀状。

【生境与分布】生于海拔1700 m的天坑内石灰岩壁。分布于贵州等地。

灰绿耳蕨

Polystichum scariosum (Roxburgh) C. V. Morton

【形态特征】植株高达135 cm。根状茎粗短, 斜升。叶簇生; 叶柄禾秆色, 53~68 cm, 基部密生鳞片; 鳞片大, 卵状长圆形至卵状披针形, 达2 cm × (0.6~0.8) cm, 两色, 中央黑色或黑褐色, 边缘棕色, 啮蚀状, 鳞片向上变小而稀疏, 并混有狭披针形及纤维状鳞片; 叶片阔披针形, (60~82) cm × (26~32) cm, 先端渐尖, 基部不缩短, 二回羽状; 羽片20~25对, 互生, 斜展, 有短柄, 长圆披针形, 中部羽片 (15~21) cm × (4~5) cm, 先端渐尖; 小羽片10~15对, 菱形或镰状长圆形, 有短柄或无柄, 基部不对称, 上侧截形, 具三角形耳片, 下侧楔形, 先端钝或急尖具刺, 边缘具圆齿至浅裂。叶薄革质, 正面光滑, 背面具纤维状小鳞片; 叶轴、羽轴两面具鳞片, 叶轴近先端有1~2个芽孢; 叶脉羽状, 不显。孢子囊群背生或顶生小脉, 在中肋两侧各1行, 近主脉着生; 囊群盖棕色, 易落。

【生境与分布】生于海拔150~800 m的密林下、河谷灌丛下。分布于云南、四川、贵州、湖南、广西、香港、海南、台湾、浙江、江西等地; 日本、印度、斯里兰卡、泰国、越南亦有。

灰绿耳蕨

中华对马耳蕨

Polystichum sinotsus-simense Ching & Z. Y. Liu

【形态特征】植株高达30 cm。叶簇生；叶柄禾秆色，6~16 cm，基部密被鳞片；鳞片棕色或深棕色，狭卵形及线状披针形，向上渐光滑；叶片披针形，（12~20）cm×（4~7）cm，基部截形，先端渐尖，二回羽状；羽片约20对，互生，近平展，有短柄，披针形，中部羽片（2~5）cm×（0.6~1）cm，基部不对称，上侧截形，下侧宽楔形，先端短渐尖；小羽片4~9对，互生，邻接，斜展，卵形或倒卵形，基部上侧无明显的耳片，边缘全缘或具不明显的小齿，先端钝而有刺突。叶薄革质，正面光滑，背面有少数毛状小鳞片；叶轴下面疏具鳞片；鳞片深棕色，线形，基部扩大有睫毛；叶脉羽状，侧脉单一或分叉。孢子囊群1行，生小羽片中肋的一侧或两侧；囊群盖棕色，近全缘。

【生境与分布】生于海拔1300 m的林下。分布于贵州、重庆、湖南等地。

中华对马耳蕨

戟叶耳蕨

戟叶耳蕨

Polystichum tripteron (Kunze) C. Presl

【形态特征】植株高40~60 cm。叶簇生；叶柄9~27 cm，基部深棕色，密被鳞片；鳞片深棕色，披针形，边缘睫状；叶柄向上禾秆色，连同叶轴、羽轴疏被披针形鳞片；叶片戟状披针形，长达35 cm，基部宽10~15 cm；基部1对羽片特别伸长，达12 cm，一回羽状，小羽片5~12对，互生；基部以上的羽片与基部羽片的小羽片相似，20~30对，镰状披针形，（2~3.5）cm×（0.7~1）cm，基部不对称，上侧截形，有耳片，耳片三角形，基部下侧狭楔形，边缘具粗齿或浅羽裂，齿端或裂片顶端有刺。叶片草质，正面光滑，下面沿叶脉疏被鳞片，微小鳞片披针形；叶脉羽状，侧脉分叉。孢子囊群顶生小脉；囊群盖略呈啮蚀状，早落。

【生境与分布】生于海拔1100~1800 m的河谷密林下。分布于黑龙江、吉林、辽宁、河北、河南、山东、江苏、浙江、福建、江西、安徽、湖北、陕西、甘肃、四川、贵州、湖南、广东、广西等地；日本、朝鲜、俄罗斯远东亦有。

【药用价值】根茎入药，清热解毒，利尿通淋。主治内热腹痛，痢疾，淋浊。

对马耳蕨

Polystichum tsus-simense (Hooker) J. Smith

【形态特征】植株高25~72 cm。叶簇生；叶柄禾秆色，10~34 cm，基部密被褐黑色、有光泽、卵状披针形鳞片和棕色钻状鳞片，基部以上至叶轴、羽轴被黑褐色狭披针形或线形鳞片；叶片长圆披针形，（15~38）cm×（5~12）cm，先端长渐尖，基部不狭缩，二回羽状；羽片20~25对，互生，近平展，有短柄，镰状披针形，中部以下的（3~11）cm×（0.8~2.5）cm；小羽片约10对，密接，斜展，长圆形，斜卵形，三角形，基部不对称，上侧有三角形尖耳，边缘近全缘或具齿，有刺，顶端急尖有刺；羽片基部上侧的小羽片最大。叶薄革质，正面光滑，背面具纤维状鳞片；叶脉羽状，侧脉多为二叉。孢子囊群生小脉顶端，在小羽片中肋与边缘间1行；囊群盖中央黑褐色，边缘淡棕色，早落。

【生境与分布】生于海拔500~2700 m的林下、竹林下、林缘、河谷、路边、石灰岩隙。分布于云南、四川、贵州、西藏、湖南、湖北、广西、江西、福建、台湾、浙江、安徽、山东、河南、陕西、甘肃、吉林等地；印度、越南、朝鲜、日本亦有。

【药用价值】根状茎、嫩叶入药，清热解毒。主治目赤肿痛，痢疾，痈疮肿毒。

对马耳蕨

对马耳蕨

剑叶耳蕨
Polystichum xiphophyllum (Baker) Diels

【形态特征】植株高46~86 cm。叶簇生；叶柄禾秆色，长15~41 cm，基部密被鳞片；鳞片深棕色，阔披针形，边缘睫状，并混生黑褐色、线状披针形鳞片；叶片长圆披针形，（31~45）cm×（12~18）cm，先端渐尖，基部不变狭，通常一回羽状，或有时二回羽裂甚至二回羽状；羽片24~26对，互生，平展，有短柄，镰状披针形；基部羽片不缩短，与其上的数对同形同大，（7.5~10）cm×（1.4~2.5）cm，基部不对称，上侧常有1枚游离而较大的卵形或椭圆形小羽片，下侧楔形或具较小的卵形小羽片或裂片，向上通常具齿，或浅裂至深裂，甚至羽状；锯齿、裂片和小羽片顶端有短尖刺；中部以上的羽片向上渐缩小，基部上侧具耳。叶革质，干后深绿色，正面光滑，背面被棕色纤维状小鳞片；叶轴密生深褐色至黑褐色狭披针形及线形鳞片，叶脉羽状，不显。孢子囊群在羽片中肋与边缘间不规则的1~2行；囊群盖两色，中央黑色，边缘棕色，易落。

【生境与分布】生于海拔500~1600 m的石灰岩地区林下、林缘、路边。分布于云南、四川、贵州、湖南、湖北、甘肃、台湾等地；印度尼西亚亦有。

【药用价值】根状茎入药。主治内热腹痛。

剑叶耳蕨

云南耳蕨

Polystichum yunnanense Christ

【形态特征】植株高82~91 cm。叶簇生；叶柄禾秆色，32~41 cm，密被披针形、线形及大鳞片；大鳞片阔卵形至卵状披针形，中央亮黑色，边缘棕色；叶片长圆形或椭圆披针形，(44~56) cm×(15~18) cm，先端渐尖，基部不变狭或略狭缩，二回羽状；羽片20~25对，互生，近平展，狭披针形，中部以下的羽片(8~11) cm×(2~3) cm，先端渐尖或尾状，基部略不对称；小羽片10~16对，阔镰刀形，基部不对称，上侧有三角形耳片，下侧楔形，边缘具齿至羽裂，并有长芒刺，顶端急尖有芒刺；羽片基部上侧的小羽片最大，长达2 cm。叶纸质，正面光滑，背面疏具纤维状鳞片；叶轴、羽轴下面密生狭披针形及线形鳞片，叶轴上并有两色的卵状披针形至阔披针形鳞片；叶脉羽状，可见。孢子囊群生小脉顶端，在小羽片中肋与边缘间1行，稍近中肋；囊群盖具不规则的齿。

【生境与分布】生于海拔2000 m的山谷溪边林下。分布于云南、四川、贵州、西藏等地；印度、尼泊尔、不丹、巴基斯坦、阿富汗、缅甸亦有。

云南耳蕨

刺蕨

舌蕨亚科 Subfam. ELAPHOGLOSSOIDEAE

实蕨属 *Bolbitis* Schott

中、小型植物，陆生、石生或附生。根状茎横走或直立，具背腹性，被鳞片。叶二型，不育叶多为单叶或一回羽状；叶柄无关节；叶片草质或纸质，先端通常有1个能育芽孢；叶脉分离或网状，有或无内藏小脉。能育叶与不育叶相似，但叶片或羽片通常较狭。孢子囊群卤蕨型，即孢子囊满铺于叶片或羽片下面，无囊群盖；孢子单裂缝，球形或近球形。

约80种，泛热带分布，主产于亚洲及太平洋岛屿；我国25种。

刺蕨

Bolbitis appendiculata (Willdenow) K. Iwatsuki

【形态特征】植株高50~55 cm。根状茎密被披针形、红棕色鳞片。叶近生；不育叶叶柄长20~25 cm，深禾秆色，下部疏被线状披针形的棕黑色小鳞片；叶片椭圆披针形，（30~35）cm×（7~10）cm，顶部急狭缩成浅羽裂的尖尾，尖尾的基部有1小芽孢，一回羽状；羽片20~25对，基部不对称，两侧边缘近平行并有波状圆齿，缺刻底部有由小脉伸出的尖刺；叶草质，干后褐绿色，两面光滑；叶轴两侧有狭翅，略被线状披针形的黑棕色小鳞片。能育叶柄长20~25 cm，禾秆色；叶片明显狭缩，狭披针形，（15~18）cm×（3~4）cm，一回羽状；羽片12~15对，全缘。孢子囊群满布于能育羽片下面。

【生境与分布】生于海拔100~1 500 m的雨林中或较湿润的常绿阔叶林下。分布于台湾、广东、海南、广西、云南等地；日本、印度、不丹、斯里兰卡、越南、柬埔寨、老挝、泰国、缅甸、孟加拉国、马来西亚、菲律宾、印度尼西亚亦有。

刺蕨

贵州实蕨

贵州实蕨
Bolbitis christensenii (Ching) Ching

【形态特征】植株高达1 m。根状茎和叶柄基部密被鳞片；鳞片深褐色，披针形，先端长渐尖，扭曲，边缘全缘。叶簇生；不育叶薄草质，一回羽状，叶柄30~40 cm，叶片长圆形，（40~60）cm×（20~25）cm，先端羽状半裂至全裂，近顶处有1芽孢；羽片7~10对，披针形，中部以下的羽片（12~18）cm×（2.3~3）cm，基部截形至近心形，有2~3 mm的短柄，边缘具粗圆齿，有时在缺刻间有1钝齿，先端长渐尖；叶脉网状。能育叶与不育叶相似，叶柄长 25~40 cm，叶片明显较狭，（20~30）cm×（5~6）cm，一回羽状；羽片4~6对，线状披针形，（4~6）cm×（0.7~1）cm，基部圆形或圆楔形，有短柄或上部无柄，先端钝或短尖，边缘近全缘。孢子囊满铺于能育羽片背面。

【生境与分布】生于海拔约400 m的河谷、溪边。分布于贵州、广西等地；越南亦有。

长叶实蕨

Bolbitis heteroclita (C. Presl) Ching

【形态特征】植株高40~80 cm。根状茎长而横走，密被鳞片；鳞片深褐色，卵状披针形，近全缘。叶近生或远生；不育叶柄长10~35 cm，疏被鳞片；叶片（25~45）cm×（5~18）cm，薄草质，单叶或奇数一回羽状，侧生羽片1~3对；顶生羽片特大，长达40 cm，先端伸长成鞭状，顶部有1芽胞；侧生羽片椭圆形或披针形，（10~16）cm×（3~6）cm，基部楔形，边缘有粗圆齿，先端尾状渐尖；侧脉两面凸起；叶脉形成3行规则的四角形至六角形网眼，无内藏小脉。能育叶与不育叶相似，叶柄较长，叶片及羽片较狭。孢子囊满铺于能育羽片背面。

【生境与分布】生于海拔150~1300 m的溪边密林下、湿石上或土生。分布于云南、四川、贵州、重庆、湖南、广东、广西、海南、台湾等地；印度、尼泊尔、孟加拉国、缅甸、泰国、越南、马来西亚、印度尼西亚、新几内亚、菲律宾、日本亦有。

【药用价值】全草入药，清热解毒，止咳，止血，收敛。主治咳嗽，吐血，痢疾，烧烫伤，跌打损伤。

长叶实蕨

中华刺蕨

Bolbitis sinensis (Baker) K. Iwatsuki

【形态特征】植株高40~65 cm。根状茎横卧。叶近生；不育叶柄长15~20 cm，基部被鳞片；鳞片深褐色，宽卵形，膜质，贴生；叶片草质，两面光滑，长圆形至长圆披针形，（25~57）cm×12 cm，二回羽裂，先端羽裂长尾状，近顶处有1芽孢；叶轴背面疏被鳞片，上部具绿色狭翅；侧生羽片6~17对，披针形，基部羽片不缩小，（6~7）cm×（1.5~2.5）cm，基部截形或浅心形，近对称，边缘向羽轴分裂达1/3~2/3，裂片间有刺，先端渐尖；裂片斜展，先端圆；叶脉分离。能育叶与不育叶等长或较长，叶柄长25~40 cm，叶片较狭，一回羽状，（15~35）cm×（5~6）cm，先端尾状；羽片长圆形至长圆披针形，（3~4）cm×（0.6~1）cm，基部截形或略呈心形，有短柄，先端钝或短尖，边缘近全缘。孢子囊满铺于能育羽片背面。

【生境与分布】生密林下。分布于贵州、云南、香港等地；印度、孟加拉国、缅甸、泰国、柬埔寨、越南、印度尼西亚亦有。

中华刺蕨

华南实蕨

华南实蕨
Bolbitis subcordata (Copeland) Ching

【形态特征】植株高55 cm。根状茎横卧，连同叶柄基部密被灰褐色披针形鳞片。叶近生；不育叶柄18~25 cm，上部疏被鳞片；叶片深绿色，(16~32) cm × (12~19) cm，草质，一回羽状；顶生羽片最大，长达27 cm，基部深裂，近先端有1芽孢；侧生羽片3~4对，长圆披针形，对生，基部宽楔形至近心形，边缘具圆齿，缺刻间常有1齿，或为浅裂，先端渐尖；基部1对羽片较大，(6.5~12) cm × (2~3.2) cm；叶脉网状，侧脉稍突出，由侧脉发出小脉2~4对，部分网眼内有内藏小脉。能育叶未见。

【生境与分布】生于海拔500 m的溪边林下，土生。分布于云南、贵州、湖南、广东、广西、海南、台湾、福建、浙江、江西等地；日本、越南亦有。

【药用价值】全草入药，清热解毒，凉血止血。主治毒蛇咬伤，痢疾，吐血，衄血及外伤出血。

舌蕨属 *Elaphoglossum* Schott ex J. Smith

中、小型植物,附生、陆生或石生。根状茎短或长而横走,被鳞片。叶多为二型;叶柄基部膨大(叶足),有关节或无明显的关节;不育叶片为单叶,全缘,多为厚革质,边缘常为软骨质;叶脉单一或分叉,平行,几达叶缘;能育叶片变狭,叶柄常较长。孢子囊卤蕨型,即满铺与叶片背面,无隔丝。孢子棕色,椭圆形,单裂缝,具周壁。

超过400种,分布于温暖地区,尤其南美洲热带;我国6种。

舌蕨

Elaphoglossum marginatum (Wallich. ex Fée) T. Moore

【形态特征】根状茎横卧,密被鳞片。叶近生;不育叶柄禾秆色,3~10 cm,基部密生鳞片;鳞片淡棕色,膜质,狭披针形,先端尾状,边缘不规则地流苏状,叶柄远端疏被鳞片至光滑;不育叶片披针形,(7~17) cm ×(1.6~3.8) cm,革质,背面疏被棕色星状小鳞片,正面光滑或有少数星状鳞片,基部楔形,沿叶柄短下延,边缘全缘,软骨质,先端短尖或钝;叶脉分离,侧脉不显,单一或分叉;能育叶具长柄,叶片甚狭。

【生境与分布】生于海拔1600~2000 m的林下及溪边石上。分布于云南、四川、贵州、西藏、广西、台湾等地;印度、尼泊尔、不丹亦有。

【药用价值】全草入药,清热解毒。

舌蕨

舌蕨

华南舌蕨
Elaphoglossum yoshinagae (Yatabe) Makino

【形态特征】植株高18~35 cm。根状茎短而横卧。叶簇生；不育叶柄1~8 cm，下部密被鳞片；鳞片淡棕色，膜质，卵形或卵状长圆形，长达9 mm，膜质，边缘具缘毛，先端渐尖或短尖；不育叶片椭圆状披针形，(15~32) cm × (3~6) cm，革质，背面被棕色星状小鳞片，基部沿叶柄长下延，先端短尖，边缘全缘呈软骨质，中肋宽，侧脉不显；能育叶具长柄，叶片较狭。

【生境与分布】生于海拔600~1000 m的溪边石上。分布于贵州、湖南、江西、福建、台湾、广东、广西、海南等地；日本、老挝、泰国亦有。

【药用价值】根入药，清热利湿。主治小便淋涩疼痛。

华南舌蕨

云南舌蕨

云南舌蕨

Elaphoglossum yunnanense (Baker) C. Christensen

【形态特征】根状茎短，直径0.3~0.5 cm，与叶柄基部均密被鳞片；鳞片钻形或狭披针形，先端芒状，边缘具不规则的疏齿，深棕色，有光泽，质硬。叶亚二型，近生，不育叶长25~40 cm；叶柄基部以上密被星芒状的小鳞片，深棕色，偶有钻形或狭披针形鳞片，老时部分脱落；叶片长披针形或线状披针形，（20~35）cm×（1~3）cm，先端长渐尖（偶为二叉），基部狭楔形，全缘而略呈波状，边缘平展或稍内卷，有软骨质狭边；能育叶较小于不育叶，有时略与不育叶同等大小。孢子囊群成熟时满布于能育叶背面。

【生境与分布】生于海拔1100~1800 m的阔叶林林下。分布于云南等地；越南、印度、马来西亚亦有。

黄腺羽蕨属 *Pleocnemia* C. Presl

中型土生植物。根状茎直立或斜升。叶簇生；叶柄粗壮，上面有浅阔纵沟；叶近五角形，二至三回羽状分裂，基部1对羽片的基部下侧小羽片明显伸长；叶脉网状，沿小羽轴或沿主脉联结成狭长网眼，无内藏小脉，其余小脉分离，小脉及主脉下面疏被黄色圆柱形腺体；叶轴上面及羽轴基部被平展通直的短刚毛；叶纸质。孢子囊群圆形，位于分离的小脉顶端，或少着生于小脉中部或联结的小脉上，隔丝顶部有黄色的圆柱形大腺体；囊群盖圆肾形或无囊群盖。

约17种，主要分布于亚洲热带，少数达西太平洋群岛；我国2种。

黄腺羽蕨
Pleocnemia winitii Holttum

【形态特征】植株高2~3 m。根状茎粗4~5 cm，顶部及叶柄基部均密被鳞片；鳞片线形，长1.5~2.5 cm，先端纤维状，几全缘，稍卷曲而为蓬松状，褐棕色并稍有光泽。叶簇生；叶柄长60~100 cm，基部深褐棕色，上面有阔的浅沟，沟两旁有隆起的脊，疏被棕色的短刚毛；叶片三角形，（1.2~2）m×（1.2~1.3）m，基部四回羽裂；叶近二型，能育羽片稍缩狭；羽片约15对；二回小羽片12~14对；裂片7~10对，椭圆形至镰状椭圆形；末回裂片的先端不弯弓；圆柱状腺体为淡黄色；叶纸质，干后暗绿色至褐色，两面均光滑；叶轴及羽轴下面淡褐色，上面深禾秆色，两面均疏被棕色的短刚毛。孢子囊群圆形；无囊群盖。

【生境与分布】生于海拔120~1000 m的密林下或森林迹地上。分布于台湾、福建、广东、海南、广西、云南等地；越南、泰国、印度亦有。

黄腺羽蕨

肾蕨科 NEPHROLEPIDACEAE

中、大型土生或附生草本植物，少有攀援。根状茎长而横走或短而直立，具管状或网状中柱，匍匐枝横走，并生有许多可发育成新植株的须状小根和侧枝或块茎。叶一型，簇生，或为远生，2列；叶柄以关节着生于明显的叶足上或蔓生茎上；叶长而狭，披针形或椭圆披针形，一回羽状分裂，羽片多数，基部不对称，无柄，以关节着生于叶轴；叶脉分裂，侧脉羽状，几达叶边，小脉先端具明显水囊，或叶脉少有略呈网状。孢子囊群表面生，单一，背生，圆形，近叶边以1行排列或远离叶边以多行排列；囊群盖圆肾形或少为肾形或无囊群盖。

1属19余种，热带广布；我国1属5种，广布于长江以南。

肾蕨属 *Nephrolepis* Schott

中型陆生或附生植物。根状茎直立或斜升，下部产生铁丝状的长匍匐枝，枝上常有块茎，连同叶柄被鳞片；鳞片盾状着生。叶簇生；叶柄无关节；叶片狭长，一回羽状；羽片无柄，以关节着生于叶轴，披针形或镰形，基部不对称，上侧多少耳状；叶脉羽状，侧脉分叉。孢子囊群圆形，顶生小脉；囊群盖圆肾形，以缺刻着生；孢子二面体形。

约20种，多数分布于热带；我国5种。

长叶肾蕨
Nephrolepis biserrata (Swartz) Schott

【形态特征】根状茎短而直立，伏生披针形鳞片，鳞片红棕色，略有光泽，边缘有睫毛；根状茎生有匍匐茎，向四方横展，暗褐色，被疏松的棕色披针形鳞片，并有细根。叶簇生；叶片狭椭圆形，[70~80（100）]cm×（14~30）cm，一回羽状，两面均无毛；羽片基部上侧有长达1 cm的耳片。叶薄纸质或纸质，干后褐绿色，两面均无毛，幼时两面均略被披针形小鳞片或线形的纤维状鳞片，尤以主脉下面较密，成长时部分或全部脱落。孢子囊群圆形；囊群盖圆肾形，有深缺刻，褐棕色，边缘红棕色，无毛。

【生境与分布】生于海拔30~750 m的林中。分布于云南、广东、海南、台湾等地；南亚、东南亚、东北亚和美洲亦有。

长叶肾蕨

肾蕨

肾蕨　凉水果

Nephrolepis cordifolia (Linnaeus) C. Presl

【形态特征】植株高30~110 cm。根状茎短而直立或斜升,连同叶柄密被棕色线状披针形鳞片;匍匐枝上产生具鳞块茎。叶柄4~20 cm;叶片线状披针形,(20~90) cm×(3~8) cm,一回羽状;羽片40~120对,邻接或覆瓦状,披针形,多少呈镰状,中部羽片(1.5~4) cm×(0.6~1.2) cm,基部不对称,上侧有尖耳,边缘具锯齿或圆齿,先端钝或圆;下部羽片向下渐缩短,基部的几为三角形,长不及1 cm。叶纸质;叶轴疏被纤维状鳞片。孢子囊群肾形至圆肾形;囊群盖棕色,宿存。

【生境与分布】生于海拔150~1500 m的林下、溪边石上、石隙或树干基部。分布于我国西南、华南、华东(江苏除外)各省区及湖南;热带、亚热带广布。

【药用价值】全草、叶、块茎入药。全草和叶清热利湿,消肿解毒,主治黄疸、淋浊、骨鲠喉、痢疾、乳痈、外伤出血、毒蛇咬伤。块茎清热利湿,止血,主治感冒发热,淋巴结炎、咳嗽吐血,泄泻,崩漏,带下病,乳痈,痢疾,血淋,子痈。

肾蕨

三叉蕨科 TECTARIACEAE

　　大型或中型土生草本。根状茎短而直立或斜升，少长而横走，网状中柱。叶簇生，少近生，一型或二型；叶柄基部无关节；叶常为一至数回羽状分裂，少为单叶；叶脉网状或分离，侧脉单一或分叉，或小脉沿小羽轴及主脉两侧联结成无内藏小脉的狭长网眼；主脉两面均隆起；叶薄草质或厚纸质，通常叶面或有时背面被淡棕色毛。孢子囊群圆形，着生于小脉顶端或中部，成熟时汇合并满布于狭缩的能育叶背面；囊群盖圆肾形或圆盾形，膜质，或无盖。

　　7属250余种，泛热带广布；我国3属39种，产于西南及华南热带和亚热带地区。

爬树蕨属 *Arthropteris* J. Smith

　　附生草本植物。根状茎攀援，鳞片盾状着生。叶远生，2列，有短柄；叶一回羽状至一回羽状分裂，偶二回羽状，单型；叶柄以关节着生于叶柄状的叶足上，叶轴和羽轴腹面具沟槽；羽片以关节着生于叶轴上；叶脉单一或叉状或偶有网结。孢子囊群圆形，着生于叶背面；囊群盖肾形至圆形或缺失。

　　约20种，南半球邻近热带、新西兰、新喀里多尼亚及马达加斯加最为丰富；我国2种。

爬树蕨

Arthropteris palisotii (Desvaux) Alston

　　【形态特征】植株蔓生，根状茎长达数米，被黑褐色鳞片，鳞片卵圆形，顶端长尾尖，盾状着生。叶远生，二列互生，相距5~10 cm，长25~40 cm；叶柄长1~2 cm，基部以关节着生于蔓生茎的叶足上；叶片长披针形，(25~40) cm×(4~6) cm，两端稍变狭，一回羽状；羽片30~40对，互生，开展，无柄，基部数对羽片较缩小，向下反折，顶生一片长三角形，先端尖，侧生羽片披针状镰刀形，先端钝尖头，叶缘浅波状并具明显的齿牙；叶脉明显，小脉顶端接近叶缘处有水囊，不达叶缘；叶纸质。孢子囊群圆形，着生于叶脉每组叶脉上侧一分枝小脉的顶端，位于从叶边至主脉的1/3处；囊群盖圆肾形，红棕色，光滑无毛，宿存。

　　【生境与分布】生于海拔580~1100 m的热带雨林或季雨林中，攀援树干上或岩石上。分布于云南等地；越南、缅甸、泰国、印度、菲律宾、马来西亚、印度尼西亚、澳大利亚、热带非洲亦有。

　　【药用价值】根茎入药，润肠通便。主治老年便秘。

爬树蕨

爬树蕨

牙蕨属 *Pteridrys* C. Christensen & Ching

大、中型陆生植物。根状茎短而斜升或直立,先端和叶柄基部被棕色披针形鳞片;鳞片通常全缘。叶簇生;叶柄被鳞片或光滑;叶片二回羽裂,顶生羽片深羽裂,渐尖;侧生羽片狭披针形或线状披针形,深羽裂,裂片间的缺刻处有1尖齿。叶纸质或草质,通常两面光滑;叶轴上面具沟,光滑;羽轴上面凸起,光滑或有时下面疏具短毛;叶脉分离。孢子囊群顶生或背生叶脉,中生,在中肋每侧1行;囊群盖圆肾形,膜质;孢子二面体形。

7种,亚洲热带分布;我国3种。

薄叶牙蕨
Pteridrys cnemidaria (Christ) C. Christensen & Ching

【形态特征】植株高达2 m或过之。根状茎斜升,先端及叶柄基部被鳞片;鳞片狭披针形,棕色,全缘。叶簇生,叶柄禾秆色,长达1 m;叶片长圆形,二回羽裂,(80~140)cm×(60~70)cm;侧生羽片20~30对,中、下部的较大,狭披针形,(30~40)cm×(5~8)cm,深羽裂,基部截形或近截形,有1~2 cm的柄;裂片25~35对,披针形,(3~5)cm×(0.6~0.7)cm,边缘具浅圆齿,先端短尖或渐尖,裂片间的缺刻上有1尖齿。叶薄纸质;叶轴、羽轴光滑,有时羽轴基部下面具短而贴伏的节状毛;叶脉分离,侧脉二叉或三叉。孢子囊群背生小脉;囊群盖灰色,光滑,宿存。

【生境与分布】生于海拔300~500 m的季雨林下及溪边。分布于云南、贵州、广西、台湾等地;印度、缅甸、泰国、老挝、越南亦有。

薄叶牙蕨

叉蕨属 *Tectaria* Cavanilles

陆生植物。根状茎直立或斜升至横走，先端被鳞片。叶柄禾秆色或棕色至黑色，基部具鳞片，或有时通体被鳞片。叶一型至明显二型，单一，一至多回羽状；叶轴及各回羽轴具多细胞节状毛，有时叶片上也有；叶脉分离或多种形式联结，若有内藏小脉，则单一或分叉。孢子囊群顶生内藏小脉、背生叶脉或叶脉交接处，通常圆形；有或无囊群盖，若有囊群盖，则为圆肾形，宿存或早落。孢子二面体形，纹饰多变。

约230种，泛热带分布；我国35种。

大齿叉蕨
Tectaria coadunata (Wallich ex Hooker & Greville) C. Christensen

【形态特征】植株高达185 cm。根状茎粗短，横卧；鳞片褐色，披针形，全缘或略具齿。叶柄淡褐色至亮栗色，[(6~)30]~[50 (~75)]cm，下部具柔毛，上部光滑；叶片卵状三角形，[(12~) 50~110]cm × [(8~)30~70]cm，三至四回羽裂，先端羽裂渐尖；羽片3~8对，下部羽片有柄，基部1对最大，不对称的三角形，[(4~)30~72]cm × [(3~)18~42]cm；小羽片通常与羽轴合生，或在大型植株上的有短柄；第2对及向上的羽片渐变小，阔披针形及长圆披针形；末回裂片卵状长圆形至披针形，先端圆钝，边缘全缘或具圆齿。叶薄草质，两面及叶缘被节状柔毛；叶轴、羽轴及叶脉两面多少被毛；叶脉网状。孢子囊群多数生内藏小脉顶端，在末回裂片的中肋每侧1行；囊群盖大，棕色，膜质，无毛。

【生境与分布】生于海拔500~1400 m的石灰岩洞内、瀑布旁、河谷、溪边。分布于云南、四川、贵州、西藏、广西、广东、台湾等地；印度、尼泊尔、不丹、斯里兰卡、缅甸、泰国、老挝、越南、马来西亚、热带非洲亦有。

【药用价值】根茎入药，清热解毒。

大齿叉蕨

下延叉蕨
Tectaria decurrens (C. Presl) Copeland

【形态特征】植株高50~100 cm。根状茎短，直立，粗1.5~2 cm，顶部及叶柄基部均密被鳞片；鳞片披针形，长8~10 mm，先端渐尖，全缘，膜质，平直，褐棕色。叶簇生；叶柄长35~60 cm，基部褐色，向上部深禾秆色，上面有浅沟，两侧有阔翅几达基部；叶二型，叶片椭圆状卵形，（30~80）cm×（30~40）cm，基部近截形而长下延，奇数一回羽裂，能育叶各部明显狭缩；侧生裂片3~8对，对生，基部稍狭并与叶轴合生，全缘，基部1对裂片通常分叉。叶脉联结成近六角形网眼，内藏小脉分叉。叶坚纸质，干后淡褐色，两面均光滑；叶轴棕禾秆色，两侧有阔翅。孢子囊群圆形，生于联结小脉上；囊群盖圆盾形，膜质，棕色，全缘，宿存。

【生境与分布】生于海拔150~1200 m的雨林中或较湿润的常绿阔叶林下。分布于西南、华南和华东地区；南亚、东南亚和日本亦有。

下延叉蕨

毛叶轴脉蕨

Tectaria devexa (Kunze) Copeland

【形态特征】植株高达85 (~110) cm。根状茎直立或斜升；鳞片褐色，线状披针形，全缘。叶柄紫褐色或栗褐色，20~40 cm；叶片五角状三角形，(25~45) cm×(15~34) cm，三至四回羽裂，先端羽裂渐尖；分离羽片3~4对，对生，有短柄，基部1对最大，三角形，(12~26) cm×(8~14) cm，有长1~1.5 cm的柄，其基部下侧小羽片最大；其余的羽片长圆披针形，多少呈镰状，先端尾尖。叶草质，干后黄绿色至淡褐色，两面及叶缘疏被节状柔毛；叶轴及各回羽轴两面多少被毛；叶脉仅部分网状，靠近羽轴或小羽轴的叶脉连接，网眼内无内藏小脉。孢子囊群生分离小脉顶端，稍近叶缘；囊群盖鲜时略呈红色，成熟后棕色，宿存。

【生境与分布】生于海拔200~700 m的溪边、林缘、石灰岩洞内外，陆生或石隙生。分布于云南、四川、贵州、重庆、广西、广东、海南、台湾、浙江等地；斯里兰卡、泰国、越南、马来西亚、印度尼西亚、菲律宾、日本、太平洋岛屿亦有。

【药用价值】全草入药，清热解毒。

毛叶轴脉蕨

黑鳞轴脉蕨

黑鳞轴脉蕨

Tectaria fuscipes (Wallich ex Beddome) C. Christensen

【形态特征】植株高50~84 cm。根状茎直立或斜升；鳞片黑色，线状披针形，坚挺。叶近二型；不育叶柄深禾秆色，15~32 cm；叶片卵状长圆形，（30~45）cm×（18~30）cm，二回羽裂至二回羽状，先端羽裂渐尖；羽片7~10对，近对生，有柄，基部1对最大，三角形，（11~18）cm×（6~14）cm，有长约1 cm的柄，其基部下侧有1伸长、分离并羽裂的小羽片；其余的羽片长圆形或长圆披针形，羽状深裂；裂片接近，斜展，三角形至镰状长圆形，边缘全缘或波状，疏具缘毛，先端钝或短尖。叶草质，干后暗绿色，两面近光滑；叶轴及各回羽轴两面多少被多细胞节状毛；叶脉通常分离，侧脉分叉。能育叶与不育叶相似，叶柄较长，达48 cm，叶片较狭，宽不及20 cm；孢子囊群顶生小脉；囊群盖棕色，宿存。

【生境与分布】生于海拔400~900 m的河谷林下、石灰岩洞内。分布于云南、贵州、西藏、广西、海南、台湾等地；印度、缅甸、泰国、越南、印度尼西亚亦有。

沙皮蕨

Tectaria harlandii (Hooker) C. M. Kuo

【形态特征】植株高30~70 cm。根状茎顶部及叶柄基部均密被鳞片；鳞片线状披针形，边缘有密睫毛，褐棕色并稍有光泽。叶簇生；不育叶叶柄长10~25 cm，暗禾秆色至棕色，稍有光泽，顶部两侧有狭翅，能育叶叶柄长达40 cm；叶二型：不育叶卵形，（20~35）cm×（20~25）cm，奇数一回羽状或为三叉或有时为披针形的单叶；能育叶与不育叶同形但较小。叶脉联结成近六角形网眼，有分叉的内藏小脉。叶坚纸质，干后暗褐色，两面均光滑；叶轴及羽轴暗禾秆色，两面均光滑。孢子囊群沿叶脉网眼着生，成熟时满布于能育叶下面；囊群盖缺。

【生境与分布】生于海拔100~700 m的雨林中或较湿润的常绿阔叶林中。分布于西南和华南地区；南亚、东南亚和日本南部亦有。

沙皮蕨

台湾轴脉蕨

Tectaria kusukusensis (Hayata) Lellinger

【形态特征】植株高40~100 cm。根状茎直立，短，直径1~1.5 cm，先端密被鳞片；鳞片阔披针形，深褐色，具浅色边缘；叶簇生；叶柄长20~50 cm，暗褐色，疏被有关节的淡棕色短毛，基部疏被与根状茎上同样而平展的鳞片；叶片椭圆披针形，（厚）纸质，背面无毛，正面具稀疏早落的棕色或浅灰色节毛，（30~50）cm×（15~25）cm，三回羽裂；中部羽片的裂片全缘；孢子囊群大，圆肾形，主脉两侧各有1行。

【生境与分布】生于海拔100~700 m的山谷林下溪旁。分布于贵州、海南、台湾等地；越南亦有。

台湾轴脉蕨

条裂叉蕨

条裂叉蕨

Tectaria phaeocaulis (Rosenstock) C. Christensen

【形态特征】植株高60~140 cm。根状茎直立，粗约1.5 cm，顶端及叶柄基部密被鳞片；鳞片披针形，边缘有疏睫毛；叶簇生；叶柄长30~80 cm，褐棕色；叶片椭圆形，（45~60）cm×（30~40）cm，基部二回羽状分裂；羽片5对以上；基部1对羽片的基部两侧不对称；中部的羽片披针形，宽约3 cm，条状撕裂。叶脉联结成近六角形网眼，有分叉的内藏小脉。叶纸质，干后暗绿色至褐绿色，两面均光滑；叶轴、羽轴及小羽轴暗褐色，上面均密被有关节的淡棕色短毛。孢子囊群圆形，生于内藏小脉顶端；囊群盖圆盾形，膜质，褐棕色，全缘，宿存而反卷。

【生境与分布】生于海拔400~750 m的雨林中或较湿润的常绿阔叶林下。分布于台湾、福建、广东、海南、广西等地；越南和日本亦有。

多形叉蕨

多形叉蕨

Tectaria polymorpha (Wallich ex Hooker) Copeland

【形态特征】植株高达1.5 m。根状茎直立或斜升；鳞片线状披针形，深褐色，有光泽，边缘色淡，啮蚀状，先端纤维状。叶柄淡棕色，30~60 cm，下部被鳞片及短柔毛，向上光滑；叶片通常奇数一回羽状，长圆形，（50~70）cm×（30~50）cm；顶生羽片与其下的侧生羽片相似或与之合生，侧生羽片2~4对，斜展，长圆披针形，（20~30）cm×（6~10）cm，有柄，先端尾尖，基部不对称，上侧楔形至圆楔形，下侧圆形；基部1对羽片分叉。叶薄纸质，正面光滑，背面被短毛；叶轴、羽轴、主脉正面光滑，下面被节状短毛；叶脉明显，网状，具单一或分叉的内藏小脉。孢子囊群多数生网脉上，通常在侧脉两侧各1行；囊群盖极小，淡棕色，边缘流苏状（光镜下观察），早落。

【生境与分布】生于海拔800 m以下的山坡林下及季雨林下。分布于云南、贵州、广西、海南、台湾等地；南亚及东南亚亦有。

洛克叉蕨
Tectaria rockii C. Christensen

【形态特征】植株高达1.1 m。根状茎鳞片狭披针形至线状披针形,深棕色至近黑色,坚挺,先端毛发状,边缘略有齿。叶近生至簇生;叶片三角形,(50~60) cm ×(40~55) cm,三回羽裂;侧生羽片3~5对,基部1对最大,三角形,达30×20 cm,二回羽裂;小羽片2~3对,基部下侧1片最大,三角状披针形,羽状浅裂至深裂;裂片三角形至披针形,多少呈镰状。叶草质至薄纸质,两面光滑;叶轴、羽轴及主脉上面常密生节状柔毛,下面几光滑;叶脉网状,网眼具单一或分叉的内藏小脉。孢子囊群生小脉连接处,常只生于羽片边缘或裂片上;囊群盖棕色,上面有毛,边缘圆齿状或啮蚀状,宿存。

【生境与分布】生于海拔700~1200 m的石灰岩山坡林下或岩洞边潮湿处。分布于云南、贵州等地;越南、缅甸、泰国亦有。

洛克叉蕨

棕毛轴脉蕨

棕毛轴脉蕨
Tectaria setulosa (Baker) Holttum

【形态特征】植株高达2 m。根状茎鳞片阔披针形至卵状披针形，全缘，深棕色，边缘淡棕色。叶簇生；叶柄长60~80 cm，褐棕色；叶片三角状卵形，(1~1.5) m × (70~80) cm，先端长渐尖，基部心脏形，三回羽状至四回羽裂，向上部三回羽裂；羽片约15对，基部1对最大。叶脉羽状，分离。叶纸质，干后褐色，上面疏被贴生的有关节的淡棕色毛，下面几光滑，叶缘疏被有关节的淡棕色睫毛；叶轴、羽轴、各回小羽轴及主脉淡褐色，两面均被有关节的淡棕色短毛。孢子囊群圆形，每裂片有3~5对，生于小脉顶端，稍接近叶缘；囊群盖圆肾形，全缘，光滑，膜质，棕色，宿存。

【生境与分布】生于海拔300~600 m的林下。分布于云南、贵州、广西、广东等地；印度、缅甸、越南和马来西亚亦有。

棕毛轴脉蕨

掌状叉蕨
Tectaria subpedata (Harrington) Ching

【形态特征】植株高达45 cm。根状茎横卧至斜升，连同叶柄基部被鳞片；鳞片狭披针形，质坚，中间深褐色至黑褐色，边缘淡棕色，近全缘，先端毛发状。叶簇生；叶柄深禾秆色，19~36 cm，下部疏被鳞片，向上光滑；叶片3~5裂，（27~34）cm×（15~26）cm；各裂片先端尾状，边缘全缘至波状，有时具三角状粗齿；顶生裂片最大，椭圆形至披针形，（18~24）cm×（6~12）cm；两侧的裂片与顶生裂片相似或二裂。叶草质或纸质，上面光滑，下面被短毛；叶轴、羽轴、主脉正面光滑，下面被节状短毛；叶脉网状，内藏小脉单一或分叉。孢子囊群生网脉上；囊群盖大，早落。

【生境与分布】生于海拔600~700 m的灌丛下、溪边。分布于贵州、广西、台湾等地；缅甸、越南亦有。

【药用价值】全草入药，清热解毒。主治感冒发热。

掌状叉蕨

无盖轴脉蕨

Tectaria subsageniacea (Christ) Christenhusz

【形态特征】植株高达1.7 m。根状茎直立；鳞片深褐色，线状披针形，（1~2.2）cm×（0.1~0.2）cm，全缘。叶柄紫褐色或栗褐色，40~67 cm；叶片长圆形至长圆披针形，（45~103）cm×（34~46）cm，二回深羽裂，先端羽裂渐尖；羽片达22对，长圆披针形，下部对生，有短柄，向上的无柄或与叶轴合生，下延，基部1对羽片略缩小；裂片通常镰状长圆形，边缘全缘、波状，或有粗圆齿，先端钝圆，稀短尖。叶薄草质，干后黄绿色至淡褐色，两面光滑，但裂片缺刻间具棕色节状毛；叶轴、羽轴及主脉上面密被节状毛，下面多少被毛；叶脉分离。孢子囊群圆形、椭圆形或长圆形，背生或生小脉顶端，在主脉两侧不规则的1~3行；无囊群盖。

【生境与分布】生于海拔400~700 m的溪边林下、石灰岩洞内。分布于云南、贵州、广西等地；越南亦有。

无盖轴脉蕨

地耳蕨

Tectaria zeylanica (Houttuyn) Sledge

【形态特征】植株高达24 cm。根状茎长而横走；鳞片红棕色至深棕色，披针形，有光泽，边缘具疏毛。叶近生或疏生，明显二型；不育叶柄长达12 cm，疏具鳞片，密生灰白色或棕色多细胞柔毛；叶片形如槲叶，卵状三角形至长圆形，(5~7) cm×(3~5) cm，先端圆，基部心形，边缘在上部为波状，向下渐由浅裂至深裂，基部常有1对分离的对生羽片；羽片钝三角形，基部下侧有1较大的圆裂片。能育叶高于不育叶，叶柄长15~20 cm，叶片强度狭缩。叶草质，干后绿色至褐色，主脉、侧脉及叶缘密生多细胞柔毛；叶脉网状。孢子囊群初为线形，成熟时汇生，满铺能育叶片下面；无囊群盖。

【生境与分布】生于海拔300~700 m的山坡林缘、溪边。分布于云南、贵州、广西、广东、海南、台湾、福建等地；亚洲热带亦有。

【药用价值】根茎、全草入药，清热利湿，凉血止血。主治痢疾，小儿泄泻，淋浊，便血等。

地耳蕨

条蕨科 OLEANDRACEAE

中、小型附生或土生草本植物。根状茎长而横走或少为直立，网状中柱，具坚硬的细长气生根。叶足螺旋排列于根状茎上；叶常为一型，单叶，疏生，有时簇生；叶披针形或线状披针形；叶脉明显，中脉隆起，侧脉分离，单一或二叉，平展，密而平行。孢子囊群背生，圆或近圆形，着生于小脉近基部，成单行排列于中脉的两侧；囊群盖大，肾形或圆肾形，膜质，以缺刻着生。

1属15余种，分布于热带及亚热带山地，自波利尼西亚北达日本，东至墨西哥，西到非洲；我国1属5种，主产于秦岭以南。

条蕨属 *Oleandra* Cavanilles

中、小型植物，陆生、石生或附生。根状茎长而横走或攀援，具鳞片。叶常疏生；叶柄具关节，生于凸起的叶足上；叶片单一，全缘或波状，披针形至线状披针形，边缘软骨质，草质至革质，光滑或被毛，中肋下面常有小鳞片；叶脉分离，单一或分叉。孢子囊群圆形，生叶脉基部，在中肋两侧各1行；囊群盖红棕色，肾形或圆肾形，宿存。孢子二面体形，周壁翅状。

约20种，泛热带分布；我国6种。

华南条蕨 圆基条蕨
Oleandra cumingii J. Smith

【形态特征】根状茎长而横走，密被略松开的鳞片；鳞片长披针形，中部黑栗色，边缘棕色。叶二列疏生或近生，柄连叶足长2~5 cm，红棕色，近光滑或疏被节状长毛；叶足长0.5~1 cm，宿存；叶片卵状披针形，（10~20）cm×（3~4.5）cm，先端短渐尖或短尾尖，边缘有软骨质狭边及相当密的节状长毛。叶脉明显，叶轴上面略隆起并有浅纵沟，下面凸起，侧脉纤细，平行，斜展，一至二回分叉，偶有单一，小脉直达叶边。叶纸质，干后黄绿色，两面沿主脉及侧脉被棕色柔毛，背面较密。孢子囊群圆肾形，靠近主脉两侧各成1行；囊群盖肾形，红棕色。

【生境与分布】生于溪边石上。分布于云南、贵州、广东、海南等地；菲律宾和印度尼西亚亦有。

华南条蕨

高山条蕨

Oleandra wallichii (Hooker) C. Presl

【形态特征】植株高30~50 cm。根状茎长而横走，分枝，老时灰白色，密被鳞片；鳞片卵状披针形，先端长渐尖，基部钝圆；叶二列疏生，柄连叶足长3~7 cm，禾秆色或淡褐色，下部疏生鳞片；叶足短，长仅2~3 mm，隐没于根状茎的鳞片之内；叶片披针形，（26~40）cm×（1.8~3.8）cm，边缘具毛。叶薄草质，干后棕绿色，上面沿主脉及叶面疏被短柔毛，下面沿主脉疏被棕色披针形鳞片及灰白色短毛，沿小脉两侧也略有短毛。孢子囊群近圆形，贴近主脉两侧各成1行；囊群盖圆肾形，红棕色，略有毛。

【生境与分布】生于海拔1500~2700 m的常绿阔叶林下岩石上。分布于台湾、广西、四川、云南、西藏等地；印度、尼泊尔、缅甸、泰国和越南亦有。

高山条蕨

骨碎补科 DAVALLIACEAE

中型附生草本植物，少为土生。根状茎横走或少为直立，有网状中柱。叶远生；叶柄基部以关节着生于根状茎上；叶常为三角形，二至四回羽状分裂，草质至坚革质；羽片不以关节着生于叶轴；叶脉分离。孢子囊群为叶缘内生或叶背生，着生于小脉顶端，具囊群盖；囊群盖为半管形、杯形、圆形、半圆形或肾形，基部着生或同时多少以两侧着生，仅口部开向叶边。

1属约65种，主要分布于亚洲热带及亚热带地区，少数到非洲和欧洲；我国1属17种，主产于西南及南部地区，少数到东部地区，仅有1种达华北和东北地区。

骨碎补属 *Davallia* Smith

中、小型附生或石生植物。根状茎长而横走，密被鳞片；鳞片棕色，盾状着生或基部着生。叶远生，叶柄与根状茎之间有关节；叶片二至五回羽裂，草质至坚革质，光滑，少有被鳞片或毛者；叶脉分离，常分叉。孢子囊群近叶缘生，顶生小脉；囊群盖杯状，圆形、半圆形或肾形，以基部着生，有时两侧也着生。孢子二面体形，椭圆形或狭椭圆形，周壁薄。

约60种，主要分布于亚洲热带、亚热带；我国18种。

大叶骨碎补
Davallia divaricata Blume

【形态特征】植物形体高大，高达1 m。根状茎长而横走，密被蓬松的鳞片；鳞片阔披针形，顶端长渐尖，边缘有睫毛，红棕色，膜质。叶远生；柄长30~60 cm，与叶轴均为亮棕色或暗褐色，上面有深纵沟；叶片大，长宽各达60~90 cm，三角形或卵状三角形，先端渐尖，四回羽状或五回羽裂；羽片约10对，基部1对最大，长三角形；二回小羽片7~10对；叶脉叉状分枝，无假脉；叶片草质或纸质，干后褐棕色，无毛。孢子囊群多数，生于小脉中部稍下的弯弓处或生于小脉分叉处；囊群盖管状。

【生境与分布】生于海拔600~700 m的低山山谷的岩石上或树干上。分布于云南、广西、广东、海南、台湾、福建等地；南亚、东南亚和大洋洲亦有。

【药用价值】根茎入药，活血化瘀，补肾壮骨，祛风止痛。主治跌打损伤，肾虚腰痛，风湿骨痛。

大叶骨碎补

假钻毛蕨
Davallia multidentata Hooker & Baker

【形态特征】根状茎密被深棕色、蓬松而稍卷曲的鳞片,鳞片阔披针形,边缘有明显的锯齿。叶远生;叶柄长20~25 cm,棕褐色,基部密被鳞片;叶片长圆状卵形,(35~45)cm×(15~25)cm,三回羽状,末回小羽片深羽裂;羽片12~15对,基部1对稍大;一回小羽片12~14对,长圆状披针形;二回小羽片8~10对,斜卵形至长圆形;末回裂片阔披针形,全缘。叶脉羽状,明显,深棕色,每一尖齿有小脉1条,但不达先端,顶端有棒形的水囊;各回羽轴分叉点下面有一阔披针形的大鳞片。孢子囊群小,多数,每小裂片有1个,接近裂片基部上侧缺刻处,在小羽轴两侧各有1行;囊群盖肾形,基部中央黑棕色,全缘,边缘深棕色,基部着生。

【生境与分布】生于海拔1500~2800 m的常绿阔叶林下岩石上或树干上。分布于云南、四川、贵州等地;缅甸、印度北部、尼泊尔、印度、不丹亦有。

假钻毛蕨

假钻毛蕨

鳞轴小膜盖蕨

Davallia perdurans Christ

【形态特征】植株高达90 cm。根状茎长而横走, 粗壮, 密被鳞片; 鳞片棕色, 阔披针形, 先端渐尖, 边缘具不整齐的齿。叶远生; 叶柄深棕色, 25~40 cm, 基部密被鳞片, 向上渐稀疏; 叶片卵形, (30~52) cm×(20~35) cm, 先端渐尖, 基部阔圆形, 四回细羽裂; 羽片12~18对, 下部对生, 向上的互生, 基部1对与其上的同形, 长圆形或长圆披针形, 略斜展, 无柄, (10~20) cm×(3~6) cm; 一回小羽片达18对, 基部的对生; 末回裂片短披针形, 1.5~3 mm, 先端短尖。叶薄草质; 叶轴、羽轴、小羽轴下面分叉处有几个卵形鳞片; 叶脉分离。孢子囊群顶生小脉上; 囊群盖半圆形, 膜质, 全缘, 基部着生。

【生境与分布】生于海拔1300~2000 m的混交林下、灌丛下石上、树干上。分布于云南、四川、贵州、西藏、广西、江西、福建、台湾、浙江等地; 泰国、缅甸、印度北部亦有。

【药用价值】全草入药, 清热, 驱风, 驱蛔。主治风热感冒, 蛔积腹痛。

鳞轴小膜盖蕨

长片小膜盖蕨
Davallia pseudocystopteris Kunze

【形态特征】植株高达50 cm。根状茎长而横走；鳞片棕色，阔卵圆形，先端钝圆，全缘，贴生。叶远生；叶柄棕禾秆色，8~20 cm，基部密生鳞片，向上光滑；叶片三角状长卵形，（17~30）cm×（10~18）cm，先端渐尖，基部心形，五回细羽裂；羽片约10对，互生或基部的对生，斜展，有柄，基部1对最大，狭三角形，向上的羽片渐小，披针形；末回裂片线形。叶薄草质，两面光滑；叶脉分离，不显，每裂片有小脉1条。孢子囊群小，顶生小脉上；囊群盖半圆形，膜质，全缘，基部着生。

【生境与分布】生于海拔约2100 m的山坡石上。分布于云南、四川、贵州、西藏等地；印度、尼泊尔、不丹、缅甸、泰国亦有。

长片小膜盖蕨

阴石蕨

Davallia repens (Linnaeus f.) Kuhn

【形态特征】植株高达20 cm。根状茎长而横走，密生鳞片；鳞片棕色，披针形，贴伏。叶远生；叶柄3~12 cm，疏被鳞片；叶片卵状三角形，(5~10) cm×(2.5~4.5) cm，二至三回羽裂；基部1对羽片最大，不对称的三角形，先端上弯，其基部下侧1片小羽片最大，羽状浅裂或仅具粗齿；向上的羽片渐狭缩，长圆披针形，深裂、浅裂或仅具粗齿。叶革质，两面光滑；叶脉羽状，上面不显，下面清晰，小脉较粗。孢子囊群顶生小脉，靠近叶缘；囊群盖半圆形或近圆形，基部着生，宿存。

【生境与分布】生于海拔150~800 m的山谷溪边，附生于树干或石上。分布于云南、四川、贵州、广西、广东、海南、台湾、福建、浙江、江西等地；日本、旧热带（不包括非洲大陆）亦有。

【药用价值】根茎入药，活血散瘀，清热利湿，接骨续筋。主治风湿痹痛，腰肌劳损，牙痛，便血，肺脓疡，尿道感染。

阴石蕨

阔叶骨碎补

Davallia solida (G. Forster) Swartz

【形态特征】植株高30~50 cm。根状茎粗8~10 mm，全部密被鳞片；鳞片卵状披针形，先端钻形，边缘有睫毛，中部褐色，边缘棕色或灰棕色，覆瓦状排列。叶远生，相距2~3 cm；叶柄长15~18 cm，棕禾秆色，基部密被鳞片；叶片五角形，长宽各18~30 cm，三回羽状或基部为四回羽裂；羽片约10对；叶脉纤细，下面明显。叶厚纸质或革质，干后暗褐色或褐棕色。孢子囊群着生于小羽片的上部，每裂片或钝齿上通常有1枚；囊群盖管状，红棕色，膜质。

【生境与分布】生于海拔500~1400 m的山谷溪流旁岩石上或附生于树干上。分布于云南、广西、广东和台湾等地；南亚、东南亚和大洋洲亦有。

阔叶骨碎补

圆盖阴石蕨
Davallia tyermannii (T. Moore) Baker

【形态特征】植株高16~45 cm。根状茎长而横走，密生鳞片；鳞片白色或灰白色，狭披针形，张开。叶远生；叶柄5~19 cm，棕禾秆色至棕色，光滑；叶片卵状三角形至狭卵形，(10~26) cm×(8~22) cm，先端渐尖，基部心形，三至四回羽裂；羽片10~15对，互生，斜展，密接，有柄，基部1对羽片最大，狭三角形至三角状披针形，(5~14) cm×(2.5~5) cm，先端短尖至渐尖；小羽片上先出，长圆披针形；向上的羽片渐狭缩，末回裂片全缘或有1~2个钝齿。叶革质，两面光滑，干后绿色，日久后褐色；叶脉羽状，上面不显，下面可见，小脉较粗。孢子囊群顶生小脉，位于末回小羽片或裂片上缘；囊群盖近圆形或扁圆形，基部着生，宿存。

【生境与分布】生于海拔150~1300 m的山谷溪边林下，附生于树干或石上。分布于云南、四川、贵州、湖南、广西、广东、台湾、福建、浙江、江西、安徽等地；越南、老挝亦有。

【药用价值】根茎或全草入药，祛风除湿，清热解毒。主治风湿痹痛，湿热黄疸，咳嗽，哮喘，肺痈，乳痈，牙龈肿痛，白喉，淋病，带下，蛇伤。

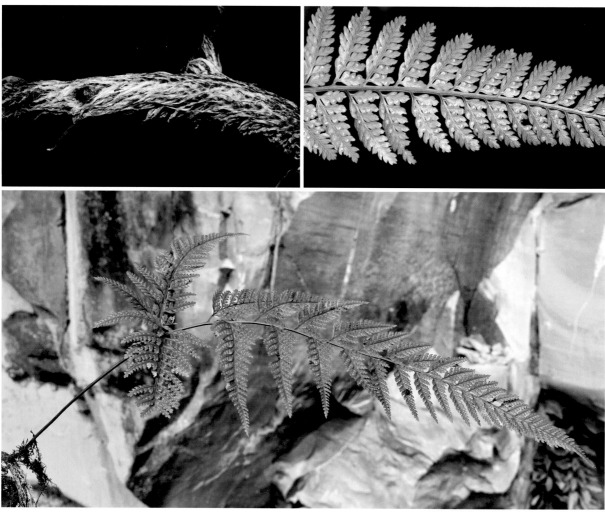

圆盖阴石蕨

云南小膜盖蕨

云南小膜盖蕨
Davallia yunnanensis Christ

【形态特征】植株高30~60 cm。根状茎长而横走；鳞片棕色，阔卵形，先端钝，贴生。叶远生；叶柄禾秆色至淡绿色，13~30 cm，基部密被鳞片，向上稀少至光滑；叶片卵形，(17~30) cm×(10~20) cm，先端渐尖，基部心形，四回细羽裂；羽片10~15对，斜展，基部1对最大，卵状三角形，(8~15) cm×(5~9) cm，向上的羽片渐小，渐变为披针形；小羽片和二回小羽片上先出；末回裂片常为镰状长圆形，斜展，先端短尖或钝。叶坚草质，干后绿色，幼时下面有透明短毛，后变光滑；叶脉分离，两面稍凸起，每裂片有小脉1条。孢子囊群小，顶生小脉上；囊群盖杯形，膜质，全缘，以基部及两侧的下部着生。

【生境与分布】生于海拔600~1300 m的山谷林下石上及峭壁上。分布于云南、贵州、广西等地；越南亦有。

【药用价值】全草入药，清热解毒，消炎。主治跌打损伤，烧烫伤，刀伤，食物中毒。

团叶槲蕨

水龙骨科 POLYPODIACEAE

　　小型至中大型附生植物，少为土生草本植物。根状茎长而横走，直立或有时斜升。叶一型或二型，二列生于根状茎的前部，以关节着生，单叶而全缘、多少深裂或为羽状分裂，草质、纸质或为革质，被各式的毛或无毛；叶脉为各式的网状，槲蕨型或少羽状分裂，网眼内通常有分叉的内藏小脉。孢子囊群着生于叶面或陷入叶肉内，通常为圆形、椭圆形、线形或有时满布于能育叶背面的全部或部分，着生于分离小脉的先端或近先端，或着生于网脉的交结点，或聚生成线形的汇生囊群（常与主脉或侧脉平行或斜升）；无囊群盖，隔丝有或无。

　　约65属1652种，世界广布，主产于热带或亚热带地区；我国30属270余种，主产于长江以南。

槲蕨亚科 Subfam. DRYNARIOIDEAE

连珠蕨属 *Aglaomorpha* Schott

　　大、中型植物，多附生或石生。根状茎粗，横走；横截面有多条维管束排成1或2圈；鳞片基部着生，假盾状着生或盾状着生，边缘具齿，或睫状。叶有或无关节，一型或二型，有时叶内二型，有的种类无柄，基部扩大；叶覆瓦状或分离，呈鸟巢状；叶片深羽裂或一回羽状，绿色；若叶二型，基部叶特化以收集腐殖质，无柄，圆形或卵状椭圆形，全缘至分裂，通常不含叶绿素，干膜质或坚革质；脉序极复杂，大网眼被叶脉和连接脉分隔成许多小网眼。能育部分与不育部分相似或者通常较狭。孢子囊群小，沿连接脉或小脉成行排列，或明显扩大形成孢子囊堆。孢子表面具刺，疣状或颗粒状。

　　约30种，分布于旧热带、亚热带；我国12种。

团叶槲蕨

Aglaomorpna bonii (Christ) P. S. Wang

　　【形态特征】植株高达1 m。根状茎短，横走，密被鳞片；鳞片盾状，阔卵形，向上突然狭缩，先端纤维状，边缘睫状。叶二型：基生特化叶无柄，圆形或近圆形，纸质至近革质，光滑，（4~12）cm ×（4~13）cm，基部心形，边缘全缘至波状；能育叶远生，柄长7~40 cm，明显有翅，基部具鳞片；叶片长圆形，（15~76）cm ×（12~40）cm，羽状深裂几达叶轴；裂片2~7对，互生，斜展，长圆披针形，（7~29）×（2~6.5）cm，基部稍狭缩并下延，边缘通常全缘或波状，先端渐尖至长渐尖。孢子囊群小，直径不及1 mm，不规则地分散于叶背。

　　【生境与分布】生于海拔300~800 m的山谷林下石上或树干上。分布于云南、贵州、广西、广东、海南等地；印度、马来西亚、泰国、柬埔寨、越南亦有。

　　【药用价值】根状茎入药，益肾气，壮筋骨，散瘀止血。主治肾虚耳鸣，牙痛，跌打损伤，骨折，风湿腰痛，外伤出血。

团叶槲蕨

崖姜

Aglaomorpha coronans (Wallich ex Mettenius) Copeland

【形态特征】植株常高过1 m。根状茎横卧，粗壮，肉质，密被鳞片；鳞片线状钻形，边缘睫状。叶一型，簇生，排列成鸟巢状，无柄；叶片长圆倒披针形，长90~120 cm，中部以上宽25~30 cm，基部扩大，浅裂，向上深羽裂；裂片多数，披针形，全缘，边缘加厚，先端圆、短尖或渐尖。叶硬革质，光滑，干后有光泽；叶脉网状，下面明显，方形小网眼内具分叉的内藏小脉。孢子囊群近圆形，在每对侧脉间1行。

【生境与分布】生于海拔800 m以下的河谷石上或树干上。分布于云南、贵州、西藏、广西、广东、海南、台湾、福建等地；印度、尼泊尔、缅甸、泰国、老挝、越南、马来西亚、日本亦有。

【药用价值】根茎入药，清热解毒，祛风除湿，舒筋活络。主治跌打损伤，骨折，中耳炎，风湿关节炎等。

崖姜

川滇槲蕨

川滇槲蕨

Aglaomorpha delavayi (Christ) P. S. Wang

　　【形态特征】植株高30~42 cm。根状茎横走；鳞片线状披针形。叶二型：基生特化叶棕色，无柄，卵形或椭圆形，羽状深裂；能育叶具柄，柄有翅；叶片椭圆形至披针形，（25~32）cm×（12~20）cm，羽状深裂几达叶轴；裂片约8对，互生或对生，略斜展，长圆披针形，（6~10）cm×（1.5~2.4）cm，边缘具浅齿，光滑或略有毛，先端短尖；叶片两面，尤其沿中肋和叶脉疏被毛。孢子囊群较大，沿中肋每侧1行，紧靠中肋。

　　【生境与分布】生于海拔1900 m的山麓阳处石上。分布于云南、四川、贵州、西藏、陕西、甘肃、青海等地；不丹、缅甸亦有。

　　【药用价值】根状茎入药，补肾强骨，续筋止痛。主治肾虚腰痛，耳鸣耳聋，牙齿松动，跌扑闪挫，筋骨折伤，斑秃，白癜风。

石莲姜槲蕨

Aglaomorpha propinqua (Wallich ex Mettenius) P. S. Wang

【形态特征】植株高达80 cm。根状茎长而横走；鳞片棕色，披针形，较坚挺；叶二型：基生特化叶阔卵形，羽状深裂；能育叶具柄，柄长6~30 cm，略有翅或无翅，基部明显有关节并具鳞片；叶片阔卵形至卵状长圆形，（17~50）cm ×（14~30）cm，羽状深裂几达叶轴；裂片约10对，互生，斜展，线状披针形，中部裂片（9~20）cm ×（1.1~3）cm，边缘具浅齿，光滑，先端短尖至渐尖。孢子囊群较大，在中肋每侧1行，紧靠中肋。

【生境与分布】生于海拔300~1400 m的石上或树干上。分布于云南、四川、贵州、西藏、广西等地；印度、尼泊尔、不丹、缅甸、泰国、越南亦有。

【药用价值】根状茎入药，补肾强骨，活血止痛。主治肾虚腰痛，足膝痿弱，耳鸣耳聋，牙痛，溃尿，跌打骨折及斑秃。

石莲姜槲蕨

槲蕨

Aglaomorpha roosii (Nakaike) P. S. Wang

【形态特征】植株高25~80 cm。根状茎短，横走；鳞片棕色，线状披针形。叶二型；基生特化叶棕色或灰褐色，干膜质，阔卵形，(3~10)cm×(2.5~7)cm，羽状深裂；能育叶具柄，柄有翅；叶片狭卵形至长圆披针形，(20~67)cm×(7~28)cm，羽状深裂几达叶轴；裂片6~14对，互生，略斜展，中部的长圆披针形，(4~15)cm×(1.5~3.2)cm，边缘具不明显的齿，先端短尖。孢子囊群较大，沿中肋每侧2~4行，紧靠中肋。

【生境与分布】生于海拔150~1500 m的石上或树干上。分布于云南、四川、贵州、重庆、湖南、广西、广东、江西、福建、台湾、浙江、江苏、安徽、湖北等地；印度、泰国、老挝、越南亦有。

【药用价值】根状茎入药，补肾壮骨，活血止痛。主治肾虚腰痛，足膝痿弱，耳鸣耳聋，牙痛，遗尿，跌打骨折及斑秃。

槲蕨

节肢蕨属 *Arthromeris* (T. Moore) J. Smith

中等附生或陆生植物。根状茎长而横走；鳞片盾状着生。叶远生，一型，与根状茎的叶足有关节，叶足短，具鳞片。叶柄禾秆色或棕色至呈紫色，光滑或具柔毛。叶片奇数一回羽状或单一，草质、纸质至革质，光滑或具柔毛，少有背面具鳞片者。羽片与叶轴有关节，多无柄，披针形，边缘全缘并为软骨质，先端渐尖至尾状；中肋和侧脉明显；小脉不显，网状，网眼内有单一或分叉的内藏小脉。孢子囊群圆形或伸长，在中肋每侧具规则的1行或不规则的数行，无囊群盖和隔丝。孢子二面体形，表面疣状，常具刺状纹饰。

约20种，分布于亚洲热带和亚热带地区；我国17种。

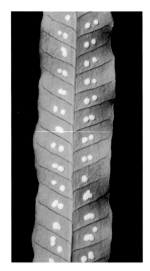

节肢蕨
Arthromeris lehmannii (Mettenius) Ching

【形态特征】植株高达60 cm。根状茎长而横走，鳞片棕色，披针形或钻形，边缘疏睫状。叶远生；叶柄长10~20 cm，禾秆色；叶片长圆形或长圆披针形，约为40cm×（15~25）cm，奇数一回羽状；侧生羽片3~8对，平展或略斜展，无柄，披针形，先端长尾状，基部稍变狭，多少呈心形，略覆盖叶轴，边缘全缘，平坦，有膜质阔边；顶生羽片与侧生羽片同形，有短柄。叶纸质，两面光滑。孢子囊群在中肋每侧2~3行。

【生境与分布】生于海拔1200~1500 m的石上或树干上。分布于云南、四川、贵州、西藏、湖南、广西、广东、海南、台湾、浙江、江西、湖北等地；印度、尼泊尔、不丹、缅甸、泰国、越南、菲律宾亦有。

【药用价值】全草入药，活血散瘀，解毒。主治狂犬咬伤。

节肢蕨

龙头节肢蕨

Arthromeris lungtauensis Ching

【形态特征】附生植物。根状茎密被鳞片，鳞片脱落处露出白粉；鳞片卵状披针形，盾状着生处深棕色，其余部分淡棕色或偶有灰白色。叶远生；叶柄长10~20 cm，淡紫色，光滑无毛；叶片一回羽状，（30~40）cm×（25~30）cm；羽片5~7对，披针形或卵状披针形，边缘全缘。侧脉明显，小脉网状，不明显。叶片纸质，两面被毛，通常羽片背面中脉和侧脉的毛较长而叶肉的毛较短，毛被较密而整齐。孢子囊群在羽片中脉两侧各多行，不规则分布。

【生境与分布】生于海拔700~1 600 m的山坡林下或谷底溪边石上、石隙。分布于四川、贵州、湖南、广西、广东、江西、福建、浙江、湖北等地；尼泊尔、老挝、越南亦有。

【药用价值】根茎入药，清热利尿，止痛。主治尿路感染，骨折，小便不利。

龙头节肢蕨

雨蕨属 *Gymnogrammitis* Griffith

中、小型附生或石生植物。根状茎横走，连同叶柄基部密生鳞片。叶一型；叶柄以关节着生于叶足，基部以上光滑；叶片细裂，三至四回羽状；末回小羽片或裂片长圆形至线形，宽不及1 mm，先端钝或短尖，全缘，有叶脉1条，不达叶边。叶薄草质，光滑。孢子囊群圆形，小，无囊群盖，通常每裂片1枚。孢子二面体形，在电镜下外壁光滑，周壁具疣状纹饰。

单种属，主产于东亚地区。

雨蕨
Gymnogrammitis dareiformis (Hooker) Ching ex Tardieu & C. Christensen

【形态特征】物种特征同属特征。

【生境与分布】生于海拔1300~1700 m的树干上或石壁上。分布于云南、贵州、西藏、湖南、广西、海南等地；印度、尼泊尔、不丹、缅甸、泰国、越南亦有。

雨蕨

雨蕨

修蕨属 *Selliguea* Bory

　　小型土生或附生植物。根状茎横走；鳞片不透明，披针形。叶远生，与根状茎有关节，一型或二型，能育叶较狭长。叶柄通常光滑，少有被毛者，基部有鳞片。叶片单一，戟状三裂、掌状或羽状深裂，罕有羽状，草质至革质，光滑或被毛，边缘明显软骨质，全缘、缺刻状或具齿；叶脉网状，侧脉明显，网眼内有内藏小脉。孢子囊群圆形，在中肋每侧1行，稀线形。孢子二面体形，周壁具颗粒状、刺状纹饰。

　　约70种，分布于旧热带、亚热带地区；我国48种。

白茎假瘤蕨
Selliguea chrysotricha (C. Christensen) Fraser-Jenkins

　　【形态特征】附生植物。根状茎细长而横走，被白粉和稀疏的鳞片；鳞片基部阔，盾状着生，中上部狭披针形，顶端渐尖，全缘；叶远生，二型，单叶；叶柄长5~10 cm，禾秆色，光滑无毛；叶片卵形，（5~10）cm×（3~6）cm，基部圆形至浅心形，顶端尾尖，具软骨质边，基部楔形。叶脉两面明显，侧脉略曲折，小脉网状，具内藏小脉。叶革质，两面光滑无毛，表面绿色，背面灰绿色。孢子囊群在叶片中脉两侧各1行，位于中脉与叶片边缘之间。

　　【生境与分布】生于海拔1900~3100 m的常绿阔叶林下，附生于树干或石灰岩石上。分布于云南、贵州等地；缅甸亦有。

白茎假瘤蕨

紫柄假瘤蕨

紫柄假瘤蕨

Selliguea crenatopinnata (C. B. Clarke) S. G. Lu

【形态特征】植株高14~35 cm。根状茎上的鳞片贴生，卵形至卵状披针形，中央深棕色至黑色，边缘淡棕色，睫状，先端渐尖。叶一型；叶柄紫色或栗褐色，5~18 cm，光滑，有光泽；叶片三角形至长圆形，（7~18）cm×（7~10）cm，基部平截或圆楔形，先端渐尖，一至二回羽裂；裂片3~7对，略斜展，长圆形，先端钝或短尖，边缘具圆齿或波状，基部裂片常不规则地羽裂。叶纸质，两面光滑；主脉和侧脉两面凸起。孢子囊群圆形或椭圆形，中生或略近主脉。

【生境与分布】生于海拔1100~2600 m的酸性山地林缘、灌丛下石隙。分布于云南、四川、西藏、湖南、广西等地；印度亦有。

【药用价值】全草入药，清热解毒，舒筋活血，止血，消食。主治咽喉痛，瘰疬，小儿惊风，风湿骨痛，淋症，吐血，跌打损伤，毒蛇咬伤，狂犬咬伤。

恩氏假瘤蕨

恩氏假瘤蕨

Selliguea engleri (Luerssen) Fraser-Jenkins

【形态特征】植株高15~24 cm。根状茎上的鳞片红棕色，线状披针形，全缘。叶一型。叶柄禾秆色或淡棕色，6~11 cm，光滑；叶片单一，狭披针形，（8~14）cm×（1.5~2.5）cm，基部楔形，先端短渐尖，边缘波状，缺刻不明显。叶纸质，两面光滑；中肋两面凸起，侧脉可见。孢子囊群圆形，表面生，稍近中肋。

【生境与分布】生于海拔约700 m的溪边林下石上。分布于贵州、广西、江西、福建、台湾、浙江等地；日本、朝鲜亦有。

大果假瘤蕨

Selliguea griffithiana (Hooker) Fraser-Jenkins

【形态特征】附生植物。根状茎长而横走，密被鳞片；鳞片披针形，棕色，顶端渐尖，全缘。叶远生，单叶；叶柄长5~15 cm，禾秆色，光滑无毛；叶片披针形，（10~25）cm×（3~4）cm，全缘，基部最宽，阔楔形，顶端短渐尖。侧脉两面明显，小脉不明显。叶革质或厚纸质，表面绿色，背面灰绿色，两面光滑无毛。孢子囊群大，圆形，在中脉两侧各1行，紧靠近中脉着生。

【生境与分布】生于海拔1300~3200 m的常绿阔叶林下，附生于树干或生岩石上。分布于云南、四川、贵州、西藏、安徽等地；印度、尼泊尔、不丹、缅甸、泰国和越南亦有。

【药用价值】全草入药，清热，凉血，解毒。主治痈疡，肿毒，瘰疬，恶疮，暴赤火眼，淋病，肠风。

大果假瘤蕨

金鸡脚假瘤蕨

Selliguea hastata (Thunberg) Fraser-Jenkins

【形态特征】植株高8~43 cm。根状茎上的鳞片卵状披针形，红棕色，边缘疏具齿或几全缘。叶一型；叶柄禾秆色，3~24 cm，基部被鳞片，向上光滑；叶片单叶至指状，通常戟形；单叶者：卵形至狭披针形，(3~15) cm ×(0.8~1.8) cm，基部楔形、圆楔形或圆形，先端短尖或渐尖，边缘缺刻状；戟形或指状叶片：(6~21) cm ×(4~15) cm，基部楔形或阔楔形；裂片披针形，(5~18) cm ×(1~2.5) cm，先端渐尖，边缘全缘或波状，或疏缺刻状。叶纸质，两面光滑，下面多少呈灰白色；主脉和侧脉稍凸起。孢子囊群圆形，生中肋与叶缘间。

【生境与分布】生于海拔1300 m以下的酸性山地的山坡路边、林缘、灌丛下。分布于长江以南各省区（海南除外），北达山东、河南、陕西、甘肃；日本、朝鲜、俄罗斯远东、菲律宾亦有。

金鸡脚假瘤蕨

宽底假瘤蕨

Selliguea majoensis (C. Christensen) Fraser-Jenkins

【形态特征】植株高11~30 cm。根状茎上的鳞片卵状披针形，中央深棕色，边缘淡棕色，全缘，先端毛发状。叶一型；叶柄禾秆色，2~12 cm，光滑；叶片单一，长圆披针形，（7~18）cm×（2.5~4）cm，基部圆形或圆楔形，先端短尖或短尾尖，边缘全缘或波状，偶有少数缺刻。叶厚纸质至近革质，两面光滑，下面灰白色；主脉上面有浅沟，下面隆起，侧脉两面明显。孢子囊群圆形，靠近主脉。

【生境与分布】生于海拔500~1900 m的阴湿溪边或沟渠边石上、林下树干上。分布于云南、四川、湖南、广西、江西、安徽、湖北、陕西等地；泰国、缅甸、印度尼西亚亦有。

【药用价值】全草入药，清热解毒，凉血止血，利水通淋。主治痈疽肿毒，肺热咳嗽，淋证，肠风下血。

宽底假瘤蕨

喙叶假瘤蕨
Selliguea rhynchophylla (Hooker) Fraser-Jenkins

【形态特征】植株高9~20 cm。根状茎上的鳞片淡棕色，卵状披针形，先端尾尖，边缘具齿。叶二型；不育叶远比能育叶小，叶柄0.5~3 cm，叶片单一，卵形或长圆形，（1~5）cm×（1~1.6）cm，基部楔形，先端钝，边缘缺刻状；能育叶柄长2~8 cm，叶片狭披针形，（5~14）cm×（0.5~1.2）cm，先端变狭，喙状，近革质，两面光滑。孢子囊群圆形，生能育叶片上部，位于中肋与叶缘之间。

【生境与分布】生于海拔800~1500 m的河谷石上、林下树干上。分布于云南、四川、贵州、湖南、湖北、广西、广东、江西、福建、台湾等地；印度、尼泊尔、缅甸、泰国、老挝、柬埔寨、越南、印度尼西亚、菲律宾亦有。

【药用价值】全草入药，清热利尿。主治淋证，尿浊。

喙叶假瘤蕨

斜下假瘤蕨

Selliguea stracheyi (Ching) S. G. Lu, Hovenkamp & M. G. Gilbert

【形态特征】植株高15~30 cm。根状茎上的鳞片卵状披针形,中央栗褐色,边缘及先端棕色,睫状,先端渐尖。叶一型;叶柄禾秆色至棕禾秆色,4~15 cm,光滑;叶片三角形至三角状长圆形,(8~15)cm×(6~13)cm,羽状深裂几达叶轴;裂片2~6对,对生,披针形,基部1对裂片较大,常多少反折,(4~7)cm×(1~2.2)cm;其余裂片平展或斜升,边缘疏具齿。叶纸质,正面光滑,背面沿叶轴及主脉多少具棕色卵形鳞片;主脉和侧脉明显,斜展。孢子囊群圆形或近圆形,靠近主脉。

【生境与分布】生于海拔2000~2500 m的山顶附近湿石上、石壁上。分布于云南、四川、贵州、西藏、湖北、河南、陕西等地;印度、尼泊尔、不丹亦有。

【药用价值】全草入药,清热凉血,利水通淋。主治肺热咳嗽,小便淋痛,肠风下血。

斜下假瘤蕨

细柄假瘤蕨
Selliguea tenuipes (Ching) S. G. Lu

【形态特征】植株高7~16 cm。根状茎上的鳞片亮红棕色，披针形，全缘。叶一型；叶柄禾秆色，细而坚，1~7 cm，光滑；叶片单一，狭长圆披针形，(3~9.5) cm×(0.5~0.9) cm，基部圆，先端钝，边缘缺刻状。叶纸质，两面光滑，上面总有钙质小圆点；主脉和侧脉明显。孢子囊群圆形，生主脉与叶缘间。

【生境与分布】生于海拔1400~2100 m的石灰岩山林下石上。分布于贵州、四川等地。

细柄假瘤蕨

三出假瘤蕨

Selliguea trisecta (Baker) Fraser-Jenkins

【形态特征】植株高18~28 cm。根状茎上的鳞片卵状披针形，中间深棕色，边缘色淡，睫状。叶一型；叶柄禾秆色，4~12 cm，基部被鳞片，向上被毛；叶片戟形或三角形，（11~20）cm×（10~19）cm，基部宽楔形或浅心形，通常三裂；裂片披针形，（7~16）cm×（2~4）cm，先端渐尖，边缘全缘或波状，中央裂片最大；叶片有时二或四裂。叶草质，两面被柔毛；中肋凸起，侧脉明显，多少曲折。孢子囊群圆形，略近中肋着生。

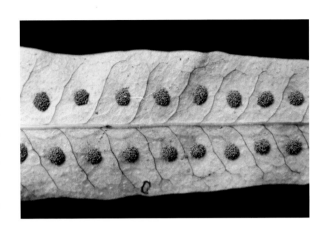

【生境与分布】生于海拔1800~2100 m的灌丛下。分布于云南、贵州、四川等地；缅甸、泰国亦有。

【药用价值】全草入药，利尿通淋，清热解毒。主治淋证，尿浊，水肿，带下，咽痛，中暑，痈疮肿毒。

三出假瘤蕨

星蕨亚科 Subfam. MICROSOROIDEAE

伏石蕨属 *Lemmaphyllum* C. Presl

小型附生或石生植物。根状茎纤细，横走，鲜时绿色；鳞片卵状披针形，粗筛孔状。叶远生，单一、二型或近二型，鲜时近肉质；叶柄具关节；不育叶圆形、卵形、椭圆形或披针形，干后革质，光滑或疏具鳞片，边缘全缘；能育叶线形或线状披针形。叶脉网状，通常不显，主脉两面稍凸起，内藏小脉单一或分叉。孢子囊群线形或圆形，成1行与主脉平行，幼时被盾状隔丝。孢子二面体形，表面具不规则的块状或穴状纹饰。

约9种，主产于东亚地区；我国5种。

披针骨牌蕨
Lemmaphyllum diversum (Rosenstock) Tagawa

【形态特征】植株高10~15 cm。根状茎疏被鳞片；鳞片褐色，钻状披针形，边缘具齿。叶远生，二型。不育叶片披针形，（4~8）cm ×（1.5~2.5）cm，基部楔形，略下延，先端短尖至渐尖，全缘。能育叶片狭披针形至线状披针形，（6~12）cm ×（1~2）cm，具1~3 cm长的柄。孢子囊群圆形，有时为长圆形，分离，在中肋每侧1行，稍近中肋。

【生境与分布】生于海拔800~2000 m的阴湿林下石上或树干上。分布于云南、四川、贵州、湖南、广西、广东、江西、福建、台湾、浙江、安徽、湖北、陕西、甘肃等地；尼泊尔、印度北部、泰国、缅甸、越南、菲律宾等亦有。

【药用价值】全草入药，清热利湿，止血止痛。主治肺热，咳嗽，风湿关节痛，小儿高热，跌打损伤，外伤出血。

披针骨牌蕨

抱石莲

Lemmaphyllum drymoglossoides (Baker) Ching

【形态特征】植株高达6 cm。根状茎疏被鳞片；鳞片褐色，基部近圆形，向先端钻形，边缘具齿。叶远生，二型。不育叶几无柄，叶片倒卵形至椭圆形，(1.5~3) cm×(1~1.5) cm，基部楔形或狭楔形，边缘全缘，先端圆；能育叶近无柄至有长1 cm的柄，叶片舌形或狭披针形，(3~6) cm×(0.4~0.9) cm，下面疏被鳞片，正面光滑，基部变狭。孢子囊群圆形，在中肋每侧1行，位于中肋和叶边之间。

【生境与分布】生于海拔300~1500 m的林下及河谷溪边的石上或树干上。广布于长江以南各省区，北达陕西、甘肃，南至广东、广西；印度、泰国、缅甸、越南等亦有。

【药用价值】全草入药，清热解毒，除湿化瘀。主治咽喉痛，肺热咳血，风湿关节痛，淋巴结炎，胆囊炎，石淋，跌打损伤，疔毒痈肿。

抱石莲

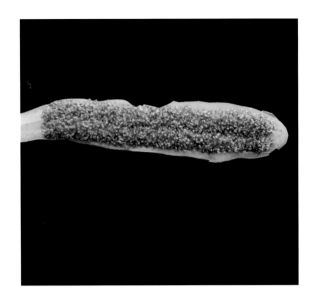

伏石蕨
Lemmaphyllum microphyllum C. Presl

【形态特征】植株与肉质伏石蕨相似，但较小，高仅达6 cm；不育叶片（1~1.5）cm×（1~1.5）cm，基部圆形或圆楔形，质地较薄，干后边缘多少反卷。

【生境与分布】生于海拔700~1000 m的林下树干上、石上。分布于云南、贵州、湖南、广西、广东、江西、福建、台湾、浙江、安徽、湖北等地；越南、韩国、日本亦有。

【药用价值】全草入药，清热止咳，凉血止血，清热解毒。主治肺热咳嗽，肺痈，咯血，吐血，衄血，尿血，便血，崩漏，咽喉肿痛，腮腺炎，痢疾，瘰疬，痈疮肿毒，皮肤湿痒，风火牙痛，风湿骨痛。

伏石蕨

骨牌蕨

Lemmaphyllum rostratum (Beddome) Tagawa

【形态特征】植株高5~14 cm。根状茎疏被鳞片；鳞片钻状披针形，边缘具齿。叶远生，一型或近二型；叶片披针形，椭圆形，菱状卵形或梨形，但能育叶片几乎总为披针形，(5~10) cm×(1.5~3) cm，基部楔形，下延，先端短尖至渐尖，全缘。孢子囊群圆形，通常生于叶片最宽处以上，在中肋每侧1行。

【生境与分布】生于海拔900~1900 m的林下石上或树干上。分布于云南、四川、贵州、湖南、广西、广东、海南、台湾、浙江、湖北、甘肃等地；印度、尼泊尔、不丹、缅甸、泰国、老挝、柬埔寨、越南、日本亦有。

【药用价值】全草入药，清热利尿，除烦清热。主治淋沥癃闭，热咳，心烦，淋症，感冒，疮肿。

骨牌蕨

鳞果星蕨属 *Lepidomicrosorium* Ching & K. H. Shing

中、小型植物，幼时土生，此后攀援树干或石上。根状茎鞭状，长达1 m，甚至可达2~3 m，密被鳞片；鳞片红棕色，披针形，透明，粗筛孔状，边缘疏具齿，先端长渐尖。叶远生，无柄或有明显的柄；叶片通常披针形至线状披针形，但个别种类形体多样；草质至纸质，除中肋下面幼时有少数粗筛孔状小鳞片外，均光滑；中肋突出，叶脉网状，可见或不显，内藏小脉单一或分叉。孢子囊群圆形，小，往往密集地散布；盾状隔丝幼时覆盖于孢子囊群上，或无盾状隔丝。

约4或5种，东亚分布；我国均产，分布于华南及西南地区。

鳞果星蕨
Lepidomicrosorium buergerianum (Miquel) Ching & K. H. Shing ex S. X. Xu

【形态特征】植株在地面高10~25 cm。根状茎长而横走并攀援；鳞片棕色或深棕色，披针形，边缘具齿。叶远生，近无柄或有长达9 cm的柄，禾秆色；叶多形；地上或根状茎下部形如常春藤叶，叶片基部心形有耳，或截形，或宽楔形；根状茎上部的叶披针形，基部圆形或狭楔形并下延；叶片（10~20）cm×（1.5~5）cm，草质至纸质，绿色，叶脉不显或可见；中肋下面偶有小鳞片，两面凸起。孢子囊群通常圆形，分散，幼时有盾状隔丝。

【生境与分布】生于海拔700~1600 m的林下，攀援于石上或树干上。分布于云南、四川、贵州、重庆、湖南、广西、江西、浙江、湖北、甘肃等地；越南、日本亦有。

鳞果星蕨

线叶鳞果星蕨
Lepidomicrosorium lineare Ching & P. S. Chiu

【形态特征】植株在地面高20~30 cm或过之。根状茎长而横走并攀援；鳞片棕色或深棕色，披针形，透明，边缘具齿。叶远生，无柄或几无柄；叶片线形，（20~30）cm×（1.4~1.8）cm，基部变狭，下延，先端渐尖，边缘全缘或波状；叶薄纸质，干后淡绿色或灰绿色；叶脉不显或可见；中肋下面偶有小鳞片，两面凸起。孢子囊群圆形或近圆形，分散，幼时有盾状隔丝。

【生境与分布】生于海拔1400~1700 m的密林下，攀援于石上或树干上。分布于云南、贵州、广西等地。

线叶鳞果星蕨

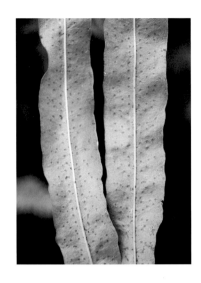

滇鳞果星蕨

Lepidomicrosorium subhemionitideum (Christ) P. S. Wang

【形态特征】植株在地面高30~48 cm。根状茎长而横走并攀援；鳞片棕色，披针形，边缘具齿。叶远生；叶柄长达10 cm，棕禾秆色至红褐色；叶片狭披针形，（25~40）cm×（2.5~5）cm，基部楔形至狭楔形，长下延，先端渐尖至尾尖，边缘全缘或波状；叶草质，干后褐绿色；叶脉在叶片下面可见；中肋下面偶有披针形小鳞片，两面凸起。孢子囊群圆形或近圆形，分散，幼时有盾状隔丝。

【生境与分布】生于海拔600~1600 m的密林下，攀援于石上或树干上。分布于云南、四川、贵州、西藏、湖南、广西等地；印度、尼泊尔、不丹、缅甸、越南亦有。

【药用价值】根茎入药，清热止咳，活血通络，除湿止痛。主治咳嗽，骨折，跌打损伤，劳伤疼痛，风湿痹痛。

滇鳞果星蕨

瓦韦属 *Lepisorus* (J. Smith) Ching

中、小型附生或石生植物。根状茎横走；鳞片盾状着生，粗筛孔状，卵形、圆形或披针形。叶单一，远生或近生，通常一型；叶柄一般禾秆色；叶片多为披针形至线形，边缘全缘或波状，多呈革质或纸质，少有草质者，两面光滑或下面疏被鳞片。中肋显著，侧脉常不清，小脉网状，网眼的内藏小脉单一或分叉。孢子囊群圆形或椭圆形，有时融合成线状的汇生囊群，在中肋每侧1列，幼时有盾状隔丝覆盖。孢子二面体形，表面纹饰多为块状或波纹状。

约80种，主产于东亚地区；我国49种。

星鳞瓦韦　黄瓦韦
Lepisorus asterolepis (Baker) Ching

【形态特征】植株高10~25 cm。根状茎长而横走，密被鳞片；鳞片棕色，边缘色淡，卵形，全缘，透明。叶疏生；叶柄3~8 cm；叶片披针形，（10~20）cm×（1.2~3）cm。中部以下最宽，先端短尖，基部狭楔形，下延，边缘全缘。叶革质，干后两面黄绿色，下面疏生鳞片；中肋两面凸起，侧脉不显。孢子囊群圆形或椭圆形，生中脉与叶缘之间，下陷。

【生境与分布】生于海拔800~2300 m的林下石上及树干上。分布于云南、西藏、四川、贵州、重庆、湖南、广西、江西、浙江、江苏、安徽、陕西等地；印度、尼泊尔、日本亦有。

【药用价值】全草入药，消炎解毒，止血。主治发热咳嗽，大便秘结，淋症，水肿，疔毒痈肿，外伤出血。

星鳞瓦韦

二色瓦韦

二色瓦韦

Lepisorus bicolor (Takeda) Ching

【形态特征】植株高15~32 cm。根状茎横走，密被鳞片；鳞片贴生，两色，中央几为黑色，边缘淡棕色，阔卵形，具细齿；鳞片间有白色粉末。叶近生或疏生；叶柄短或几无柄，达2 cm，禾秆色，疏被鳞片；叶片披针形，(15~30) cm ×(1.5~2.8) cm。中部以下最宽，先端渐尖，基部楔形，下延，边缘全缘。叶草质，两面光滑或几光滑；中肋两面凸起，下面疏生鳞片；叶脉通常不显。孢子囊群圆形或椭圆形，稍近中脉，多少下陷。

【生境与分布】生于海拔1400~2600 m的林下石上及树干上。分布于云南、西藏、贵州、四川等地；印度、尼泊尔亦有。

【药用价值】全草入药，利尿通淋，清热利湿。主治风湿痛、淋症、泄泻、咽喉痛、麻疹、烧烫伤。

二色瓦韦

扭瓦韦
Lepisorus contortus (Christ) Ching

【形态特征】植株高10~27 cm。根状茎长而横走，密被鳞片；鳞片卵状披针形，中央深棕色至黑色，边缘淡棕色，具细齿；先端毛发状。叶疏生；叶柄通常禾秆色，1~3 cm；叶片披针形至线状披针形，（10~25）cm×（0.6~1.5）cm，革质，基部楔形，下延，边缘干后常外卷，黄绿色，先端短渐尖；中肋两面凸起，叶脉不显。孢子囊群生叶片上半部，稍近中肋，幼时长圆形，成熟时近圆形，常彼此相接。

【生境与分布】生于海拔500~2400 m的林下石上及树干上。分布于云南、西藏、四川、贵州、重庆、湖南、广西、江西、浙江、安徽、湖北、河南、陕西、甘肃等地；印度、尼泊尔、不丹亦有。

【药用价值】全草入药，清热解毒，消炎止痛。主治跌打损伤，烧烫伤。

扭瓦韦

带叶瓦韦

Lepisorus loriformis (Wallich ex Mettenius) Ching

【形态特征】植株高20~30 cm。根状茎横卧，密被鳞片；鳞片卵状披针形，黑色，网眼等直径，大而透明，边缘具粗大锯齿。叶簇生或近生，近无柄；叶片长线形，（13~25）cm×3 mm，干后边缘强烈反卷，两面均呈淡黄色，革质到厚革质。孢子囊群卵形或圆形及短棒状，较靠近主脉，通常被反卷的叶边略加覆盖，成熟时囊群胀大，使叶片边缘呈波状。隔丝呈不规则形，边上有突起，近黑色。

【生境与分布】生于海拔1400~3000 m的常绿阔叶林或落叶阔叶林下，附生于树干或生岩石上。分布于云南、四川、西藏、湖北、陕西、甘肃等地；印度北部、尼泊尔和缅甸亦有。

带叶瓦韦

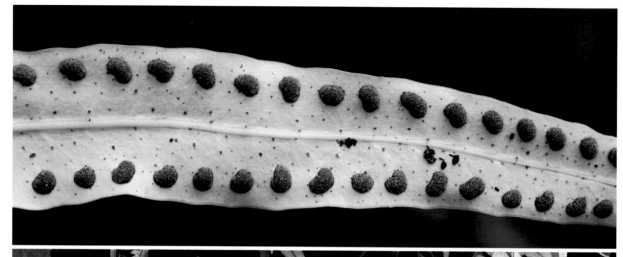

大瓦韦

大瓦韦
Lepisorus macrosphaerus (Baker) Ching

【形态特征】植株高达45 cm。根状茎长而横走，密被鳞片；鳞片棕色，卵形，先端圆，边缘全缘，透明。叶疏生；叶柄1~8 cm；叶片披针形，（20~40）cm×（1.5~4.5）cm。中部最宽，先端渐尖，基部楔形，长下延，边缘全缘。叶革质，干后褐色或褐绿色，下面疏生鳞片；中肋两面凸起，侧脉明显，小脉通常不清晰。孢子囊群大，圆形或椭圆形，边生或近边生。

【生境与分布】生于海拔800~2500 m的林下、林缘石上。分布于云南、四川、贵州、西藏、湖南、广西、江西、浙江、河南、甘肃等地；缅甸、越南等亦有。

【药用价值】全草入药，清热除湿，利尿解毒。主治小便短赤，疔疮痈毒，硫磺中毒，外伤出血。叶入药，主治膀胱湿热，血崩，月经不调。

丝带蕨

Lepisorus miyoshianus (Makino) Fraser-Jenkins & Subh. Chandra

【形态特征】植株高15~40 cm。根状茎横卧，密被鳞片；鳞片黑褐色，卵状披针形，边缘具齿。叶近生或簇生，通常下垂；叶柄短或几无柄；叶片线形，边缘强度反卷，（15~39）mm×（2.5~3）mm，光滑，鲜时肉质，干后革质，绿色；叶脉网状，不显；中肋上面凹陷，下面宽而凸起。孢子囊群线形，沿中肋两侧的纵沟着生并紧靠中肋，幼时被盾状隔丝。

【生境与分布】生于海拔800~2200 m的密林下及溪边石上或树干上。分布于云南、西藏、四川、贵州、湖南、广西、广东、台湾、浙江、安徽、江西、湖北、陕西等地；印度、日本亦有。

【药用价值】全草入药，清热熄风，活血。主治小儿惊风，劳伤。

丝带蕨

长瓦韦

Lepisorus pseudonudus Ching

【形态特征】植株高15~20 cm。根状茎横走，密被鳞片；鳞片披针形，褐色，粗筛孔，透明，基部阔卵状，先端长尾尖状，边缘具粗长刺。叶略近生；叶柄长2.5~5 cm，叶柄禾秆色或有时连同主脉呈淡粉红色；叶片狭披针形至近线形，[10~25(30)]cm×[(0.3)0.5~1.5]cm，长尾状渐尖头，向基部渐变狭并长下延，干后下面灰绿色或淡棕色，上面灰绿色，边缘略反卷。孢子囊群位于主脉与叶边之间，彼此远离。隔丝形似张开的大手掌，边缘具有指状的长芒刺，棕色。

【生境与分布】生于海拔2300~3800 m的杂木林下或山地暗针叶林下，附生于树干或岩石上。分布于云南、四川、西藏等地。

【药用价值】全草入药，清热利尿，祛湿通络，消肿止血，解硫黄毒。主治淋病，尿血，痢疾，痨热咳嗽，内伤吐血，金疮。

长瓦韦

薄唇蕨属 *Leptochilus* Kaulfuss

中、小型植物，主要石生或土生。根状茎长而横走；鳞片卵形或披针形，盾状着生，边缘全缘或具齿。叶远生，有关节，一型或二型，叶片单一，指状、羽裂或羽状，草质至薄革质；叶脉网状，复杂，内藏小脉单一或分叉。孢子囊群伸长至线形，稀圆形，有时孢子囊满布叶下面；孢子二面体形，表面通常光滑，或具刺及有颗粒状纹饰。

约25种，主产于亚洲；我国13种。

似薄唇蕨
Leptochilus decurrens Blume

【形态特征】根状茎密被鳞片；鳞片棕色或深棕色，披针形。叶远生，二型；不育叶的叶柄2~11 cm，叶片披针形，(22~42) cm×(4.5~8) cm，下部常突然变狭，长下延，边缘全缘或波状；能育叶的叶柄较长，7~20 cm，叶片线形，(18~24) cm×(0.4~0.6) cm。叶草质，光滑；侧脉明显凸出，稍曲折；内藏小脉单一或分叉。孢子囊群满布叶片下面。

【生境与分布】生于海拔500~1300 m的溪边、林下及石灰岩陷坑内石上。分布于云南、贵州、广西、海南、台湾等地；南亚及东南亚、太平洋岛屿亦有。

【药用价值】全草入药，跌打损伤。主治腰酸痛。

似薄唇蕨

掌叶线蕨

Leptochilus digitatus (Baker) Nooteboom

【形态特征】植株高达50 cm。根状茎长而横走；鳞片黑褐色，卵状披针形，边缘具齿，先端长渐尖至毛发状。叶远生；叶柄禾秆色，20~40 cm；叶片指状分裂，(10~13) cm×(12~18) cm；裂片通常5枚，披针形，(9~13) cm×(1.5~3) cm，基部狭，先端渐尖至尾状，边缘波状。叶草质至纸质；中肋明显隆起，侧脉斜展，内藏小脉多为单一。孢子囊群线形，沿侧脉生长。

【生境与分布】生于海拔600~700 m的溪边石上，石灰岩洞内外。分布于云南、贵州、广西、广东、海南等地；越南亦有。

【药用价值】叶入药，活血散瘀，止痛。主治跌打损伤，关节痛，蛇咬伤。

掌叶线蕨

线蕨（原变种）
Leptochilus ellipticus (Thunberg) Nooteboom var. *ellipticus*

【形态特征】植株高40~60 cm。根状茎长而横走；鳞片深棕色，卵状披针形。叶近二型，远生；不育叶的叶柄较短，羽片或裂片较宽；能育叶的叶柄禾秆色，18~35 cm；叶轴具翅，翅宽达3.2 cm；叶片羽状或深羽裂，卵状长圆形至椭圆状披针形，（16~25）cm×（7~14）cm；羽片（裂片）4~8对，对生或近对生，斜展，披针形至线状披针形，（5~10）cm×（0.7~1.5）cm，先端渐尖至长渐尖，基部变狭并下延，边缘全缘或略呈波状。叶纸质，光滑，干后褐色；叶轴具翅，每侧翅宽不及2 mm；中肋两面凸起；侧脉不显。孢子囊群线形，斜展，几达羽片边缘。

【生境与分布】生于海拔400~1400 m的林下、溪边、石生或土生。分布于云南、四川、贵州、湖南、广西、香港、海南、台湾、福建、浙江、江苏、安徽、江西等地；日本、韩国、越南亦有。

【药用价值】叶、全草入药，清热利尿，散瘀消肿。主治淋症，跌打损伤，肺结核。

线蕨（原变种）

曲边线蕨（变种）

曲边线蕨（变种）

Leptochilus ellipticus (Thunberg) Nooteboom var. *flexilobus* (Christ) X. C. Zhang

【形态特征】本变种与原变种的主要区别在于叶轴具宽翅，每侧宽3~6 mm；羽片5~8对，较宽，1.2~2 cm，边缘波曲其至皱曲。

【生境与分布】生于海拔300~1600 m的石上或偶见于林下溪边树干上。分布于云南、四川、贵州、重庆、湖南、广西、江西、台湾等地；越南亦有。

【药用价值】全草入药，补虚损，强筋骨，散瘀止痛。主治跌打损伤，风湿腰痛。

宽羽线蕨（变种）

Leptochilus ellipticus (Thunberg) Nooteboom var. *pothifolius* (Buchanan-Hamilton ex D. Don) X. C. Zhang

【形态特征】本变种与原变种的主要区别在于植株高达1 m。羽片4~5对，（15~30）cm ×（2.3~3.6）cm，边缘平整，叶轴具狭翅或几无翅；叶干后绿色或黄绿色。

【生境与分布】生于海拔400~1200 m的林下、溪边及石灰岩洞内石上或石隙。分布于云南、四川、贵州、重庆、湖南、广西、香港、海南、台湾、福建、江西、浙江等地；印度、尼泊尔、不丹、缅甸、泰国、越南、菲律宾、日本亦有。

【药用价值】全草入药，补虚损，强筋骨，散瘀止痛。主治跌打损伤，风湿腰痛。

宽羽线蕨（变种）

断线蕨

Leptochilus hemionitideus (Wallich ex Hayata) Nooteboom

【形态特征】植株高40~78 cm。根状茎长而横走；鳞片棕色，卵状披针形，先端渐尖。叶远生；叶柄2~8 cm；叶片单一，披针形，（33~63）cm×（4~7）cm，基部渐狭，长下延，先端渐尖，边缘全缘。叶草质或薄草质，光滑；中肋和侧脉明显凸起；侧脉近平展，平行，略曲折，不达叶边，内藏小脉单一或分叉。孢子囊群近圆形、长圆形或短线形，斜展，在侧脉间形成断续的1条。

【生境与分布】生于海拔600 m以下的林下及溪边石上。分布于云南、四川、贵州、西藏、广西、广东、海南、台湾、福建、浙江、安徽、江西等地；印度、尼泊尔、不丹、缅甸、泰国、越南、日本、菲律宾亦有。

【药用价值】叶入药，清热利尿，解毒。主治小便短赤淋痛，发痧，毒蛇咬伤，走马风。

断线蕨

矩圆线蕨

矩圆线蕨
Leptochilus henryi (Baker) X. C. Zhang

【形态特征】植株高达70 cm。根状茎长而横走；鳞片棕色，卵状披针形，先端渐尖。叶远生；叶柄禾秆色，有时略呈紫棕色，2~20 cm；叶片单一，椭圆形或卵状披针形，（15~50）cm×（2.5~11）cm，通常中部以下突然狭缩并长下延，先端渐尖，边缘全缘或略呈波状。叶鲜时薄革质，干后纸质，光滑；中肋两面凸起；侧脉纤细，斜展，内藏小脉单一或分叉。孢子囊群线形，自中肋几达叶边。

【生境与分布】生于海拔300~1500 m的林荫下及石灰岩洞口内外，土生或生石上。分布于云南、四川、贵州、重庆、湖南、广西、江西、福建、台湾、浙江、江苏、安徽、湖北、陕西等地；越南、孟加拉国亦有。

【药用价值】全草入药，清热利尿，止血，通淋，接骨。主治肺痨，咳血，尿血，淋浊，急性关节痛，骨折。

绿叶线蕨

Leptochilus leveillei (Christ) X. C. Zhang & Nooteboom

【形态特征】植株高30~50 cm。根状茎长而横走；鳞片深棕色至黑褐色，卵状披针形，先端直，毛发状。叶远生，近二型。能育叶的叶柄禾秆色，4~8 cm；叶片单一，线形或线状披针形，达 45 cm×（2~4）cm，中部较宽，草质，光滑，向下部渐狭，长下延，边缘全缘或略呈波状，先端长渐尖或尾状；侧脉和小脉均细而凸起，彼此难以分辨，内藏小脉单一或分叉。孢子囊群线形，自中肋几达叶边。不育叶较短，叶片较宽，侧脉比小脉粗。

【生境与分布】生于海拔300~1100 m的阴湿林下，土生或生石上。分布于贵州、湖南、广西、广东、江西、福建等地。

【药用价值】全草入药，活血通络，清热利湿。主治跌打损伤，风湿骨痛，热淋，血淋。

绿叶线蕨

褐叶线蕨

Leptochilus wrightii (Hooker & Baker) X. C. Zhang

【形态特征】植株高25~50 cm。根状茎长而横走；鳞片棕色，卵状披针形，先端尾状。叶远生；叶柄3~12 cm，禾秆色或棕禾秆色；叶片单一，披针形，（20~40）cm×（2.5~5）cm，中部以下最宽并突然变狭，长下延，先端渐尖，边缘皱曲，薄草质，深棕色，光滑；中肋和侧脉两面凸起；小脉在相邻侧脉间形成2行网眼，内藏小脉单一或分叉。孢子囊群线形，自中肋几达叶边。

【生境与分布】生于400~700 m的林下、石灰岩洞口，土生或石生。

【药用价值】分布于云南、广西、广东、江西、福建、台湾等地；日本、越南亦有。

褐叶线蕨

星蕨属 *Microsorum* Link

中型植物，附生或石生，稀土生。根状茎横走，被鳞片；鳞片棕色，阔卵形，粗筛孔状，盾状着生。叶远生；叶柄与根状茎有关节；叶片单一，羽裂或一回羽状，草质或革质；叶脉网状，内藏小脉单一或分叉，具水囊体。孢子囊群在中肋或羽轴1行，但通常散布于叶背面，无囊群盖，也无盾状隔丝。孢子二面体形，具不规则的块状纹饰或光滑。

约50种，主产于亚洲热带、亚热带地区；我国约13种。

羽裂星蕨
Microsorum insigne (Blume) Copeland

【形态特征】植株高达1 m。根状茎粗短，肉质，横卧；鳞片棕色，阔卵形，先端钝，贴生。叶近生；叶柄25~40 cm，具狭翅几达基部；叶片卵形，与叶柄等长或较长，宽20~30 cm，羽状深裂；裂片略斜展，线状披针形，(9~25) cm×(2~5) cm，基部稍狭，先端渐尖或有时钝，边缘全缘。叶草质，干后绿色，两面光滑；叶轴在下面凸起，龙骨状，侧脉在下面稍凸起，细而曲折，不达叶边，网眼不显。孢子囊群小，圆形，散布于叶下面，有些常汇合成长形。

【生境与分布】生于海拔1200 m以下的山谷溪边、林下，土生或石隙。分布于云南、西藏、四川、贵州、广西、广东、海南、台湾、福建、江西等地；印度、尼泊尔、不丹、缅甸、泰国、马来西亚、越南、日本亦有。

【药用价值】全草入药，活血，祛湿，解毒。主治关节痛，跌打损伤，疝气，无名肿痛。

羽裂星蕨

羽裂星蕨

韩氏星蕨

Microsorum hancockii (Baker) Ching

【形态特征】本种与羽裂星蕨酷似,但植株较小,高45~75 cm;其根状茎上的鳞片披针形,先端渐尖,不为贴生,而是张开的;叶轴下面呈方形,不为龙骨状。

【生境与分布】生于海拔800~1100 m的溪边林下,土生及陷坑内石上。分布于云南、四川、贵州、广西、广东、台湾等地;缅甸、泰国、老挝、越南、菲律宾亦有。

韩氏星蕨

膜叶星蕨

Microsorum membranaceum (D. Don) Ching

【形态特征】植株高60~92 cm。根状茎粗大,肉质,横卧;鳞片棕色,披针形,先端渐尖。叶单一,近生;叶柄短,1~6 cm,禾秆色,具翅;叶片披针形或倒披针形,(50~90)cm×(8~14)cm,中部或中部以上最宽,先端渐尖或短尾尖,基部渐狭,长下延,边缘全缘或波状。叶薄草质或几近膜质,干后绿色;中肋隆起,侧脉明显,彼此平行,几达叶边。孢子囊群小,圆形,散布于叶背面。

【生境与分布】生于海拔600~1200 m的山谷溪边密林下,土生或石隙生。分布于云南、西藏、四川、贵州、广西、广东、海南、台湾等地;印度、尼泊尔、不丹、斯里兰卡、缅甸、泰国、越南亦有。

【药用价值】带根茎的全草入药,清热利尿,散瘀消肿。主治膀胱炎,尿道炎,跌打损伤,外伤出血,疔疮痈肿。

膜叶星蕨

有翅星蕨

Microsorum pteropus (Blume) Copeland

【形态特征】植株高19~27 cm。根状茎长而横走，密被鳞片；鳞片灰褐色，披针形，先端渐尖，全缘。叶近生或远生；叶柄2~8 cm，深禾秆色，被鳞片，具翅；叶片单一，披针形，或2~3叉；若为单叶，则达23 cm×3 cm，先端渐尖，基部渐狭，长下延，边缘全缘；叶片若为2~3叉，则顶生裂片大，侧生裂片小而狭。叶薄草质或几近膜质，干后暗褐色；中肋隆起，下面被褐色披针形鳞片，侧脉明显，彼此平行，几达叶边。孢子囊群圆形或伸长，有时数枚融合，散布于叶背面。

【生境与分布】生于海拔150~600 m的溪边湿石上，在雨季常浸于水中。分布于云南、贵州、湖南、广西、广东、海南、台湾、福建、江西等地；印度、尼泊尔、斯里兰卡、缅甸、泰国、老挝、越南、马来西亚、印度尼西亚、菲律宾、日本亦有。

【药用价值】全草入药，清热利尿。主治小便不利。

有翅星蕨

光亮瘤蕨

光亮瘤蕨

Microsorum cuspidatum (D. Don) Tagawa

【形态特征】植株高56~100 cm。根状茎横走,粗壮如指,鲜时绿色,肉质,干后黑色,疏具鳞片或几光滑;鳞片褐色,卵形至近圆形,全缘,最后常脱落。叶柄禾秆色或淡棕色,长20~36 cm;叶片长圆形至长圆披针形,(36~64)cm×(15~30)cm,奇数一回羽状;侧生羽片9~14对,狭披针形,(13~28)cm×(1.3~3.1)cm,有短柄,基部楔形,先端渐尖至尾状;顶生羽片与侧生羽片相似。叶近革质,干后褐色,两面光滑;中肋两面凸起;叶脉不显。孢子囊群圆形,在中肋每侧1行,稍近中肋。

【生境与分布】生于海拔1100 m以下的林下、河谷石灰岩石隙,少有土生。分布于云南、四川、贵州、西藏、广西、广东、海南等地;印度、尼泊尔、不丹、缅甸、泰国、老挝、越南亦有。

【药用价值】根状茎入药,活血消肿,续骨。主治无名肿痛,小儿疳积,跌打损伤,骨折,腰腿痛。

阔鳞瘤蕨
Microsorum hainanense Nooteboom

【形态特征】附生植物。根状茎横走，粗6~10 mm，肉质，密被鳞片；鳞片卵圆形或近圆形，直径3~4 mm，盾状着生，暗褐色，边缘近全缘或不整齐。叶远生；叶柄长20~30 cm，禾秆色或淡栗色，光滑无毛；叶片卵状长圆形，羽状深裂，（30~40）cm×（15~20）cm，基部楔形；裂片2~5对，（10~15）cm×（2~3）cm，顶端渐尖或钝圆，边缘全缘并加厚。叶轴的翅几乎与裂片等宽。中脉明显，在叶两面隆起，无侧脉，小脉网状，具顶端囊状的内藏小脉。叶革质，两面光滑无毛，背面疏被细小的黑色鳞片。孢子囊群圆形，在中脉两侧各1行，略靠近中脉着生，在叶背面略凹陷，在叶表面突起。

【生境与分布】生于海拔20~900 m的石上或树干上。分布于海南、台湾等地；越南、印度等亦有。

阔鳞瘤蕨

扇蕨属 *Neocheiropteris* Christ

中型陆生植物。根状茎长而横走，密被鳞片；鳞片棕色，卵状披针形，粗筛孔状。叶远生；叶柄与根状茎间有关节；叶片扇形，掌状分裂；裂片披针形或狭披针形，中央的裂片较大。叶纸质；叶脉网状，主脉隆起，小脉不显。孢子囊群长圆形或圆形，靠近主脉，幼时有盾状隔丝。孢子二面体形，表面在光镜下模糊，在电镜下具不规则的刺状纹饰。

2种，均产于我国西南地区。

扇蕨
Neocheiropteris palmatopedata (Baker) Christ

【形态特征】植株高35~75 cm。根状茎鳞片棕色至深棕色，卵形或卵状披针形，粗筛孔状，有虹彩，边缘具细齿，先端长渐尖。叶远生；叶柄棕禾秆色，16~45 cm；叶片扇形，达30 cm×（20~40）cm，鸟足状分裂；裂片披针形或狭披针形，中部1片裂片最大，（15~25）cm×（2.3~4）cm，两侧的渐变小。叶草质至纸质，正面光滑，背面有棕色小鳞片；中肋两面隆起，小脉网结，网眼有分叉的内藏小脉。孢子囊群长圆形或圆形，生裂片中部以下，靠近中肋，幼时有盾状隔丝。

【生境与分布】生于海拔1100~2000 m的林下及河谷内，土生或石隙生。分布于云南、四川、贵州等地。

【药用价值】全草、根入药，破瘀，清热利湿，消食导滞。主治小便不利，淋沥涩痛，食积饱胀，痢疾，便秘，风湿脚气，卵巢囊肿，咽喉炎。

扇蕨

盾蕨属 *Neolepisorus* Ching

中、小型陆生或石生植物。根状茎长而横走；鳞片卵形至披针形，边缘全缘或具齿。叶远生，一型；叶柄禾秆色或棕色；叶片通常单一，全缘，有时不规则分裂或呈戟形，草质或纸质；叶脉网状，网眼简单至复杂，内藏小脉单一或分叉。孢子囊群在中肋每侧1~4列，通常圆形；隔丝盾形或无隔丝。孢子二面体形，表面具不规则的块状纹饰。

约7种，主要分布于东亚地区；我国5种。

盾蕨　剑叶盾蕨
Neolepisorus ensatus (Thunberg) Ching

【形态特征】植株高45~68 cm。根状茎长而横走；鳞片深棕色，卵状披针形，先端渐尖。叶远生；叶柄15~25 cm，疏被鳞片；叶片椭圆状披针形，（30~43）cm×（4~6）cm，近中部最宽，向基部渐变狭，先端渐尖，边缘全缘。叶纸质，两面光滑，幼时下面有少数小鳞片；中肋两面凸起，侧脉明显。孢子囊群圆形至长圆形，在中肋每侧1~3行，幼时被盾状隔丝。

【生境与分布】生于海拔300~1100 m的常绿阔叶林下石上。分布于云南、四川、贵州、湖南、台湾等地；印度、日本、韩国亦有。

【药用价值】全草入药，清热利湿，散瘀活血。主治劳伤吐血，血淋，跌打损伤，烧烫伤，疔毒痈肿。

盾蕨

江南星蕨

Neolepisorus fortunei (T. Moore) Li Wang

【形态特征】植株高25~70 cm。根状茎长而横走，疏被鳞片；鳞片贴生，卵形，棕色，先端钝。叶远生；叶柄禾秆色，3~12 cm；叶片狭披针形至线状披针形，（20~60）cm×（1~5.6）cm。基部变狭，下延，先端长渐尖，边缘全缘或波状，纸质，干后绿色，两面光滑；中肋两面凸起，叶脉不显。孢子囊群圆形，分离，通常在中肋与叶边间1列，稍近中肋，无囊群盖，也无盾状隔丝。

【生境与分布】生于海拔1900 m以下各地，附生或石生。分布于云南、西藏、四川、贵州、重庆、湖南、广西、台湾、浙江、安徽、湖北、陕西、甘肃等地；缅甸、马来西亚、越南、日本亦有。

【药用价值】全草、根状茎入药，清热解毒，祛风利湿，活血，止血。主治风湿关节痛，热淋，带下病，吐血，衄血，痔疮出血，肺痈，瘰疬，跌打损伤，疔毒痈肿，蛇咬伤。

江南星蕨

卵叶盾蕨（原变型）

卵叶盾蕨（原变型）　盾蕨

Neolepisorus ovatus (Wallich ex Beddome) Ching f. *ovatus*

【形态特征】植株高达62 cm。根状茎长而横走，密被鳞片；鳞片棕色，卵状披针形。叶远生；叶柄禾秆色至灰褐色，12~30 cm，疏被鳞片；叶片卵形，卵状三角形，卵状长圆形至卵状披针形，（12~32）cm×（4.5~9）cm，基部最宽，圆形或圆楔形，稀心形，稍下延，先端渐尖，边缘全缘。叶纸质，干后绿色，正面光滑，背面疏生褐色小鳞片；中肋两面凸起，侧脉明显，几达叶边。孢子囊群圆形，通常在中脉与叶缘之间不规则2~4行，幼时被盾状隔丝。

【生境与分布】生于海拔1500 m以下的林下、河谷溪边，土生，有时生于石上及树干基部。分布于云南、西藏、四川、贵州、重庆、湖南、广东、广西、江西、浙江、江苏、安徽、湖北等地；印度、尼泊尔、越南亦有。

【药用价值】全草入药，清热利湿，散瘀活血。主治劳伤吐血，血淋，跌打损伤，烧烫伤，疔毒痈肿。

三角叶盾蕨（变型）

Neolepisorus ovatus (Wallich ex Beddome) Ching f. *deltoideus* (Baker) Ching

【形态特征】本变型与原变型的主要区别在于叶片三角形，下部具不规则的裂片。

【生境与分布】生于海拔600~1500 m的林下。分布于贵州、四川、重庆、湖南、安徽等地。

【药用价值】全草入药，清热利湿，凉血止血。主治尿路感染，小便不利，咯血。外用治创伤出血，烧烫伤。

三角叶盾蕨（变型）

蟹爪叶盾蕨（变型）

Neolepisorus ovatus (Wallich ex Beddome) Ching f. *doryopteris* (Christ) Ching

【形态特征】本变型与原变型的主要区别在于叶片宽卵形，基部二回羽裂，裂片线状披针形。

【生境与分布】生于海拔1000~1600 m的石灰岩石上、石隙。分布于贵州等地。

蟹爪叶盾蕨（变型）

截基盾蕨（变型）

Neolepisorus ovatus (Wallich ex Beddome) Ching f. *truncatus* (Ching & P. S. Wang) L. Shi & X. C. Zhang

【形态特征】本变型与原变型的主要区别在于叶片卵状三角形或卵状披针形，不分裂，基部截形，每对侧脉间有1条亮黄色的斑纹。

【生境与分布】生于海拔600~1100 m的石灰岩地区林下或灌丛下石上。分布于贵州、广西等地；越南亦有。

截基盾蕨（变型）

毛鱗蕨

毛鳞蕨属 *Tricholepidium* Ching

中型攀援植物。根状茎被鳞片。单叶，膜质、草质或纸质，无毛；多数，散生；有短柄或近无柄，短柄下部被鳞片；叶披针形或带状，中部最宽，两端渐狭，全缘或波状；主脉不明显，网脉明显，在主脉两侧形成2~3行不规则网眼，具内藏小脉，叶边小脉分离。孢子囊群圆形，位于主脉两侧，排列为不整齐的1~3行，或满布于叶背面；隔丝盾状，质薄，棕色，具粗筛孔，幼时覆盖孢子囊群。

单种属，分布于亚洲热带地区；我国亦产，分布于云南、西藏、广西等地。

毛鳞蕨
Tricholepidium normale (D. Don) Ching

【形态特征】物种特征同属特征。

【生境与分布】生于海拔1500~2700 m的常绿阔叶林下、生岩石上。分布于云南、西藏、广西等地；印度、尼泊尔、不丹、缅甸和泰国亦有。

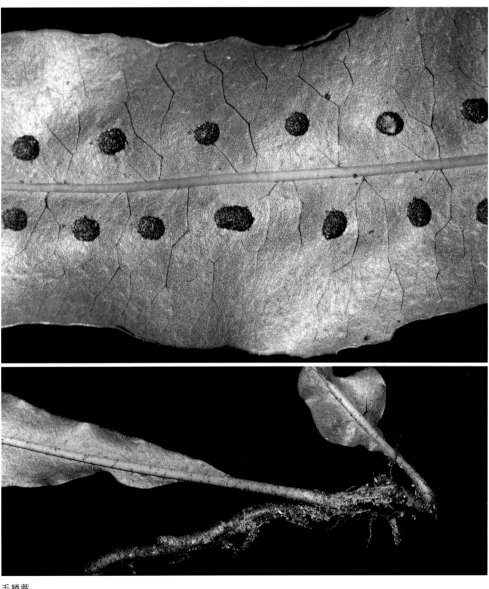

毛鳞蕨

剑蕨亚科 Subfam. LOXOGRAMMOIDEAE

剑蕨属 *Loxogramme* (Blume) C. Presl

中、小型常绿植物，多附生或石生。根状茎长而横走或短而横卧；鳞片粗筛孔状。叶为单叶，一型，稀二型；叶柄短或无，与根状茎之间无关节。中肋明显；叶脉网状，通常无内藏小脉。孢子囊群伸长或线形，彼此平行，与中肋斜交，无囊群盖，也无隔丝。孢子二面体形或四面体形，绿色；原叶体带状。

30余种，泛热带分布，主产于亚洲地区；我国12种。

黑鳞剑蕨
Loxogramme assimilis Ching

【形态特征】植株高达20 cm。根状茎长而横走，密被鳞片；鳞片深褐色，卵状披针形，先端毛发状，全缘，有虹彩。叶近生或远生，一型；叶柄短或无柄；叶片线状披针形，（15~20）cm×（1.5~2）cm，中部或中部以下最宽，软革质，两面光滑，干后略外卷，基部下延，先端渐尖或短尖，边缘全缘；中肋两面凸起，叶脉不显。孢子囊群长圆形至线形，0.5~1.5 cm，极斜上，在中肋每侧7~10条，成熟时常相连。

【生境与分布】生于海拔700~1100 m的常绿阔叶林下石上。分布于云南、四川、贵州、重庆、广西等地；越南亦有。

黑鳞剑蕨

褐柄剑蕨

Loxogramme duclouxii Christ

【形态特征】植株高15~40 cm。根状茎长而横走，密被鳞片；鳞片深褐色，卵状披针形至阔卵状披针形，先端长渐尖，边缘全缘。叶近生或常远生；叶柄明显生于叶足上，0.5~7 cm，有光泽，深紫棕色或黑色，基部有卵形鳞片；叶片狭倒披针形，长14~34 cm，中部以上宽 1.5~2.5 cm，向下渐狭并下延，先端渐尖或多为短尾状，边缘全缘，革质，两面光滑；中肋上面凸起，下面宽而扁平，叶脉不显。孢子囊群生叶片上部，线形，[(5~)10]~13对，多少下陷。

【生境与分布】生于海拔1000~2200 m的密林下有苔藓的石上或树干上。分布于云南、四川、贵州、重庆、湖南、广西、江西、台湾、浙江、安徽、湖北、河南、陕西、甘肃等地；印度、尼泊尔、不丹、泰国、越南、日本、朝鲜亦有。

褐柄剑蕨

台湾剑蕨
Loxogramme formosana Nakai

【形态特征】植株高达40 cm。根状茎短而横卧，密被鳞片；鳞片淡棕色，卵形至阔卵状披针形，边缘全缘，先端渐尖。叶簇生；叶柄短粗，1~3 cm，基部棕色或呈紫色，多少扁平；叶片倒披针形，（20~30）cm×（3~3.5）cm，上部2/3处最宽，向下渐狭并下延，先端渐尖，边缘全缘，革质，光滑；中肋上面明显凸起，下面宽而扁平，叶脉不显。孢子囊群生叶片上部，斜上，略近中肋。

【生境与分布】生于海拔1000~1200 m的常绿阔叶林下有苔藓的石上。分布于云南、四川、贵州、重庆、台湾等地。

台湾剑蕨

匙叶剑蕨

Loxogramme grammitoides (Baker) C. Christensen

【形态特征】植株高达10 cm。根状茎长而横走，密被鳞片；鳞片深褐色，披针形，先端渐尖。叶近生或远生；叶柄很短或无，绿色；叶片匙形，倒披针形或倒卵形，长3~10 cm，上部宽 0.5~1.2 cm，基部下延几达叶柄基部，先端短尖或钝，全缘；中肋两面凸起，叶脉不显；叶片鲜时肉质，干后薄革质，光滑。孢子囊群生叶片上部，2~5对，长圆形至粗线形，靠近中肋。

【生境与分布】生于海拔1300~2000 m的密林下及溪边石上或树干上。分布于云南、四川、贵州、重庆、湖南、江西、福建、台湾、浙江、安徽、湖北、河南、陕西、甘肃等地；日本亦有。

【药用价值】全草入药，清热解毒，利尿止血。主治疮痈肿毒，小便不利，尿血，外伤出血。

匙叶剑蕨

柳叶剑蕨

Loxogramme salicifolia (Makino) Makino

【形态特征】植株高17~25 cm。根状茎长而横走；鳞片棕色至深褐色，卵状披针形，边缘全缘，先端渐尖。叶远生；叶柄绿色或基部深棕色，1~5 cm；叶片狭倒披针形，（15~23）cm×（1.2~2.5）cm，干后革质，基部下延，沿叶柄上部成翅，先端渐尖；中肋上面凸起，下面平，叶脉不显。孢子囊群生叶片上部，线形，7~12对，极斜向中肋，位于中肋和叶缘之间，略下陷。

【生境与分布】生于海拔600~1300 m的密林下或溪边有苔藓的石上或树干上。分布于四川、贵州、重庆、湖南、广西、广东、江西、福建、台湾、浙江、安徽、湖北、河南、甘肃等地；日本、朝鲜、越南亦有。

【药用价值】全草入药，清热解毒，利尿。主治尿路感染，咽喉肿痛，胃肠炎，狂犬咬伤。

柳叶剑蕨

鹿角蕨亚科 Subfam. PLATYCERIOIDEAE

石韦属 *Pyrrosia* Mirbel

中、小型植物，附生或石生。根状茎横卧至横走，密被鳞片；鳞片盾状着生。叶一型或二型，远生或近生，被星状毛；叶柄以关节着生于叶足；叶片单一，稀戟状或掌状至鸟足状分裂，革质；叶脉网状，不显，网眼内有内藏小脉，其顶端膨大成水囊体。孢子囊群圆形，生内藏小脉先端，在主脉每侧一至数行，有时汇合成汇生囊群，无囊群盖。孢子二面体形，表面具疣状或小瘤状纹饰。

约60种，主产于亚洲热带、亚热带地区；我国32种。

贴生石韦
Pyrrosia adnascens (Swartz) Ching

【形态特征】植株高5~12 cm。根状茎细长，攀援附生于树干和岩石上，密生鳞片；鳞片盾状着生，通常呈棕色，通体或边缘及顶部具睫毛。叶远生，二型；叶片质厚，上面平滑，被薄毛；不育叶片卵圆形，（2~4）cm×（8~10）mm；能育叶条状至狭被针形，（8~15）cm×（5~8）mm；小脉网状，网眼内有单一内藏小脉。孢子囊群近圆形，生于内藏小脉顶端，无囊群盖，幼时被星状毛覆盖，淡棕色，成熟时汇合，砖红色。

【生境与分布】生于海拔100~1200 m的雨林中或较湿润的常绿阔叶林下，附生于树干或生岩石上。分布于台湾、福建、广东、海南、广西、云南等地；亚洲热带其他地区亦有。

【药用价值】全草入药，清热解毒。主治腮腺炎，瘰疬。

贴生石韦

石蕨

Pyrrosia angustissima (Giesenhagen ex Diels) Tagawa & K. Iwatsuki

【形态特征】根状茎长而横走并分枝, 纤细, 密被鳞片; 鳞片红棕色, 卵状披针形, 先端长渐尖, 边缘具齿。叶远生, 几无柄; 叶片线形, (2~9) cm × (2~4) mm, 先端钝或短尖, 边缘强度反卷; 鲜时肉质, 干后厚革质; 两面被星状毛, 上面的易落。叶脉网状, 中脉明显, 上面下凹, 下面隆起。孢子囊群线形, 沿主脉两侧各1行。

【生境与分布】生于海拔600~2500 m的树干、石上或石壁上。分布于贵州、重庆、湖北、湖南、广西、广东、台湾、福建、江西、浙江、安徽、河南、山西、陕西、甘肃等地; 日本、泰国亦有。

【药用价值】全草入药, 活血调经, 镇惊。主治月经不调, 小儿惊风, 疝气, 跌打损伤。

石蕨

波氏石韦

波氏石韦

Pyrrosia bonii (Christ ex Giesenhagen) Ching

【形态特征】植株高30~50 cm。根状茎横卧；鳞片钻状披针形，先端毛发状，全缘。叶近生，一型；叶柄10~30 cm，与叶片近等长；叶片狭披针形，达30 cm×（3~5）cm，中部最宽，基部通常对称，楔形或狭楔形，先端短渐尖，全缘。叶片革质，上面近光滑，下面灰色，毛被二型：上层星状毛的芒张开，等长；下层为绵芒。中脉下面隆起，侧脉不显。孢子囊群表面生。

【生境与分布】生于海拔500~1000 m的林下、天坑内石上。分布于贵州、广西等地；越南亦有。

【药用价值】叶入药，清热，镇惊，利尿，止血。主治癫痫，小儿惊风，淋证，外伤出血，肺热咳嗽。

光石韦

Pyrrosia calvata (Baker) Ching

【形态特征】植株高34~70 cm。根状茎横卧；鳞片棕色，狭披针形，先端毛发状，边缘全缘或具齿。叶近生或簇生，一型；叶柄4~15 cm；叶片狭披针形或条带状，（30~60）cm×（2.5~4.5）cm，约在中部最宽，基部狭楔形，长下延，先端渐尖，全缘。叶坚革质，正面光滑，水囊体明显，表面生，下面毛被二型：上层星状毛的芒针状，下层为绵芒，均易落，致使叶两面绿色；中脉下面凸起，侧脉可见。孢子囊群表面生。

【生境与分布】生于海拔500~1900 m的石隙、石墙隙。分布于云南、四川、贵州、湖南、广西、广东、福建、浙江、江西、湖北、陕西、甘肃等地；缅甸、越南亦有。

【药用价值】叶入药，清热除湿，利尿止血。主治感冒咳嗽，小便不利，石淋，吐血，外伤出血。

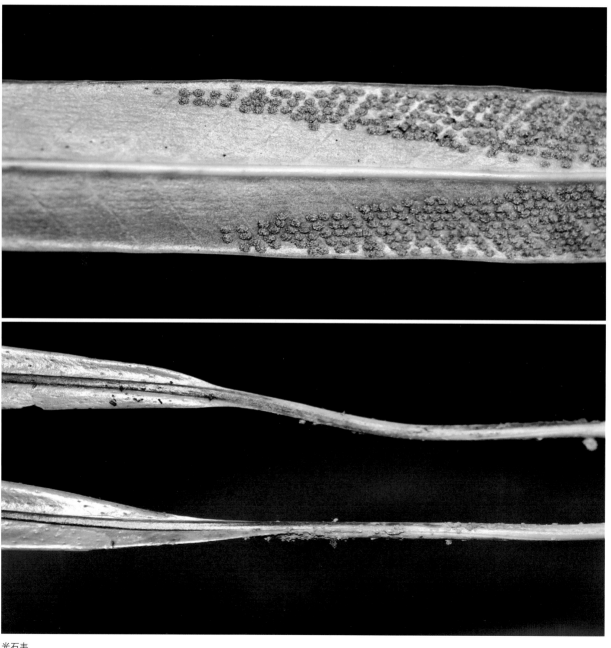

光石韦

光石韦

下延石韦

Pyrrosia costata (C. Presl) Tagawa & K. Iwatsuki

【形态特征】根状茎短粗,横卧,先端丛生线状披针形鳞片;鳞片先端长尾状,有细长的睫毛,棕色,以基部着生。叶近生,一型;叶柄长1~5 cm,基部被鳞片;叶片长圆披针形,中部最宽,向两端渐变狭,长尾状尖头,基部楔形,长下延几达基部,(23~50) cm × (2.5~6) cm,全缘,干后软纸质,上面淡绿色,几光滑无毛,下面淡棕色至砖红色,密被二型分支臂的星状毛。孢子囊群近圆形,聚生于叶片上半部或全部,幼时被星状毛覆盖,呈淡棕色,成熟时孢子囊开裂而呈砖红色。

【生境与分布】附生于海拔350~2000 m的林下树干上或岩石上。分布于云南、西藏等地;尼泊尔、斯里兰卡、印度、缅甸、泰国、马来西亚、玻利维亚亦有。

下延石韦

华北石韦　西南石韦

Pyrrosia davidii (Giesenhagen ex Diels) Ching

【形态特征】植株高5~33 cm。根状茎横走；鳞片卵状披针形，中间黑褐色，边缘淡棕色，具齿。叶一型，几无柄或有1~6 cm长的短柄；叶片倒披针形，中部以上最宽，(5~25) cm × (1~2) cm，基部渐变狭，长下延，先端渐尖，全缘。水囊体明显，表面生，毛被一型，宿存，星状毛的芒针状。孢子囊群表面生，成熟时几满铺叶下面。

【生境与分布】生于海拔1300~2500 m的石灰岩隙。分布于云南、四川、贵州、西藏、湖南、湖北、河南、山西、陕西、甘肃、内蒙古、辽宁、山东、台湾等地。

【药用价值】全草入药，利水通淋，清肺泄热。主治淋痛，尿血，尿路结石，肾炎，崩漏，痢疾，肺热咳嗽，慢性气管炎，金疮，痈疽。

华北石韦

石韦

石韦

Pyrrosia lingua (Thunberg) Farwell

【形态特征】植株高10~30 cm。根状茎长而横走，密被鳞片；鳞片披针形，棕色，边缘睫状。叶远生，近二型；叶柄1~11 cm，深棕色，幼时有星状毛；叶片长圆形或披针形，中部最宽，（5~20）cm×（1.3~4）cm，基部对称，楔形或圆楔形，先端短尖，渐尖或短尾尖，边缘全缘。叶革质；水囊体略下陷，在腹面稀疏排列；毛被在背面宿存，一型，星状毛平贴，具披针形芒；侧脉明显。能育叶与不育叶同形而叶柄较长，叶片较狭。孢子囊群圆形，表面生。

【生境与分布】生于海拔700~2000 m的林下树干上或石上，有时在酸性山地成小片土生。分布于云南、四川、贵州、湖南、广西、广东、海南、台湾、福建、浙江、江苏、安徽、江西、甘肃、辽宁等地；印度、缅甸、越南、日本、朝鲜亦有。

【药用价值】叶、全草入药，利尿通淋，清热止血。主治热淋，血淋，石淋，小便淋痛，吐血，衄血，尿血，崩漏，肺热咳嗽。

石韦

有柄石韦

Pyrrosia petiolosa (Christ) Ching

【形态特征】植株高10~18 cm。根状茎长而横走，密被鳞片；鳞片卵状披针形，中央深棕色至黑褐色，边缘淡棕色，睫状。叶远生，二型：不育叶柄1~5 cm；叶片多形，宽卵形，卵形，长圆形及长圆披针形，（1.8~6）cm×（1~2.6）cm，基部楔形至宽楔形，略下延，先端圆或钝，通常中部最宽，边缘全缘；能育叶与不育叶相似而较高，叶柄往往比叶片长，可达10 cm或更长，叶片狭。叶革质；水囊体明显下陷，在腹面排列较密而整齐；毛被在背面宿存，一型，星状毛密，具披针形芒；侧脉不显。孢子囊群圆形，成熟时汇生，满铺叶下面。

【生境与分布】生于海拔300~1600 m的疏林下、林缘、裸石上及石墙上。分布于我国东北、华北、西北、西南地区和长江中、下游各省；蒙古、朝鲜、俄罗斯亦有。

【药用价值】叶入药，利尿通淋，清热止血。主治热淋，血淋，石淋，小便淋痛，吐血，衄血，尿血，崩漏，肺热咳嗽。

有柄石韦

庐山石韦

庐山石韦
Pyrrosia sheareri (Baker) Ching

【形态特征】植株高20~65 cm。根状茎横卧；鳞片棕色，披针形，边缘睫状。叶近生，一型；叶柄深禾秆色至紫褐色，8~26 cm；叶片阔披针形或长圆披针形，（10~40）cm×（2~7）cm，基部最宽，圆形或心形，常不对称，先端渐尖，全缘。叶坚革质，水囊体明显，下陷，下面毛被密，棕色或黄棕色，一型，宿存；星状毛的芒披针形；中脉在上面平或微凹，在下面隆起，侧脉可见。孢子囊群表面生。

【生境与分布】生于海拔1000~2500 m的密林下、山坡阴处、路边石上或树干上。分布于长江以南各省区；越南亦有。

【药用价值】叶入药，利尿通淋，清热止血。主治热淋，血淋，石淋，小便涩痛，吐血，衄血，尿血，崩漏，肺热咳嗽。

相似石韦

相似石韦
Pyrrosia similis Ching

【形态特征】植株高23~42 cm。根状茎横卧至长而横走；鳞片棕色或黄棕色，披针形，先端毛发状，边缘睫状。叶近生或远生，一型；叶柄7~21 cm，与叶片近等长；叶片狭披针形，（9~22）cm×（2~5）cm，通常中部最宽，基部对称，楔形或圆楔形，先端渐尖或短尾尖，全缘。叶片革质，正面近光滑，背面灰色，毛被二型：上层星状毛稀疏，芒钻状披针形，不等长；下层为绵芒，密而宿存。中脉下面隆起，侧脉不显。孢子囊群表面生。

【生境与分布】生于海拔500~1000 m的石灰岩地区林下石上。分布于贵州、广西、四川等地。

绒毛石韦

Pyrrosia subfurfuracea (Hooker) Ching

【形态特征】植株高60~80 cm。根状茎横卧；鳞片棕色，狭披针形，先端毛发状，边缘全缘或睫状。叶近生，一型；叶柄10~15 cm；叶片狭披针形或条带状，（40~65）cm×（6~7）cm，约在中部最宽，基部狭楔形，长下延，先端渐尖，全缘。叶软革质，正面光滑，水囊体明显，表面生，背面毛被二型：上层星状毛的芒针状，下层为绵芒，宿存，灰蓝色或常为棕色；中脉两面凸起，侧脉可见。孢子囊群表面生。

【生境与分布】生于海拔400~1300 m的路边林缘石上，林下树干上。分布于云南、西藏、贵州、广西等地；印度、不丹、缅甸、越南亦有。

【药用价值】叶入药，清热，镇惊，利尿，止血。主治癫痫，小儿惊风，淋证，外伤出血，肺热咳嗽。

绒毛石韦

中越石韦　越南石韦

Pyrrosia tonkinensis (Giesenhagen) Ching

【形态特征】植株高8~26 cm。根状茎长而横走；鳞片披针形，中央深棕色，边缘淡棕色，近全缘，先端长渐尖。叶近生，一型，几无柄；叶片线状披针形，（7~26）cm×（0.3~1.2）cm，基部渐变狭，长下延，先端短尖至渐尖，全缘。水囊体明显，表面生，毛被二型，宿存：上层星状毛的芒为钻状披针形，下层为绵芒；中脉上面下凹，下面凸起，侧脉不显。孢子囊群表面生。

【生境与分布】生于海拔500~1000 m的石灰岩地区石上、树干上。分布于云南、贵州、广西、广东、海南等地；泰国、老挝、越南亦有。

【药用价值】叶入药，清热，利尿通淋，止血。主治水肿，石淋，小便涩痛，外伤出血。亦主治鸡眼，寻常疣。

中越石韦

鹿角蕨属 *Platycerium* Desvaux

中、大型附生草本植物。根状茎短而粗肥，分枝，具网状中柱，幼时外被阔鳞片。叶呈2列生于根状茎上；叶二型：不育叶为鸟巢状直立，无柄，具宽阔的圆形叶片，基部心脏形，质厚且呈肉质，边缘多少全缘或略呈浅二歧分裂；能育叶直立或下垂，近革质，被具柄的星毛（老时脱落），多回掌状二歧分枝，裂片全缘；叶脉网结，在主脉两侧具大而偏斜的多角形长网眼，具内藏小脉。孢子囊群为卤蕨型，生于圆形、增厚的小裂片背面，或生于特化的裂片背面。

15种，分布于东南亚、非洲大陆和马达加斯加，仅1种分布于南美洲秘鲁；我国1种。

二歧鹿角蕨
Platycerium bifurcatum (Cavanilles) C. Christensen

【形态特征】附生树上或岩石上，成簇。鳞片基部着生到盾状着生，(1.5~11) mm×(0.3~1.3) mm，基部截形或心形，顶端尖头或渐尖，红棕色，中肋线形或狭三角形，基生不育叶无柄，直立或贴生，(18~60) cm×(8~45) cm；边缘全缘，浅裂直到四回分叉，裂片不等长，叶脉下陷，具贮水组织；正常能育叶（生孢子囊或不生孢子囊）直立，伸展或下垂，通常不对称到多少对称，楔形，长25~100 cm，二至五回叉裂，孢子囊群斑块1~10个，位于裂片先端，狭长，长(1~22) cm×(0.5~7.5) cm；孢子囊环带加原细胞[(16~)18]~22个，孢子囊柄2~3裂细胞，每孢子囊有64个孢子；孢子黄色。

【生境与分布】生于海拔300~500 m的雨林中，附生于树干上。原产于澳大利亚东北部沿海地区的亚热带森林中，以及新几内亚岛、小巽他群岛及爪哇岛等地，国内有栽培。

二歧鹿角蕨

水龙骨亚科 Subfam. POLYPODIOIDEAE

棱脉蕨属 *Goniophlebium* (Blume) C. Presl

中型附生或石生植物。根状茎长而横走,通常密被鳞片;鳞片棕色至深棕色,盾状或假盾状着生,披针形或卵状披针形,粗筛孔状。叶远生,一型;叶柄与根状茎间有关节;叶片羽状深裂至一回羽状,长圆形至长圆披针形;裂片或羽片披针形至线形,草质至近革质;叶脉多为网状,在中脉每侧形成1~3列网眼,并有内藏小脉,稀叶脉分离。孢子囊群圆形,在中脉每侧1行,无囊群盖,有盾状着生、粗筛孔状的隔丝。孢子二面体形,表面疣状或瘤状。

约47种,主要分布于亚洲热带和亚热带地区;我国17种。

友水龙骨(原变种)

Goniophlebium amoenum (Wallich ex Mettenius) Beddome var. *amoenum*

【形态特征】植株高20~130cm。根状茎长而横走,连同叶柄基部密被鳞片;鳞片卵状披针形,边缘具齿,先端渐尖。叶远生;叶柄禾秆色,长9~[34(~60)]cm,光滑;叶片狭三角形至长圆形,[(10~)14~40(~70)]cm×[7~15(~22)]cm,基部通常最宽,先端尾状,羽状深裂几达叶轴;裂片15~27对,长圆披针形至线状披针形,中、下部的[5~13(~18)]cm×(0.8~2)cm,边缘缺刻状或具矮齿,先端钝或短尖,但在大型植株上裂片先端可为渐尖乃至长渐尖,基部1对裂片常反折。叶纸质,两面光滑,叶轴和中肋禾秆色,下面具鳞片;叶脉在中肋每侧形成1~2行网眼。孢子囊群圆形,在中肋每侧1列,中生。

【生境与分布】生于海拔2200 m以下的山谷、路边、林下、林缘及溪边石上或树干上。分布于长江以南各省区;印度、尼泊尔、不丹、缅甸、泰国、老挝、越南亦有。

【药用价值】根状茎入药,舒筋活络,消肿止痛。主治风湿关节痛,齿痛,跌打损伤。

友水龙骨(原变种)

友水龙骨（原变种）

柔毛水龙骨（变种）

柔毛水龙骨（变种）

Goniophlebium amoenum
(Wallich ex Mettenius) Beddome var. *pilosum* (C. B. Clarke & Baker) X. C. Zhang

【形态特征】本变种与原变种的主要区别在于叶片两面被毛或至少上面被短柔毛。

【生境与分布】生于海拔1100~2300 m的石上树干上。分布于云南、四川、贵州、西藏、湖南、湖北、浙江等地；印度、尼泊尔亦有。

【药用价值】全草入药，解毒疗疮，化瘀疗伤。主治疮疖肿毒，跌打损伤。

中越水龙骨

中越水龙骨 滇越水龙骨
Goniophlebium bourretii (C. Christensen & Tardieu) X. C. Zhang

【形态特征】植株高33~52 cm。根状茎长而横走，密被鳞片；鳞片棕色，长达9 mm，基部阔卵形至近圆形，向上突然狭缩，先端尾状。叶远生；叶柄禾秆色，长10~17 cm，光滑；叶片长圆披针形，（23~35）cm×（8~12）cm，基部不狭缩或略狭缩，先端渐尖，羽状深裂至全裂；羽片（裂片）20~28对，狭长圆披针形，中、下部的（4~7）cm×（0.6~0.9）cm，边缘近全缘或具疏矮齿，先端短尖至渐尖，基部1对裂片常反折。叶草质，两面多少具柔毛，叶轴和中肋疏具柔毛；叶脉不显。孢子囊群圆形，在中肋每侧1列，近中肋着生。

【生境与分布】生于海拔600 m的石上或树干上。分布于云南、贵州、广西等地；越南亦有。

中华水龙骨

Goniophlebium chinense (Christ) X. C. Zhang

【形态特征】根状茎长而横走，密被鳞片；鳞片黑色，卵状披针形，边缘疏具齿，先端渐尖。叶远生；叶柄禾秆色，长7~18 cm，光滑；叶片下部羽状深裂至全裂，长圆形至阔披针形，（11~25）cm×（5~9）cm，基部心形，先端尾状，裂片10~20对，线状披针形，（2.5~5）cm×（5~8）mm，边缘缺刻状或具矮齿，先端短尖至渐尖，基部裂片反折，有时缩短。叶草质，正面光滑，背面多少具鳞片，叶轴和中肋下面疏被鳞片；叶脉网状。孢子囊群圆形，顶生内藏小脉，靠近中肋着生。

【生境与分布】生于海拔1600~2200 m的石上或树干上。分布于云南、四川、贵州、湖南、广东、台湾、浙江、江西、安徽、湖北、河南、河北、山西、陕西、甘肃等地。

【药用价值】根状茎入药，舒筋活络，祛风除湿，清热解毒，消肿止痛。主治风湿痹痛，跌打损伤，骨折，疮痈肿毒，尿血，淋症等。

中华水龙骨

篦齿蕨

Goniophlebium manmeiense (Christ) Rödl-Linder

【形态特征】植株高18~46 cm。根状茎长而横走，连同叶柄基部密被鳞片；鳞片披针形，边缘疏具齿，先端长渐尖。叶远生；叶柄禾秆色或基部棕色，长4~12 cm，光滑；叶片线状披针形，（14~35）cm×（3~6.5）cm，基部不狭缩或略狭缩，先端尾状，深羽裂至羽状全裂；羽片（裂片）25~50对，篦齿状排列，（1.5~3.5）cm×（3~6）mm，边缘缺刻状，先端钝或短尖。叶薄草质，两面光滑，叶轴和中肋禾秆色；叶脉分离，侧脉分叉，小脉不达叶边。孢子囊群圆形，在中肋每侧1列，无隔丝。

【生境与分布】生于海拔1500~1900 m的路边及溪边石上。分布于云南、贵州、四川等地；印度、缅甸、泰国、老挝、柬埔寨、越南亦有。

篦齿蕨

蒙自拟水龙骨

Goniophlebium mengtzeense (Christ) Rödl-Linder

【形态特征】植株高27~65 cm。根状茎长而横走，被白粉和鳞片；鳞片深棕色，卵状披针形，有虹彩，边缘具细齿，先端渐尖。叶远生；叶柄禾秆色，长7~13 cm，基部具鳞片，向上光滑；叶片长圆形，（20~52）cm×（9~18）cm，基部不狭缩，先端渐尖，奇数一回羽状；羽片9~18对，线状披针形，无柄，（6~12）cm×（1~1.5）cm，基部心形，一侧或两侧有耳，叠生叶轴上，边缘具齿，先端渐尖或长渐尖。叶草质至纸质，干后黄绿色，光滑；叶轴和中肋下面疏被鳞片；叶脉网状，在中肋每侧有1行网眼。孢子囊群圆形，顶生内藏小脉。

【生境与分布】生于海拔1500~2000 m的密林下，溪沟边石上、树干上。分布于云南、贵州、广西、广东、台湾等地；印度、尼泊尔、泰国、老挝、越南、菲律宾亦有。

蒙自拟水龙骨

日本水龙骨

日本水龙骨
Goniophlebium niponicum (Mettenius) Beddome

【形态特征】植株高28~54 cm。根状茎长而横走，鲜时绿色，干后多少变黑，被白粉，疏被鳞片；鳞片深棕色，卵状披针形，边缘具细齿，先端长渐尖。叶远生；叶柄禾秆色，9~20 cm，光滑；叶片长圆披针形，（18~34）cm×（6~11）cm，羽状深裂；裂片18~29对，平展，长圆披针形，先端钝或短尖，全缘，中、下部（3~5）cm×（0.6~1.1）cm，基部1~3对裂片多少反折。叶草质至纸质，两面通常密生柔毛；叶脉网状。孢子囊群圆形，顶生内藏小脉，靠近中肋着生。

【生境与分布】生于海拔500~1 500 m的林下、林缘石上或树干上。分布于长江以南各省区，北达陕西、甘肃，西南达西藏；印度、越南、日本亦有。

【药用价值】根状茎入药，祛风除湿，清热，活血。主治痢疾，淋浊，风湿痹痛，腹痛，关节痛，目赤红肿，跌打损伤。

参考文献

[1] 孔宪需，张丽兵，朱维明，等 . 中国植物志（第五卷第二分册）[M]. 北京：科学出版社，2001.

[2] 林尤兴，张宪春，石雷，等 . 中国植物志（第六卷第二分册）[M]. 北京：科学出版社，2000.

[3] 刘昌芝 . 拉马克的献身精神的及其启示 [J]. 化石，1983(3): 30-31.

[4] 刘红梅，王丽，张宪春，等 . 石松类和蕨类植物研究进展：兼论国产类群的科级分类系统 [J]. 植物分类学报，
    2008, 46(6): 808-829.

[5] 秦仁昌 . 中国蕨类植物科属名词及分类系统 [J]. 植物分类学报，1954, 3(1): 93-99.

[6] 秦仁昌 . 中国植物志（第 2 卷）[M]. 北京：科学出版社，2007.

[7] 秦仁昌 . 中国蕨类植物科属系统排列和历史来源 [J]. 中国科学基金，1994, 8(2): 131.

[8] 秦仁昌，邢公侠，武素功，等 . 中国植物志（第三卷第一分册）[M]. 北京：科学出版社，1990.

[9] 王中仁，张宪春，朱维明，等 . 中国植物志（第三卷第二分册）[M]. 北京：科学出版社，1999.

[10] 吴兆洪，秦仁昌 . 中国蕨类植物科属志 [M]. 北京：科学出版社，1991.

[11] 吴兆洪 . 中国植物志（第四卷第二分册）[M]. 北京：科学出版社，1999.

[12] 吴兆洪，王铸豪 . 中国植物志（第六卷第一分册）[M]. 北京：科学出版社，1999.

[13] 谢寅堂，武素功，陆树刚 . 中国植物志（第五卷第一分册）[M]. 北京：科学出版社，2000.

[14] 邢公侠，林尤兴，裘佩熹，等 . 中国植物志（第四卷第一分册）[M]. 北京：科学出版社，1999.

[15] 张宪春 . 中国植物志（第六卷第三分册）[M]. 北京：科学出版社，2004.

[16] BREMER K. Summary of green plant phylogeny and classification[J]. Cladistics, 1985, 1(4): 369-385.

[17] CHING R C. On natural classification of the family "Polypodiaceae" [J].Sunyatsenia, 1940, 5: 201-268.

[18] CHRISTENHUSZ M J M, ZHANG X C, SCHNEIDER H. A linear sequence of extant families and
    Genera of lycophytes and ferns[J]. Phytotaxa, 2011, 19(1): 7-54.

[19] DARWIN C. On the Origin of Species[M]. Oxford: Oxford University Press, 2009.

[20] HOOKER W J. Genera Filicum[M]. London: Bohn, 1838-1842.

[21] KRAMERKU, VIANERLL. Reprint from the families and Genera of vascular plants. vol. I.
    pteridophytes and gymnosperms[M]. Springer-Verlag Berlin Heidelberg, 1990.

[22] LINNAEUS C. Species plantarum[M]. Stockholm: Salvius, 1753.

[23] LIU H M. Embracing the pteridophyte classification of Ren-Chang Ching using a generic phylogeny of
    Chinese ferns and lycophytes[J]. Journal of Systematics and Evolution, 2016, 54(4): 307-335.

[24] PRYER K M, SCHNEIDER H, SMITH A R, et al. Horsetails and ferns are a monophyletic group and the
    closest living relatives to seed plants[J]. Nature, 2001, 409(6820): 618-622.

[25] PRYER K M, SCHUETTPELZ E, WOLF P G, et al. Phylogeny and evolution of ferns (monilophytes)
    with a focus on the early leptosporangiate divergences[J]. American Journal of Botany, 2004, 91(10):
    1582-1598.

[26] PPG I. A community-derived classification for extant lycophytes and ferns[J]. Journal of Systematics
    and Evolution, 2016, 54(6): 563-603.

[27] SMITH A R, PRYER K M, SCHUETTPELZ E, et al. A classification for extant ferns[J]. TAXON, 2006,
    55(3): 705-731.

[28] SMITH A R, PRYER K M, SCHUETTPELZ E, et al. Fern classification[M]//Biology and Evolution of
    Ferns and Lycophytes. Cambridge: Cambridge University Press, 2008: 417-467.

[29] WAGNER W H. Systematic implications of the Psilotaceae[J]. Brittonia, 1977, 29(1): 54-63.

[30] WU Z Y, RAVEN P H, HONG D Y. Flora of China Foc. 2-3. Beijing: Science Press & St. Louis: Missouri
    Botanical Garden Press, 2013.

[31] ZHANG X C, WEI R, LIU H M, et al. Phylogeny and classification of the extant lycophytes and ferns from China[J]. Chinese Bulletin of Botany, 2013, 48(2): 119-137.

[32] WU Z Y, PETER H R, HONG D Y. Flora of China Illustrations Foc. 2-3 [M]. Beijing: Science Press & St. Louis: Missouri Botanical Garden Press, 2013.

[33] 王培善, 王筱英. 贵州蕨类植物志 [M]. 贵阳: 贵州科技出版社, 2001.

[34] 王培善, 潘炉台. 贵州石松类和蕨类植物志 (上卷) [M]. 贵阳: 贵州科技出版社, 2018.

[35] 王培善, 潘炉台. 贵州石松类和蕨类植物志 (下卷) [M]. 贵阳: 贵州科技出版社, 2018.

[36] 张宪春, 成晓. 中国高等植物彩色图鉴 (第 2 卷): 蕨类植物 - 裸子植物 [M]. 北京: 科学出版社, 2016.

[37] 张宪春, 姚正明. 中国茂兰石松类和蕨类植物 [M]. 北京: 科学出版社, 2017.

[38] 张宪春. 中国石松类和蕨类植物 [M]. 北京: 北京大学出版社, 2012.

[39] 孙庆文. 贵州中草药资源图典 (第一卷) [M]. 贵阳: 贵州科技出版社, 2020.

[40] 潘炉台. 贵州药用蕨类植物 [M]. 贵阳: 贵州科技出版社, 2012.

[41] 李树刚. 广西植物志 (第六卷): 蕨类植物 [M]. 南宁: 广西科学技术出版社, 2013.

[42] 严岳鸿, 周喜乐. 海南蕨类植物 [M]. 北京: 中国林业出版社, 2018.

[43] 严岳鸿, 周喜乐. 中国武陵山区蕨类植物 [M]. 北京: 中国林业出版社, 2021.

[44] 许天铨, 陈正为, Ralf K, 等. 台湾原生植物全图鉴第八卷 (上)[M]. 台北: 猫头鹰出版社, 2019.

[45] 许天铨, 陈正为, Ralf K, 等. 台湾原生植物全图鉴第八卷 (下)[M]. 台北: 猫头鹰出版社, 2019.

[46] 郭城孟. 蕨类植物观察图鉴 1[M]. 台北: 远流出版事业有限公司, 2020.

[47] 郭城孟. 蕨类植物观察图鉴 2[M]. 台北: 远流出版事业有限公司, 2020.

[48] 张淑梅. 辽宁植物 [M]. 沈阳: 辽宁科学技术出版社, 2021.

[49] 杨宗宗, 迟建才, 马明. 新疆北部野生维管植物图鉴 [M]. 北京: 科学出版社, 2021.

[50] 周华坤, 任飞, 霍青. 青海省海南藏族自治州维管植物图谱 [M]. 北京: 科学出版社, 2020.

中文名索引

INDEX OF THE CHINESE NAME

拉丁名索引
INDEX OF THE LATIN NAME

C

好奇心书系

图鉴系列 ....

中国昆虫生态大图鉴（第2版）　　　张巍巍　李元胜
中国鸟类生态大图鉴　　　　　　　　郭冬生　张正旺
中国蜘蛛生态大图鉴　　　　　　　　张志升　王露雨
中国蜻蜓大图鉴　　　　　　　　　　张浩淼
青藏高原野花大图鉴　　　　　　　　牛　洋　王　辰
　　　　　　　　　　　　　　　　　　彭建生

中国蝴蝶生活史图鉴　　　　　　　　朱建青　谷　宇
　　　　　　　　　　　　　　　　　　陈志兵　陈嘉霖
常见园林植物识别图鉴（第2版）　　吴棣飞　尤志勉
药用植物生态图鉴　　　　　　　　　赵素云
凝固的时空——琥珀中的昆虫及其他无脊椎动物　张巍巍

野外识别手册系列 ....

常见昆虫野外识别手册　　　　　　　张巍巍
常见鸟类野外识别手册（第2版）　　郭冬生
常见植物野外识别手册　　　　　　　刘全儒　王　辰
常见蝴蝶野外识别手册　　　　　　　黄　灏　张巍巍
常见蘑菇野外识别手册　　　　　　　肖　波　范宇光
常见蜘蛛野外识别手册（第2版）　　王露雨　张志升
常见南方野花识别手册　　　　　　　江　珊
常见天牛野外识别手册　　　　　　　林美英
常见蜗牛野外识别手册　　　　　　　吴　岷
常见海滨动物野外识别手册　　　　　刘文亮　严　莹
常见爬行动物野外识别手册　　　　　齐　硕
常见蜻蜓野外识别手册　　　　　　　张浩淼
常见螽斯蟋蟀野外识别手册　　　　　何祝清
常见两栖动物野外识别手册　　　　　史静耸
常见椿象野外识别手册　　　　　　　王建赟　陈　卓
常见海贝野外识别手册　　　　　　　陈志云
常见螳螂野外识别手册　　　　　　　吴　超

中国植物园图鉴系列 ....

华南植物园导赏图鉴　　　　　　　　徐晔春　龚　理　杨凤玺

自然观察手册系列 ....

云与大气现象　　　　　　　　张　超　王燕平　王　辰
天体与天象　　　　　　　　　朱　江
中国常见古生物化石　　　　　唐永刚　邢立达
矿物与宝石　　　　　　　　　朱　江
岩石与地貌　　　　　　　　　朱　江

好奇心单本 ....

昆虫之美：精灵物语（第4版）　　　李元胜
昆虫之美：雨林秘境（第2版）　　　李元胜
昆虫之美：勐海寻虫记　　　　　　　李元胜
昆虫家谱　　　　　　　　　　　　　张巍巍
与万物同行　　　　　　　　　　　　李元胜
旷野的诗意：李元胜博物旅行笔记　　李元胜
夜色中的精灵　　　　　　　　钟　茗　奚劲梅
蜜蜂邮花　　　　　　王荫长　张巍巍　缪晓青
嘎嘎老师的昆虫观察记　　　　林义祥（嘎嘎）
尊贵的雪花　　　　　　　　　王燕平　张　超